U0184510

"十三五"国家重点图书出版规划项目
湖北省公益学术著作出版专项资金资助项目
智能制造与机器人理论及技术研究丛书

总主编　丁汉　孙容磊

多自由度并联康复机器人及其人机交互控制

刘泉　艾青松　孟伟　陈昆◎编著

DUOZIYOUDU BINGLIAN KANGFU JIQIREN
JI QI RENJI JIAOHU KONGZHI

华中科技大学出版社
http://press.hust.edu.cn
中国·武汉

内 容 简 介

本书面向"健康中国"战略,总结了研究团队近年来在多自由度并联康复机器人及其人机交互控制方面的重要研究进展和成果,充分阐述了多自由度康复机器人的背景、驱动、构型、控制系统和应用技术,综合探讨了康复机器人的驱动与传感技术、并联机构及康复机器人实例、下肢康复机器人的力反馈交互控制和肌电自主控制、基于生物信号的人机交互接口,以及气动脚踝康复机器人的柔顺控制和脑机协作控制,最后讨论了康复机器人在柔性外骨骼结构、可穿戴传感设备和以患者为中心的控制策略方面的发展趋势。

本书旨在为从事康复机器人科学和技术研究及产品开发的科技工作者、老师和学生提供有益的参考,可作为高职高专机械电子信息及相关专业基础课程的教材,也可供工程技术人员参考。

图书在版编目(CIP)数据

多自由度并联康复机器人及其人机交互控制/刘泉等编著.—武汉:华中科技大学出版社,2023.1
(智能制造与机器人理论及技术研究丛书)
ISBN 978-7-5680-8831-2

Ⅰ.①多… Ⅱ.①刘… Ⅲ.①康复训练-专用机器人-人-机系统-研究 Ⅳ.①TP242.3

中国版本图书馆 CIP 数据核字(2022)第 238101 号

多自由度并联康复机器人及其人机交互控制
DUOZIYOUDU BINGLIAN KANGFU JIQIREN JI QI RENJI JIAOHU KONGZHI

刘 泉 艾青松 孟 伟 陈 昆 编著

策划编辑:余伯仲
责任编辑:戢凤平
封面设计:原色设计
责任监印:周治超
出版发行:华中科技大学出版社(中国·武汉)　　电话:(027)81321913
　　　　　武汉市东湖新技术开发区华工科技园　　邮编:430223
录　　排:华中科技大学惠友文印中心
印　　刷:湖北新华印务有限公司
开　　本:710mm×1000mm　1/16
印　　张:18.25
字　　数:328千字
版　　次:2023年1月第1版第1次印刷
定　　价:168.00元

智能制造与机器人理论及技术研究丛书

专家委员会

主任委员　熊有伦（华中科技大学）

委　　员　（按姓氏笔画排序）

卢秉恒（西安交通大学）　　　朱　荻（南京航空航天大学）　　阮雪榆（上海交通大学）

杨华勇（浙江大学）　　　　　张建伟（德国汉堡大学）　　　　邵新宇（华中科技大学）

林忠钦（上海交通大学）　　　蒋庄德（西安交通大学）　　　　谭建荣（浙江大学）

顾问委员会

主任委员　李国民（佐治亚理工学院）

委　　员　（按姓氏笔画排序）

于海斌（中国科学院沈阳自动化研究所）　　　　　王飞跃（中国科学院自动化研究所）

王田苗（北京航空航天大学）　　　　　　　　　　尹周平（华中科技大学）

甘中学（宁波市智能制造产业研究院）　　　　　　史铁林（华中科技大学）

朱向阳（上海交通大学）　　　　　　　　　　　　刘　宏（哈尔滨工业大学）

孙立宁（苏州大学）　　　　　　　　　　　　　　李　斌（华中科技大学）

杨桂林（中国科学院宁波材料技术与工程研究所）　张　丹（北京交通大学）

孟　光（上海航天技术研究院）　　　　　　　　　姜钟平（美国纽约大学）

黄　田（天津大学）　　　　　　　　　　　　　　黄明辉（中南大学）

编写委员会

主任委员　丁　汉（华中科技大学）　　孙容磊（华中科技大学）

委　　员　（按姓氏笔画排序）

王成恩（上海交通大学）　　　方勇纯（南开大学）　　　　　　史玉升（华中科技大学）

乔　红（中国科学院自动化研究所）　孙树栋（西北工业大学）　　杜志江（哈尔滨工业大学）

张定华（西北工业大学）　　　张宪民（华南理工大学）　　　　范大鹏（国防科技大学）

顾新建（浙江大学）　　　　　陶　波（华中科技大学）　　　　韩建达（南开大学）

蔺永诚（中南大学）　　　　　熊　刚（中国科学院自动化研究所）　熊振华（上海交通大学）

作者简介

▶ **刘泉** 工学博士，武汉理工大学信息学科首席教授，国家"万人计划"教学名师，"光纤传感与信息处理"全国高校黄大年式教师团队负责人，国家电子信息类专业教学指导委员会委员。主要从事信息处理、智能康复机器人等方向的研究工作。主持国家自然科学基金（重大）子项和面上项目，以及国家"两机"专项、国家重点研发计划项目、国家973和863计划项目的子项等多项国家级项目。曾获教育部技术发明奖一等奖、湖北省科技进步奖一等奖和湖北省技术发明奖二等奖各1项。获授权国家发明专利40余项，发表SCI收录论文80余篇，出版学术著作和教材9部。获得国家级教学成果奖二等奖1项、湖北省教学成果奖一等奖4项。

▶ **艾青松** 工学博士，教授、博士生导师，湖北大学副校长，兼任湖北省科协常委、中国人工智能学会智能机器人专业委员会委员、国际期刊*Cogent Engineering*高级编辑。主要从事医疗康复机器人、信号处理、新一代信息技术等领域的研究。主持承担国家重点研发计划课题1项、国家自然科学基金项目2项、国家高技术船舶专项子题1项、国家级军工项目1项。出版英文学术专著1部，在国内外学术期刊和国际会议上发表SCI/EI收录论文90余篇，包括ESI高被引论文1篇，获授权发明专利8项、实用新型专利4项。获卫星导航定位科技进步奖一等奖1项、教育部高等学校科研优秀成果奖科技进步奖二等奖1项、湖北省教学成果奖一等奖2项。

作者简介

▶ **孟伟**   工学博士，武汉理工大学信息工程学院副教授、博士生导师，英国利兹大学机器人学博士后，入选湖北省"青年拔尖人才培养计划"。主要从事柔性康复机器人、人机智能交互控制等方向的研究工作。主持承担国家自然科学基金面上项目、青年科学基金项目、国家重点研发计划子课题等纵向科研项目6项。出版学术著作4部，发表SCI/EI收录论文70余篇，ESI高被引论文2篇，获授权/申请发明专利15项。多次担任国际会议分会场主席、国际期刊编辑/客座编辑，做特邀主题/论文报告20余次。获湖北省教学成果奖一等奖1项、国际会议最佳论文奖2项，指导学生获得中国研究生电子设计竞赛全国一等奖等国家级奖励4项。

▶ **陈昆**   工学博士，武汉理工大学信息工程学院副教授、硕士生导师。主要研究方向包括生理信号处理、脑机接口、图像处理等。主持承担湖北省自然科学基金青年基金项目1项，参与了国家自然科学基金项目、中新国际合作项目、湖北省国际合作重点项目等多项课题的研究。在国内外学术期刊和国际会议上发表SCI/EI收录论文30余篇，获授权发明专利6项，获教育部高等学校科研优秀成果奖科技进步奖二等奖1项。

 **总序**

近年来,"智能制造＋共融机器人"特别引人瞩目,呈现出"万物感知、万物互联、万物智能"的时代特征。智能制造与共融机器人产业将成为优先发展的战略性新兴产业,也是中国制造 2049 创新驱动发展的巨大引擎。值得注意的是,智能汽车与无人机、水下机器人等一起所形成的规模宏大的共融机器人产业,将是今后 30 年各国争夺的战略高地,并将对世界经济发展、社会进步、战争形态产生重大影响。与之相关的制造科学和机器人学属于综合性学科,是联系和涵盖物质科学、信息科学、生命科学的大科学。与其他工程科学、技术科学一样,制造科学、机器人学也是将认识世界和改造世界融合为一体的大科学。20世纪中叶,*Cybernetics* 与 *Engineering Cybernetics* 等专著的发表开创了工程科学的新纪元。21世纪以来,制造科学、机器人学和人工智能等领域异常活跃,影响深远,是"智能制造＋共融机器人"原始创新的源泉。

华中科技大学出版社紧跟时代潮流,瞄准智能制造和机器人的科技前沿,组织策划了本套"智能制造与机器人理论及技术研究丛书"。丛书涉及的内容十分广泛。热烈欢迎各位专家从不同的视野、不同的角度、不同的领域著书立说。选题要点包括但不限于:智能制造的各个环节,如研究、开发、设计、加工、成形和装配等;智能制造的各个学科领域,如智能控制、智能感知、智能装备、智能系统、智能物流和智能自动化等;各类机器人,如工业机器人、服务机器人、极端机器人、海陆空机器人、仿生/类生/拟人机器人、软体机器人和微纳机器人等的发展和应用;与机器人学有关的机构学与力学、机动性与操作性、运动规划与运动控制、智能驾驶与智能网联、人机交互与人机共融等;人工智能、认知科学、大数据、云制造、物联网和互联网等。

本套丛书将成为有关领域专家、学者学术交流与合作的平台,青年科学家苗壮成长的园地,科学家展示研究成果的国际舞台。华中科技大学出版社将与施普林格(Springer)出版集团等国际学术出版机构一起,针对本套丛书进行全球联合出版发行,同时该社也与有关国际学术会议、国际学术期刊建立了密切联系,为提升本套丛书的学术水平和实用价值、扩大丛书的国际影响营造了良好的学术生态环境。

近年来,高校师生、各领域专家和科技工作者等各界人士对智能制造和机器人的热情与日俱增。这套丛书将成为有关领域专家学者、高校师生与工程技术人员之间的纽带,增强作者与读者之间的联系,加快发现知识、传授知识、增长知识和更新知识的进程,为经济建设、社会进步、科技发展做出贡献。

最后,衷心感谢为本套丛书做出贡献的作者和读者,感谢他们为创新驱动发展增添正能量、聚集正能量、发挥正能量。感谢华中科技大学出版社相关人员在组织、策划过程中的辛勤劳动。

华中科技大学教授

中国科学院院士

2017 年 9 月

 # 前言

世界卫生组织预测,到 2050 年,60 岁以上老人将占世界总人口的五分之一。我国也即将进入深度老龄化社会,各类脑卒中、偏瘫、肢体残疾等运动障碍患者数量增多。通过人工或简单的医疗设备进行康复理疗,已经远远不能满足社会的康复需求,因此康复机器人技术应运而生并且成为机器人领域的研究热点。《"健康中国 2030"规划纲要》《国民经济和社会发展第十四个五年规划和 2035 年远景目标纲要》《"十四五"机器人产业发展规划》等都将医疗康复设备列为重点内容之一。将机器人技术应用于康复医疗领域,不仅可以将康复医师从繁重的训练任务中解放出来,减轻医疗人员的负担,而且可以帮助患者进行更加科学有效的康复训练,使患者的运动机能得到更好的恢复。

本书根据国内外多自由度康复机器人的最新发展模式,结合下肢踝关节辅助康复需求特点,力图从不同的角度全面介绍多自由度并联康复机器人及其人机交互控制方法的系统技术和工程应用。尽可能结合实际工程应用技术深入、全面、广泛地向读者介绍多自由度康复机器人的驱动、传感、构型、控制和应用技术。全书从介绍康复机器人技术现状开始,总体沿着多自由度并联康复机器人的机构组成和人机交互控制应用展开,阐述了康复机器人的驱动与传感技术、并联机构及刚性和柔性康复机器人实例、力反馈交互控制和柔顺控制、基于生物信号的人机交互接口、肌电自主控制和脑机协作控制等,最后讨论了并联康复机器人在下肢和脚踝辅助训练中的作用以及多自由度机器人的未来发展趋势。

本书是在研究团队多年科研实践的基础上撰写的,共分9章,第1章至第3章由刘泉和孟伟撰写,第4章至第7章由艾青松和孟伟撰写,第8章和第9章由刘泉和陈昆撰写。全书由刘泉统稿,艾青松校对。在本书撰写过程中,马力、廖杨喆、阳俊等团队教师,左洁、刘艾明、朱承祥、张从胜、周蕾、张亚楠和徐图等同学协助搜集整理了部分资料,在此一并致谢。

　　本书全面介绍了康复机器人的概念及其背景,深入探讨了面向下肢和脚踝康复的多自由度并联机器人理论基础和应用技术与系统,可以为该领域面向本科生、研究生的教学提供参考,也可作为相关企业工程技术人员的参考书。

作　者

2022 年 5 月

目录

第1章
康复机器人概述

1.1 绪论

　　数据表明当前世界范围内很多国家已逐渐步入老年型社会。联合国官方提供的统计数据显示,在 20 世纪 50 年代,全球范围内 60 岁以上的人口仅占世界人口的 8%。到 2009 年,这一比例已上升至 11%,预计到 2050 年,60 岁以上的人口比例将增加至 2009 年的两倍左右,达到 22%,其绝对数值将从 2009 年的 7.43 亿增加至 2050 年的 20 亿。亚洲以及拉丁美洲将是老年人比例增长最快的地区,2009 年老年人比例为 10%,2050 年将增至 24%[1]。截至 2017 年年底,我国 60 岁及以上老年人口有 2.41 亿,占总人口的 17.3%,到 2050 年,中国老年人口比例将达到峰值,60 岁以上人口将达到 5 亿。

　　同时,全球大约有 6.5 亿残疾人,约占世界总人口的 10%,其中 80% 的残疾人生活在发展中国家[2]。2013 年中国残疾人事业统计年鉴中的数据库简报显示,全国入库残疾人总数约为 8502 万人,其中肢体残疾人数为 2472 万人,约占入库残疾人总数的 29%[3]。随着年龄的增长和生理机能的衰退,老年人及残疾人的肢体灵活性不断下降,这在很大程度上对他们的日常生活造成了不便[4]。伴随着老龄化过程的生理衰退,老年人四肢的灵活性下降,而脑卒中、脊髓损伤也会引起运动障碍。另外,肢体可能由于多种原因而遭受损伤,例如运动不当造成肌肉拉伤与神经损伤、营养不良造成肌肉发育不健全、交通意外导致肢体损伤、脑卒中等急性病导致神经与肌体不协调,以及关节炎等累积性疾病导致肌体运动不便。人体运动神经和肌肉受损会引发多元的运动问题,如肌肉收缩紊乱、肌肉硬化以及感官不灵敏等,影响人类最基本的行动能力,给人们的日常工作和生活带来诸多不便和麻烦[5]。

　　肢体残疾人口的庞大基数以及老龄化趋势,使我国康复装备供应和康复临床的需求存在巨大缺口。一方面,医院康复医学科数量不足,康复科室供给和康复装备供应不足;另一方面,为肢体残疾者提供康复训练的服务供给不足,服务供给和残疾者需求存在巨大缺口。根据残联统计,截至 2014 年年底,全国共有康复机构 6914 个,开展肢体残疾康复训练的服务机构达 2181 个,全国共对 36.7 万肢体残疾者实施康复训练,而我国肢体残疾者有 2400 多万人。近年来,人工康复资源紧缺、成本上升,老年人、残疾人和由其他原因造成肢体运动障碍人群的康复和辅助问题已成为一个亟待解决的重要社会问题[6]。

传统肢体功能障碍的康复治疗主要依赖于治疗师一对一的徒手训练,难以达到高强度、有针对性和重复性的康复训练要求,且康复治疗师人数严重缺乏,对康复训练效果的评价也多为主观评价,不能够实时监测治疗效果并优化康复策略[7]。通过人工或简单的医疗设备进行康复理疗,已经远远不能满足社会的康复需求,因此康复机器人技术应运而生并且成为机器人领域的研究热点[8]。将机器人技术应用于康复医疗领域,不仅可以将康复医师从繁重的训练任务中解放出来,减轻医疗人员的负担,而且可以帮助患者进行更加科学有效的康复训练,使患者的运动机能得到更好的恢复[9],并可详细客观地记录训练过程中的运动数据,供医师评价康复训练的效果。康复机器人的研究对于提高康复效率、保证康复质量、降低人工劳动强度具有重要意义。

医疗康复机器人及其控制策略在过去十年内取得了重大的发展,与此同时,对于人体上肢康复机器人的研究起步较早,理论和技术相对成熟。如麻省理工学院的 MIT-MANUS 机器人[10]、苏黎世联邦理工学院的 ARMin 机器人[11]、加州大学欧文分校的 Pneu-WREX 机器人[12] 等上肢康复机器人的研究已持续多年。由于人体下肢关节肌肉组织更为复杂、运动自由度差异大,且需考虑患者身体支撑和步态运动等因素,因此下肢康复机器人及其相关理论与技术的研究具有更大的难度。多自由度并联机器人设备具有结构简单、承载能力强、累计误差小等优点,能够适应不同人群的康复训练,对下肢康复的研究有着积极作用,其相关理论与技术的研究已引起越来越多研究者的注意[13]。

当前的医疗康复设备多采用电机驱动器。这类康复器械最大的缺点在于刚性驱动方式的柔顺性和安全性差,容易因施力或训练角度过大而对受伤肢体造成二次伤害[14]。气动肌肉由橡胶管和编织网构成,通过控制内部气压使橡胶管收缩来产生输出力,其运动方式和力/长度特性酷似生物肌肉[15]。相比于电机驱动型,气动柔性驱动型康复器最大的优点就在于其柔顺性和安全性好,这对受伤肢体的康复是至关重要的[16]。气动肌肉能以最接近人体肌肉运动的方式来驱动关节运动,其驱动的机器人柔顺性好且适合穿戴,因此作为辅助康复设备的驱动器具有独特的优势。虽然气动肌肉的位置控制精度低于电机等刚性驱动器的,但在康复应用中位置精度可以折中,为患者提供安全、灵活的辅助才是最重要的[17]。

然而,当前的康复机器人及其控制方法在辅助患者训练时存在诸多不足。首先,就下肢康复机器人机构本身而言,传统的外骨骼式机器人不利于适应不同的患者,且在人机交互过程中存在一定的安全隐患。近年来端部式并联机构在下肢康复中应用广泛,其机构设计模型及控制方法值得进一步深入研究。其次,康复机器人是一个时变、强耦合和非线性的动力学系统,需提出高性能运动控制方法以提高机器人操作过程中的稳定性[18]。通过机器人的轨迹跟踪控制虽然可以辅助患者进行一定的运动训练,但患者一直处于被动康复状态,缺乏康复的主动性和协作性[19]。气动肌肉作为一种新型的气动元件,在机器人技术、医疗矫正技术方面有广阔的用途和应用前景[20],开展面向下肢康复的气动肌肉驱动机器人及其控制方法的探索和研究,对我国未来开发新型柔性医疗康复机器人设备具有十分重要的借鉴意义和作用。

1.2 多自由度康复机器人

1.2.1 多自由度康复机器人机构

机械本体机构是机器人辅助康复系统的基础,其应满足结构简单、质量轻便、易于操作等基本要求。近年来,国内外开发了各种面向下肢康复的机器人机构。康复机器人按照其与人体接触的方式可分为外骨骼式机器人(exoskeleton)和端部式机器人(end-effector)两类。其中外骨骼式机器人通常可穿戴于患者肢体之上,机器人各关节作用于患者肢体不同部位,通过产生关节力或力矩带动患肢运动;端部式机器人则通过末端平台与患者肢体某一部位接触(如脚或手),由机器人控制末端平台带动患肢运动。就下肢康复而言,典型的外骨骼式机器人有 Lokomat[21]、BLEEX[22] 和 LOPES[23, 24] 等,而端部式机器人则有 Rutgers Ankle[25]、Haptic Walker[26] 等。

根据机械设计特点和康复应用原理,外骨骼式机器人又可分为基于运动平板/跑步机(treadmill-based)的机器人和基于矫形器(orthosis-based)的机器人,端部式机器人则有基于踏板(footplate-based)的机器人和基于平台(platform-based)的机器人两种类型。表 1-1 所示为典型的下肢康复机器人比较分析。

表 1-1　典型的下肢康复机器人比较分析

类别	设备名称	研究单位	自由度	特征描述
基于运动平板/跑步机的外骨骼式机器人	Lokomat[21]	瑞士 Hocoma	双腿运动自由度,用于步态训练	适用于跑步机训练,具有身体重量支撑系统,通过束缚患者双腿在髋关节和膝关节提供辅助动力
	Lokohelp[27]	德国 Woodway & Lokohelp 研究组	双腿运动自由度,配置踏板用于步态训练	配合减重支持系统,适用于跑步机训练,可将跑步机的运动传递给患者进行跟踪训练
	LOPES[23,24]	荷兰特温特大学	每条腿上具有3个旋转自由度,用于跑步机上行走训练	每条腿包括3个驱动旋转关节,髋部2个自由度,膝部1个自由度,在跑步机上训练时与患者并行运动
	ALEX[28]	美国特拉华大学	为下肢的平移和旋转提供7个自由度	每条外骨骼机械腿在髋部和膝部具有驱动器,为患者在跑步机上的行走提供辅助
下肢矫形器类外骨骼式机器人	AAFO[29]	美国麻省理工学院	用于脚踝关节的2个运动自由度	作为一种主动踝足关节矫形器机器人,采用新型驱动器,可贴合脚踝关节,可在矢状平面内运动
	KAFO[30]	美国密歇根大学	脚踝与膝关节矢状平面运动自由度	作为一种膝-踝-足关节矫形器机器人,采用气动肌肉驱动器,为脚踝和膝关节运动提供辅助
	HAL[31]	日本筑波大学和 Cyberdyne 公司	全身外骨骼机器人,包括上肢、下肢和躯干自由度	作为一种全身外骨骼式机器人设备,可用于康复或负重支撑,使用了肌电信号来映射患者运动意图
	BLEEX[22,32]	美国加州大学伯克利分校	每条腿的髋关节、膝关节和踝关节的7个运动自由度	是一对可穿戴的腿部外骨骼机器人,用于提高用户的行走能力,可辅助用户背负很大的重量

续表

类别	设备名称	研究单位	自由度	特征描述
基于踏板的端部式机器人	Gait Trainer GTI[33]	德国 Reha-Stim	具有两个踏板,用于脚部/步态运动	患者脚部可固定于踏板之上,通过控制踏板带动患者脚部,模拟人体站立和行走摆动时的运动
	Haptic Walker[26]	德国 Charité University Hospital	具有双脚任意运动的自由度	用于模拟不同的步态模式和行走速度,在每个踏板下配置力和力矩传感器来感知患者意图
	G-EO-Systems[34]	瑞士 Reha Technology AG	具有两个踏板,用于行走和爬行	作为一种端部式步态机器人,其踏板控制部分可以自由编程,可用于模拟行走或者上下台阶
基于平台的端部式机器人	Rutgers Ankle[25]	美国罗格斯大学	基于 Stewart 平台,提供踝足关节的 6 个自由度	可为患者脚踝提供 6 个自由度的运动,并结合虚拟现实提供辅助及阻力,后来扩展为双平台机器人
	ARBOT[35, 36]	意大利理工学院	在脚踝关节的背屈/跖屈和内翻/外翻方向具有 2 个自由度	作为一种用于脚踝康复的并联机器人平台,可使患者的脚部固定于动平台之上而进行训练,该机器人使用了定制化的线性驱动器
	Parallel Ankle robots[37, 38]	新西兰奥克兰大学	提供脚踝运动的 3 个自由度,通过四轴并联平台实现	面向可穿戴式脚踝康复设备,设计了一个由直流电机驱动的四轴机器人平台,以及一个由气动肌肉驱动的四轴并联机器人平台

1. 基于运动平板/跑步机的外骨骼式机器人

基于运动平板/跑步机的外骨骼式机器人通常包括一个身体减重支撑系统,穿戴于患者下肢,在患者于跑步机上进行行走训练时提供辅助。瑞士苏黎世 Hocoma 公司的 Lokomat 机器人如图 1-1(a)所示,是一种典型的基于跑步机和减重支撑系统的下肢康复机器人。患者下肢固定于机器人的外骨骼框架之内,通过控制机器人向患者髋关节和膝关节提供辅助力[39]。德国 Lokohelp 小组开发了一种与 Lokomat 结构相类似的下肢康复机器人[27],不同之处在于此机器人将跑步机的运动传递给运动平板,通过对平板的跟踪控制来模拟步态运动[40]。近年来,荷兰特温特大学开发了一种新的步态训练机器人 LOPES[23],如图 1-1(b)所示。LOPES 外骨骼式机器人包括三个驱动旋转关节以及在髋关节处的平移和自由组件,在辅助患者进行跑步机训练时可与其下肢保持并行。美国特拉华大学设计了一种外骨骼式机器人 ALEX[28],在髋关节和膝关节通过线性驱动器为下肢提供辅助动力[41]。虽然基于减重支撑系统和跑步机的外骨骼式机器人能够为患者提供较好的训练,但此类机器人设备笨重,价格昂贵,操作复杂,完成一位患者的训练通常需要两位以上的操作者,进行下肢康复训练的成本较大。此外,减重支撑系统的使用可能会在某种程度上限制患者的运动自由。

(a) Lokomat[42] (b) LOPES[43]

图 1-1 典型的基于跑步机的外骨骼式康复机器人

2. 下肢矫形器类外骨骼式机器人

下肢矫形器是一种穿戴于患者下肢的外骨骼式机器人,在患者行走过程中提供辅助动力。美国麻省理工学院的 Blaya 和 Herr 开发了一种主动踝足关节矫形器(active ankle-foot orthosis,AAFO)[29],如图 1-2(a)所示,是一种用于足下垂(drop-foot)患者步态康复训练的重要设备。美国密歇根大学的 Sawicki 和 Ferris 采用气动肌肉作为外骨骼式机器人的驱动单元,开发了一种膝-踝-足关节矫形器机器人(knee-ankle-foot orthosis,KAFO),如图 1-2(b)所示[30]。气动肌肉具有输出力与自重之比大和内在柔顺安全等优点,使机器人可在患者行走过程中提供屈/伸力矩以实现运动康复训练。德国的 Fleischer 等人也开发了一种下肢矫形器[44]，其通过解析肌电信号获得患者运动意图。混合辅助机器人（hybrid assistive limb，HAL）是由日本筑波大学和 Cyberdyne 公司开发的一种全身可穿戴式机器人，可用于康复训练以及负重辅助等[31]。伯克利下肢外骨骼（Berkley lower extremity exoskeleton，BLEEX）是由美国加州大学伯克利分校开发的一种提高用户行走能力和力量的外骨骼式机器人[32]，该机器人具有 7 个自由度，其中 4 个由液压执行器驱动。虽然矫形器类外骨骼式机器人能够为患者的步态屈伸运动提供辅助动力，但外骨骼式机器人存在造价高、能量需求大、难以适用于不同患者的缺点。另外，在人机交互时外骨骼式机器人的控制存在诸多不确定性，这在一定程度上限制了该类机器人的广泛应用。

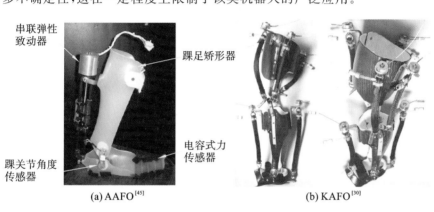

(a) AAFO[45]　　　　　　　　　　　(b) KAFO[30]

图 1-2　典型的下肢矫形器类外骨骼式机器人

3. 基于踏板的端部式机器人

对于此类下肢康复机器人，患者脚部将固定于机器人踏板之上，通过控制踏板带动下肢运动来模拟不同的步态阶段。德国 Reha-Stim 公司的步态训练器 Gait Trainer GTI[33]如图 1-3(a)所示，是一个伺服控制的步态训练机器人，用于帮助患者恢复其肢体运动能力[46]。Hesse 等人设计了名为 Haptic Walker 的下肢康复机器人，如图 1-3(b)所示，该机器人包括两个机械平台，可驱动患者肢体实现任意运动[26]。Haptic Walker 可视为 GTI 机器人的重新设计和演化，可实现不同步态模式和可调节步行速度的模拟仿真。瑞士 Reha Technology AG 公司的 G-EO-Systems 机器人被用于模拟行走和上下台阶的运动[34]，该机器人由两个踏板组成，可在水平和垂直方向上编程实现行走与攀爬训练。G-EO-Systems 与 Haptic Walker 机器人的设计应用目标类似，不过其尺寸规格更小[47]。然而，这些机器人设备很少能够模拟在不同地形的行走状态。Yoon 等[48]提出了一种六自由度步态训练机器人，其脚部末端设计为由两个直线执行器驱动的并联机构,允许患者实现在不同地形的训练,如步行、爬楼梯或斜坡等。由于外骨骼式机器人能够在患者站立阶段提供支撑,与之相比,此类端部式机器人的缺点在于其训练过程需要额外的人工帮助。

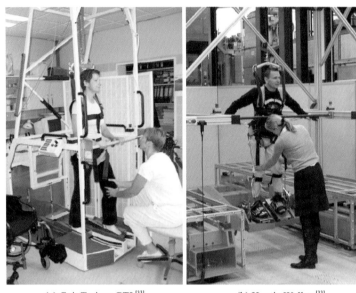

(a) Gait Trainer GTI[33]   (b) Haptic Walker[33]

图 1-3   典型的基于踏板的端部式机器人

4. 基于平台的端部式机器人

基于平台的端部式机器人使患者在训练过程中保持不动,仅将其下肢(如脚部)固定于动平台之上,通过控制动平台的运动实现肢体训练。由于并联机器人具有结构明确、控制简单、适应性强等优点,多自由度并联机构在下肢康复机器人中应用越来越广泛。意大利理工学院提出了一种用于脚踝康复的并联机器人[35],利用定制化的直线驱动器来执行所需的训练。此设备仅能实现背屈/跖屈、内翻/外翻两个自由度的运动。新西兰奥克兰大学的 Xie 等人开发了面向脚踝三自由度运动的并联康复机器人[37],首先提出了一种由直线电机驱动的四轴机器人,然后设计了一种由气动肌肉驱动的可穿戴式四轴冗余并联机器人[38],如图 1-4(a)所示。Rutgers Ankle 是一种典型的基于 Stewart 平台结构的脚踝康复机器人[25],通过协同控制其六根直线电动缸实现上平台的自由运动,如图 1-4(b)所示。在本章参考文献[49]中,该系统又进一步扩展为基于双Stewart 平台配置的步态模拟与康复机器人系统。

通过上述分析比较可知,外骨骼式机器人通常与患肢多部位接触,然而这种多方位接触方式可能不利于患者某部分运动功能的恢复,这也导致了其对不

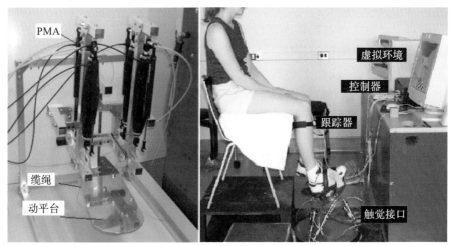

(a) 四轴冗余并联机器人[38]　　　(b) Rutgers Ankle[25]

图 1-4　典型的基于平台的端部式康复机器人

同患者的适应能力较差。另外,外骨骼式机器人一般结构复杂,造价较高[50]。与之相比,端部式机器人通常仅与患肢某一部位接触,不会对患者肢体的其他运动自由产生限制,更适合不同的患者使用[51]。同时,端部式机器人结构明确,控制简单,成本较低。本章参考文献[52]也指出,通过端部式机器人和外骨骼式机器人的比较研究发现,端部式机器人在患者的康复训练中效果更好。

1.2.2　气动肌肉驱动的康复机器人

气动肌肉具有成本低、功率质量比高、柔顺性好等优点,在服务机器人、医疗康复等领域有广泛应用,利用气动驱动器实现康复训练已成为该领域近年来的研究热点之一。英国索尔福德大学设计了一种气动肌肉驱动的上肢康复机器人,提供从肩部到腕部共 7 个自由度的辅助,其安全性通过气动肌肉柔性力输出的特性来保证[53]。美国亚利桑那州立大学开发了一种名为 RUPERT 的多自由度上肢助力训练机器人,机械本体上采用外骨骼仿人可穿戴结构,在重力作用辅助下带动患肢完成无重力补偿的各种运动[54]。美国密歇根大学研制的下肢康复器,在膝关节与踝关节分别采用两根气动肌肉代替人体肌肉,可模仿人体下肢肌肉组织,并采集人体生物电信号对气动肌肉进行控制[55]。国内也对气动肌肉及其驱动的机器人进行了一些研究,但较少将其应用于康复中。华中科技大学李宝仁等设计了气动肌肉驱动的三自由度机器人平台,提出了负载条件下的气动肌肉模型,并结合神经网络与模糊变结构控制实现了单根气动肌肉的轨迹跟踪控制[56]。哈尔滨工业大学王祖温等设计了一种气动肌肉驱动的仿人手臂,分析了其结构参数对机器人运动性能的影响[57]。北京理工大学彭光正等针对三自由度球面机器人进行了位置及力控制的研究,采用了模糊控制、神经网络等多种智能控制算法[58]。浙江大学陶国良等研究了气动肌肉驱动的三自由度平台和多自由度仿人腿的控制[59]。

当前气动肌肉的重点研究方向,一是气动肌肉的动静态建模和机理分析,为控制和优化提供理论基础;二是根据应用需求提出新的控制策略,提高机器人系统控制性能,推动气动肌肉设备的应用[59]。现存的脚踝康复机器人多采用刚性驱动,难以实现真正意义上的柔顺性控制。本书将研究一种气动肌肉驱动的新型脚踝康复机器人,从结构和功能等方面分析当前气动肌肉及其驱动的康复机器人研究现状。

在传统的康复机器人机构中,气动肌肉常采用主动肌-拮抗肌对的方式实现单关节的双向运动。英国索尔福德大学设计的上肢康复机器人,其肩部到腕部共有 7 个自由度,每个自由度采用 2 个气动肌肉单元进行对抗驱动[36],如图 1-5(a)所示。该单位还研制了用于助力和步行训练的穿戴式下肢外骨骼机器人,具有 5 个自由度,其中髋关节 3 个自由度,膝关节和脚踝各 1 个自由度,均采用气动肌肉对抗配置的形式实现单自由度的双向驱动[53],如图 1-5(b)所示。为了将气动肌肉的直线运动转换为旋转运动,须采用滑轮机构。Tondu 等设计了一种七自由度机械臂,其各关节也采用拮抗气动肌肉对来驱动[60]。比利时布鲁塞尔自由大学开发了折叠式气动肌肉驱动的两足步行机器人,每侧在髋关节、膝关节、踝关节各有 1 个自由度,每个自由度由两根气动肌肉连接到一个四轴连接器上以对抗形式驱动[61],如图 1-6 所示。折叠式气动肌肉是一种轻量的、可产生线性运动的气动肌肉,肌肉收缩率可达 40%,但其迟滞性也更大。

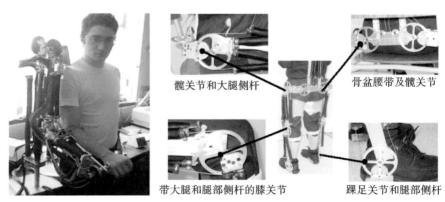

髋关节和大腿侧杆　　　　　　　　　　骨盆腰带及髋关节

带大腿和腿部侧杆的膝关节　　　　　踝足关节和腿部侧杆

(a) 拮抗肌肉对驱动的上肢机器人　　　　(b) 拮抗肌肉对驱动的下肢机器人

图 1-5　英国索尔福德大学的柔性上肢和下肢康复机器人[36, 53]

图 1-6　比利时布鲁塞尔自由大学的气动肌肉步态训练机器人[20]

新西兰奥克兰大学提出了一种用于步态训练的外骨骼式机器人,也利用对抗放置的气动肌肉配合滑轮来驱动[62],如图 1-7 所示。本章参考文献[63]中提出了一种气动肌肉驱动的上肢外骨骼式机器人,具有 4 个运动自由度,其中肘部 1 个屈伸自由度,前臂 1 个旋转自由度,腕部 2 个自由度,采用了 8 根气动肌肉驱动。当前应用中,气动肌肉多采用拮抗对的形式实现单关节的双向运动,这种驱动方式至少同时控制 2 根气动肌肉才能实现对单关节的运动控制,不仅增加了机械设计和控制系统的复杂性,还使得整个系统的体积、质量甚至成本都大大增加[64,65]。本章参考文献[66]中提出了一种十自由度上肢机器人,每个关节由 2 根气动肌肉驱动,整体结构非常复杂。另外,对于拮抗型气动肌肉的驱动关节,每一对气动肌肉必须被同步控制,以确保绕在关节上的绳缆处于张紧状态。当失去控制时,必须依靠机械设计来保证绳缆不脱离关节。如果绳缆没有被气动肌肉拉紧而处于松弛状态,则容易从气动肌肉驱动关节拉盘上脱落而造成机器人位姿的失控,这对处于康复训练中的患者是一个严重的安全隐患。

美国亚利桑那州立大学开发了上肢助力训练机器人 RUPERT,每个关节由一根气动肌肉驱动[54],如图 1-8(a)所示。美国密歇根大学分析了多气动肌肉机构的力产生模型,设计了一个脚踝与足矫形器康复设备,采用 2 根气动肌肉分别提供背屈和跖屈力矩[55]。美国哈佛大学设计了一个可穿戴脚踝康复机器人,可模拟人体肌肉-肌腱-韧带模型,使用 4 根气动肌肉直接施力来驱动背屈/跖屈和内翻/外翻动作,如图 1-8(b)所示[20]。吴军等设计了一种穿戴式手功能康复机器人,分析了手指施力的静力学模型,采用 2 根气动肌肉驱动,其中一根气动肌肉通过滑轮与前方拉杆相连,另一根与拇指相连辅助其外展[15]。然而,

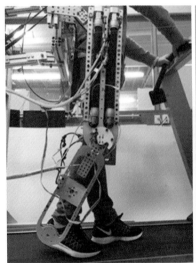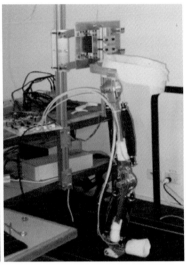

图 1-7　新西兰奥克兰大学的拮抗肌对康复机器人[21]

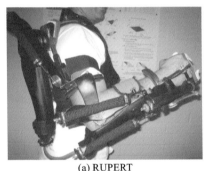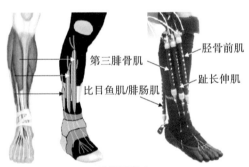

(a) RUPERT

(b) 足部机器人

图 1-8　RUPERT 上肢机器人和哈佛大学设计的足部机器人[14]

这种依靠气动肌肉直接拉伸肢体的结构不利于产生稳定、精确的机器人运动，其承载能力较弱，累积误差较大，且容易造成患者不适[20,67,68]。

　　并联机构具有承载能力强、累积误差小等优点，适合用于多自由度关节辅助训练。当前具有代表性的脚踝并联平台 Rutgers Ankle 和 ARBOT 均采用了刚性驱动器，其中 Rutgers Ankle 是一个由气缸驱动的六自由度 Stewart 平台，ARBOT 是一个由直流有刷电机驱动的二自由度 3UPS/U 平台[36]，如图 1-9 所示。国内外对气动肌肉驱动的并联康复机器人研究很少，仅有一些并联关节模型的报道[69,70]。杨钢等提出了一种气动肌肉驱动的三自由度并联机器人，由上平台、下平台及四根支撑杆组成，并分析了其动力学模型[56]。此类并联平台在用于脚踝康复时具有很大的局限性，由于这些机器人驱动部分在底部，运动平台在顶部,患者的脚踝旋转中心会随着机器人的旋转而变化,这样会导致机器人的旋转中心和患者脚踝的旋转中心不一致。因此,脚踝康复机器人的机构建模与设计仍是一个需要研究的关键问题。如何结合气动肌肉的柔性特征和并联平台的机构优势,构建一种多自由度踝关节康复机器人及控制系统,是需要进一步研究的重要内容[69,71,72]。

图 1-9 Rutgers Ankle 和 ARBOT 平台式并联脚踝康复机器人

1.3 康复机器人的控制

1.3.1 机器人辅助康复训练模式

机器人的康复训练模式可以由经验丰富的理疗师根据患者的损伤水平来确定。本章参考文献[35]指出,患者康复训练通常包括三个阶段:康复早期、康复中期和康复后期,在训练过程中患者肢体会逐渐恢复一定的运动范围和肌肉力量,因此需在不同的康复阶段提供不同的训练模式。在康复早期,需实现被动训练模式,控制机器人带动患肢沿着预定轨迹运动,提高肢体运动能力,避免肌肉萎缩[17]。在康复中期,当患者肌肉有一定的力量时,需实现主动训练模式,通过激发患者主动努力来控制机器人产生运动。主动训练又可细分为主动辅助和主动抗阻两种模式,主动辅助模式是在患者产生运动意愿但没有足够能力时机器人提供辅助力的训练模式,主动抗阻模式则是在患者训练过程中机器人提供一定的阻力,使患者增强肌肉力量的训练模式[40]。在康复后期,当患者已具备完全依靠自己来完成运动的能力时,机器人可用于帮助患者在训练过程中保持平衡,并对患者运动时的数据进行测量和记录。图 1-10 给出了被动训练和主动训练两种典型的控制模式[73],可在训练过程中控制机器人辅助患肢完成目标跟踪任务。Marchal-Crespo 等[74]在综述文献中指出,主动抗阻模式,或称之为基于挑战的训练模式,能够在患者训练过程中提供更多的肌肉训练,因而更有利于轻度损伤患者的康复。

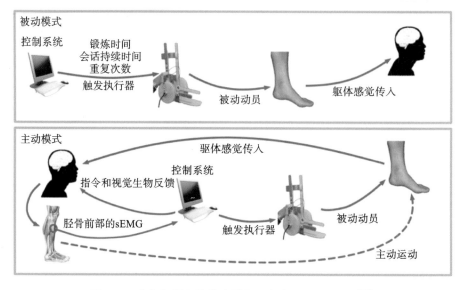

图 1-10　康复机器人的被动训练和主动训练控制模式[73]

表 1-2 对近年来具有代表性的康复机器人训练模式研究进行了比较分析。上海大学设计了一种下肢康复机器人的运动控制方法,被动模式下控制机器人带动患者完成特定的运动或以正确的生理学步态轨迹运动,主动模式下机器人通过实时监测运动过程中患者所产生的关节驱动力,利用阻抗控制器将交互力矩转化为步态轨迹的修正量[75]。Jamwal 等所设计的脚踝康复策略也包括两种训练模式[17]:被动模式下实现脚踝在无痛运动范围内的训练,主动模式下通过调节机器人的阻抗水平来实现肌肉的拉伸训练。为了测试该训练模式在不同机器人设备上的有效性,又将其应用于机器人步态矫形器[76]。对于损伤严重的患者,通过机器人对预定参考轨迹的跟踪控制来实现非主动步态训练,在主动步态训练模式下,若患者想要更多的运动自由并产生更多的主动努力则减小机器人的辅助输出量[77]。Saglia 等则将患者被动和主动训练模式应用于其脚踝康复机器人 ARBOT[36],其中被动训练模式用于患者脚踝无法自主运动的早期治疗阶段,主动训练模式则针对更细化的康复阶段使用了两种方法:在康复中期采用了主动辅助模式,在康复后期使用了主动抗阻模式进行肌肉强化训练。Veneman 等针对 LOPES 步态康复机器人提出了机器人主导和患者主导模式[23],与前面提到的被动模式和主动模式相类似,机器人主导模式中机器人处于位置控制状态,辅助非主动患者完成类步态轨迹,患者主导模式中用户通过意愿控制机器人。

表 1-2　典型的下肢康复机器人训练模式比较分析

训练模式	特征描述	代表性研究	康复输出效果
被动模式	或称为非主动、位置控制、机器人主导模式,控制机器人带动患肢跟踪预定轨迹,并通过重复运动实现被动康复训练	Xie 等[17,76,77] ARBOT,Saglia 等[35,36] LOPES,Veneman 等[23]	通过重复、集中训练促进患者肢体运动功能恢复,避免肌肉萎缩,但缺乏患者的主动性
主动模式	或称为患者主导模式,当患者产生主动意愿时修正机器人运动轨迹或辅助输出力	Xie 等[17,76,77] LOPES,Veneman 等[23]	基于患者意图修正轨迹,能够使患者产生一定的主动积极性
主动辅助模式	类似医师主导模式,在患者有主动运动意图但无足够能力时,提供额外的辅助力	ARBOT,Saglia 等[35,36] LOPES,Veneman 等[23] Ankle robot,Pittaccio 等[73]	允许患者在无机器人的情况下运动,可激发患者的自主运动能力
主动抗阻模式	或称为主动限制模式,在患者运动过程中提供一定的阻力,使康复训练更具挑战性	ARBOT,Saglia 等[35,36] Marchal-Crespo 等[74] Ankle robot,Pittaccio 等[73]	适用于康复中后期阶段,可增加训练难度,提高患者肌肉力量
其他模式	双边模式,可实现镜像运动;等张、等长、等速训练模式	MIME[78] Physiotherabot[79] Therapeutic[80]	从理疗师的角度设计训练模式,类似主动模式,保持一定助力或阻力

　　除了上述典型的康复机器人训练模式,近年来也出现了一些针对机器人操作特点的新型模式。如可通过患者健康一侧的肢体带动损伤一侧肢体运动,此模式可称之为双边训练模式。MIME 是一种典型的双边上肢康复训练机器人[78],具有四种控制模式,即被动模式(患者处于放松状态,机器人按照期望的模式运动)、主动辅助模式(患者向目标运动,机器人提供辅助力完成平滑的运动)、主动限制模式(患者向目标运动,机器人防止患者出现偏差)、镜像模式(记录健康的肢体的运动情况,并带动患肢跟踪进行同样的动作)[34]。另一趋势是

将医师的手动训练经验传递给机器人实现,本章参考文献[35]中的下肢康复机器人可执行多种训练模式,包括静力训练模式(isometric exercise mode)、等张训练模式(isotonic exercise mode)、等速训练模式(isokinetic exercise mode)、主动辅助训练模式(active assistive exercise mode)以及治疗模式(robotherapy)。本章参考文献[80]中的机器人也可提供一种等速训练模式,在机器人等速运动中为患者提供变化的阻抗力。虽然这些新兴训练模式是从医师的角度进行设计的,但其核心内涵与前面所阐述的主动训练模式类似,其控制目的均为在训练过程中为患者提供一定程度的辅助力或抗阻力,以提高康复训练效果。

1.3.2　康复机器人控制方法

机器人辅助康复系统的功能是通过不同的控制策略,增强患者下肢的运动能力。近年来,康复机器人的控制研究趋向于融合机器人和人体的各种信息,如位置、交互力、生物信号等信息,以此为基础提出自适应的机器人控制方法。下面分四个方面综述康复机器人的控制方法:位置跟踪控制、力和阻抗控制、生物信号控制和自适应控制。表1-3所示为各类控制方法及综述分析。

表 1-3　机器人辅助康复控制方法及综述分析

控制策略	具体方法	特征描述	代表性研究	输出结果
位置跟踪控制	轨迹跟踪控制	是其他控制方法的基础,可实现重复被动训练,其中轨迹高精度位置控制是重点	Emken 等[12],Vallery 等[81],Saglia 等[36],Jamwal 等[17],Beyl 等[82]	在早期康复中帮助患者实现持续重复性训练,但缺乏患者主动参与
力控制和阻抗控制	混合力位控制	用于患者肌肉增强训练,使用选择矩阵将其分为独立的位置控制和力控制空间	Ju 等[83],Simon 等[84],Deutsch[85],Bernhardt 等[86],Banala 等[87]	机器人在跟踪预定轨迹的同时保持一定的交互力,以此增强患者肌肉
	阻抗控制	是在康复控制中使用最广泛的方法之一,可用于调节机器人位置与接触力之间的动态关系,越来越多的设备将使用阻抗控制方法	Duschau-Wicke 等[88],Hussain 等[77],Roy 等[89],Emken 等[90],Koopman 等[91],Agrawal 等[92]	此方法可增强人机交互,通过阻抗控制可调节机器人的柔顺性,使其可柔性适应患者的康复需求

续表

控制策略	具体方法	特征描述	代表性研究	输出结果
基于肌电信号的控制	基于肌电信号的触发型控制	是一种肌肉活动控制方法,通过肌电信号预测患者运动意图,当达到一定阈值时激发机器人的辅助运动	Krebs 等[10],Kiguchi 等[93],Kawamoto 等[94],Fleischer 等[95],Yin 等[96]	促进患者产生自我激发的运动,但在机器人运动过程中,下一次触发之前不考虑人机交互作用
	基于肌电信号的持续性控制	使用肌电信号解码肢体运动数据,如用来估计关节角度或力矩,以一种持续的方式控制机器人,或提供与肌电信号成比例的辅助力矩	Song 等[97,98],Lenzi 等[99],Komada 等[80],Sawicki 和 Ferris[30,100],Fan 等[101]	患者能够在训练中持续控制机器人,而不仅仅是在触发时产生作用,可为患者提供持续的交互
自适应控制	基于运动能力的自适应控制	使机器人的辅助适应患者的运动能力和主动参与,根据患者的轨迹跟踪误差或主动力调节机器人辅助水平	Emken 等[12],Hussain 等[77],Riener 等[102],Wolbrecht 等[103],Blaya 和 Herr[29]	避免患者过分依赖机器人辅助,激发患者本身的努力,当患者具有更好的运动能力时调节辅助输出
	基于肌肉评估的自适应控制	使用肌肉活动信号控制机器人,作为一种更自然的控制方法,建立肌电信号与肌肉活动之间的关系,根据患者的肌肉康复需求调节输出	Colombo 等[104],Krebs 等[10],Kiguchi 等[105,106],Zhang 等[107],Kwakkel 等[108]	机器人辅助输出和阻抗能够适应患者肌肉活动水平,增强机器人的自适应性能并促进人机交互

续表

控制策略	具体方法	特征描述	代表性研究	输出结果
自适应控制	患者协作按需辅助控制	当前最重要的康复策略之一,可促进患者主动参与,也称之为协作控制、自适应交互控制等,在控制中充分考虑患者的意图,并非采用固定的控制,可最大限度模拟医师训练	Marchal-Crespo 等[74],Riener 等[102,109],Duschau-Wicke 等[88],Banala 等[87],Fleerkotte 等[43],Hogan 等[110],Wolbrecht 等[103]	此方法可适应患者的康复需求,在患者特别需要辅助时才输出机器人力,并根据需要的辅助量调整机器人输出,促进患者自身产生最大努力

1. 位置跟踪控制方法

在康复早期需要被动训练时,基于位置的轨迹跟踪控制可帮助患者进行持续重复性训练。在位置控制中首先需要解决的问题是如何生成合适的轨迹。Emken 等提出了一种示教学习(teach-and-reply)轨迹生成方法,利用 ARTHuR 机器人记录手工辅助患者运动时的运动数据,然后利用 PD(比例-微分)控制器生成针对特定用户的步态轨迹[12]。此方法能够高精度还原用户的步态轨迹模式。LOPES 机器人的研究者提出一种基于补偿肢体运动估计(complementary limb motion estimation,CLME)的在线轨迹生成方法[81],其中受伤肢体的参考轨迹是通过健康一侧肢体的运动映射数据生成的。然而,此种方法仅适用于单侧偏瘫患者。

除了生成固定的预设轨迹之外,另一种位置控制方法允许患者在空间和时间上产生轨迹的偏移,此方法可称之为路径控制(path control)。Duschau-Wicke 等[88]为 Lokomat 机器人提出了一种路径控制方法,在患者下肢的生理意义轨迹周围形成一定的虚拟柔顺墙,使者运动在一个虚拟管道内。此种轨迹控制的最初目的是实现所谓的患者协作策略,及允许患者自身产生主动运动,事实上是一种基于阻抗的控制方法,这将在后面详细阐述。

康复机器人的位置控制方法很大程度上取决于其所设计的机械结构、驱动形式等因素。Saglia 等设计的脚踝康复机器人 ARBOT 是一种基于 3UPS/U 结构的并联平台[36],采用了基于逆动力学的计算力矩控制器来实现机器人的预定轨迹跟踪控制。与之相比,本章参考文献[8]中的下肢外骨骼式机器人在髋关节、膝关节和踝关节具有 4 个自由度,可视为一个包含人机不确定性的非线性动态系统,因此提出了一种使用自适应鲁棒的自学习控制器来解决机器人模型中的时变不确定量。由于这些不确定性量的存在,基于模型的控制方法有时难以取得理想的控制结果。Jamwal 等设计了一种气动肌肉驱动的并联脚踝康复机器人[17],提出了一种使用模糊逻辑控制器和扰动观测器来补偿气动肌肉的非线性特征的控制方法,但在脚踝交互控制过程中仍存在明显的非相关跟踪误差。模糊控制也有一些自身的缺点,如模糊规则难以确定、推理过程耗时较长等。该研究组针对所设计的气动肌肉驱动步态外骨骼式机器人,进一步提出了一种鲁棒变结构控制器[76],能够获得较好的轨迹跟踪性能,但该研究没有考虑人体行走过程中步态的速度变化特点。考虑到步态训练的安全性,针对所设计的气动肌肉驱动的膝关节外骨骼式机器人,本章参考文献[82]中提出了一种基于代理的滑模控制器(proxy-based sliding mode controller,PSMC),能够为机器人主导模式提供一种较安全的轨迹控制方法。然而,由于位置控制方法只能引导患者肢体严格按照预定轨迹运动,未考虑训练中患者的主动交互作用,因此该控制器不利于患者的自主参与和提高训练积极性。

2. 力控制和阻抗控制方法

混合力位控制考虑在轨迹跟踪训练过程中保持一定的交互力,利于患者的肌肉增强训练。Ju 等提出了一种混合力位控制器,其可在控制患者跟踪线型或圆周轨迹的同时保持恒定的接触力[83]。由于采用力和位置的直接叠加容易使系统出现不稳定的情况,Simon[84]在下肢交互力控制中提出了新的方法,通过为损伤肢体提供一定的目标阻力来提高肢体间力的对称性。Rutgers Ankle 机器人的研究者也提出了一种上层的位置和力控制器,为患者脚踝提供六自由度的阻抗力,并通过虚拟现实仿真将机器人的位置和力信息反馈到下肢交互训练中[85]。混合力位控制的一个优点是机器人可在跟踪期望轨迹的同时保持一定的交互力,这能够帮助患者在训练过程中增强肌肉力量,提高康复效果。

Riener 研究团队提出了一种新的混合力位控制方法,以增强患者在使用步态机器人 Lokomat 训练时的主动努力[86],包括一个闭环 PD 位置控制器和一个力控制器,在行走和站立过程中可在两个控制器之间切换。机器人所需提供的辅助力由动力学模型计算,并根据患者的主动运动情况逐渐减小辅助输出,允许步态轨迹最大限度地自由偏移。但这种方法可能会产生异常的不符合生理意义的步态轨迹,以至于对患者造成二次伤害。为了解决这个问题,Banala 等人在步态康复机器人 ALEX 上提出了一种新的力场控制方法[87],在患者步态轨迹处于合理范围内时机器人减小输出力,而当轨迹偏离生理意义范围时,机器人产生一定阻力避免异常运动。这种方法亦可称之为"虚拟管道(virtual tunnel)",因为机器人会在控制患肢跟踪轨迹的同时施加一定的径向力,使其保持在一个虚拟墙之内[91]。Duschau-Wicke 等在 Lokomat 机器人上也提出了类似的方法,通过路径控制和虚拟墙将患者运动轨迹限定在一个管道区域内[88]。

为了促进患者在训练过程中的主动参与以及产生符合生理意义的轨迹,需调整机器人位置和接触力的动态关系。阻抗控制是实现此目的的最有效的方法之一[111]。越来越多的机器人设备使用阻抗控制或导纳控制来实现康复机器人的顺应性控制,如图 1-11 所示。现有的康复系统中较大一部分采用了阻抗控制方法[112]。MIT-Manus 康复机器人在患者执行主动运动时采用阻抗控制策略调节机器人柔顺性,并利用非线性位置和速度反馈结构产生稳定的末端刚度和阻尼[92]。Lokomat 使用了阻抗控制器,利用力传感器检测训练者对机器人的作用力,实时调节康复机器人对训练者的辅助力[88]。ARTHUR 机器人也采用了阻抗调节方法,只有当患者步态轨迹存在持续误差时,机器人才给予辅助[90]。本章参考文献[23,24]中提出了步态康复设备 LOPES,使用阻抗控制来实现机器人和训练者之间的双向交互,可实现患者主导和机器人主导两种控制模式。然而,不同的阻抗参数会使机器人在辅助患者运动时表现出不同的顺应程度,如果阻抗参数设置过小,使得机器人顺应性太大,患者在运动过程中容易超出其生理运动范围;反之,如果阻抗参数设置过大,则会使机器人顺应性太小,这样患者在运动过程中一直处于被动状态从而难以实现主动康复训练[81,113]。因为患者的运动能力和康复水平是随着时间不断变化的,而阻抗控制的选择需要匹配患者的运动能力和康复水平,这使得选择合适的阻抗参数变得困难[91]。为此,需要进一步引入自适应技术来调整目标阻抗控制系数,从而提高整个控制系统的动态性能[114]。本章参考文献[76]中提出了一种自适应阻抗控制方法,包含最大顺应性和最小顺应性控制模式。在最小顺应性模式下,肢体是完全被动的,机器人输出 100% 的力引导患肢运动在参考轨迹上;在最大顺应性模式下,当肢体具有更多的自由来主动带动机器人时,机器人的顺应性会增加,肢体能够从参考关节角度轨迹上偏离。此柔顺控制模式与 Veneman 等[23]提出的患者主导和机器人主导模式类似,其缺点在于这是对阻抗参数的非连续调节,可看作对机器人辅助输出的开关,而不是无缝连续调节。

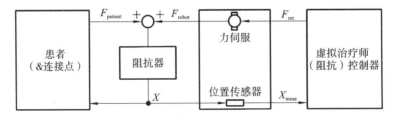

图 1-11 Lokomat 和 LOPES 机器人的典型阻抗控制结构[34,36]

因此,需要考虑患者的运动能力和人机交互作用,基于此调节机器人的阻抗参数和柔顺性。本章参考文献[77]中提出了一种面向步态矫形器的自适应规则,根据患者的主动关节力矩调节机器人的阻抗水平。然而对于足下垂症状的脑卒中患者,难以评估其关节力矩。麻省理工学院开发了一种新的脚踝评估与康复机器人[89],通过角度和力矩反馈数据计算关节的被动刚度,基于此为不同康复阶段的患者提供适应的阻抗水平。另外,Koopman 等对阻抗控制的LOPES 采用了一种虚拟模型控制器(virtual model controller,VMC)[91],根据患者的能力和康复状态选择合适的子任务,并在子任务的执行过程中通过自适应方法调节辅助输出。一般而言,传统的康复机器人阻抗控制方法属于激发辅助康复运动,即先允许患者试图运动,然后机器人再提供辅助。这种方法将运动分成患者驱动部分和机器人驱动部分,不能实现机器人对患者进行辅助的无缝对接[103]。

由于气动肌肉本身具有内在柔顺性,因此其驱动机器人的顺应控制方法与传统机构大不相同[115]。美国亚利桑那州立大学的 RUPERT 多自由度上肢训练机器人,每个关节由一根气动肌肉单向驱动,反向恢复则是气动肌肉内部空气释放后由重力作用完成[116]。在下肢康复机器人方面,比利时布鲁塞尔自由大学采用折叠型气动肌肉开发了一种步态康复训练机器人,在机器人主导控制中实现轨迹跟踪控制,在患者主导控制中实现力/力矩控制[117]。

气动肌肉在康复应用中的一个突出特点是其刚度低且可调节。由于气动肌肉驱动器的内在柔顺性,机器人不需要复杂的反馈控制就可以满足安全性需求。气动肌肉的刚度是其有效收缩长度和输入压力的函数,在气动肌肉驱动结构中,改变其内部气压可改变关节刚度。英国索尔福德大学研制的穿戴式人体下肢外骨骼,由小型高速开关阀进行刚度控制,通过改变气动肌肉初始输入压力值,实现关节刚度的比例调节[53]。Hussain 等设计的步态康复矫形器采用拮抗气动肌肉驱动,在任务空间实现了机器人的顺应控制,在最小柔顺性条件下机器人提供 100% 的辅助力,在最大柔顺性条件下允许轨迹偏移[118],如图 1-12所示。然而,气动肌肉的位置控制和刚度控制是相互独立的,其柔顺特性由标称气压主导,因此可以通过控制标称气压来调节气动肌肉的刚度和柔顺性[69]。

3. 基于神经信号的控制方法

人体表面肌电信号(sEMG)包含丰富的与人体运动相关的信息,与对应关节的运动意图以及肌肉的活动状态之间存在着很大的关联性[119],许多学者将表面肌电信号应用在智能假体控制、肢体康复训练等研究领域[120,121]。基于肌电信号的控制方法可分为肌电触发型控制和肌电连续性控制。

sEMG 信号产生在肢体肌肉收缩之前,因此可在患者仅仅表现出肌肉活动

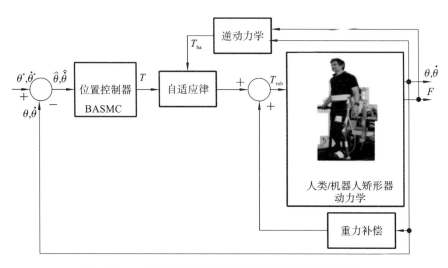

图 1-12　一种步态康复机器人的任务空间柔顺控制结构

时提前预测其运动意愿,主动激发机器人提供辅助力带动其运动[99]。Krebs 等提出了一种基于患者性能(performance-based)的机器人控制方法[10],允许患者在没有辅助的情况下先试图运动,当 sEMG 信号达到一定阈值时,激发机器人辅助。为了有效识别患者的运动意图,需要研究 sEMG 信号的特征提取和模式识别方法。Kiguchi 等基于患者上肢表面肌电信号设计了神经模糊控制器,能有效识别前臂运动模式并进行肩肘腕关节的康复训练[93]。Erhan 等提出了一种肌肉驱动控制的下肢康复机器人系统,使用概率人工神经网络模型来辨识 sEMG 信号的动作模式,并将其应用于力位反馈控制,以实现机器人的生物信号控制[122]。本章参考文献[123]通过对肌电信号的特征提取与模式识别等算法的研究,提出利用小波高频系数的最大绝对值作为肌电信号的特征,通过搜索反向传播网络的最优隐含神经元和训练误差,得到了相对较好的下肢运动识别效果。美国密歇根大学针对开发的脚踝矫形器 AFO 和膝-踝-足关节矫形器 KAFO,提出了一种肌电信号比例控制方法,根据对应肌肉的肌电信号控制气动肌肉内部气压[55]。然而此方法难以获得可靠恒定的肌电信号,且需要选择合适的阈值和增益。下肢外骨骼式机器人 HAL 通过关节力矩和肌电信号之间的关系来估计患者运动意图[94]。为了获得更精确的特征和更可靠的识别结果,本章参考文献[124]中提出了一种新的下肢运动意图识别方法,利用义肢的传感器数据提取其时域特征,分析立、坐和走的意图识别。Fleischer 等人结合肌电信号和位置传感器数据计算步态运动中的意图[95],其中肌电信号用于计算肌肉力,位置数据用于获得步态姿势,然后通过肌肉力估计关节力矩并最终得到角加速度等信息[125]。虽然肌电信号激发控制能够激发患者的自主性,但在下一次肌电信号激发运动之前,机器人多处于被动运动状态,中间过程未考虑患者的主动作用,因此不能保证为患者提供持续柔顺的交互操作环境。

为了避免这种非持续的肌电控制,Song 等人开发了一种肌电控制机器人系统,通过肌电信号为肘关节提供持续的拉伸训练辅助[97],所提供的辅助输出与肌电信号幅值成比例[98]。此方法的优点是能够在整个运动过程中为患者提供连续不断的交互作用。然而,这里将肌电信号与关节力矩间的关系模型简化为了一个线性模型,而且患者肌肉活动状态也未考虑在内。Komada 提出了一种具有生物反馈功能的操作器[80],通过肌肉骨骼模型估计患者的关节力矩和肌肉活动,其精确性通过行走训练中患者的肌电信号波形进行评估。Lenzi 等人提出了一种通过肌电信号比例控制外骨骼来提供辅助的新方法[99],粗略估计用户的肌肉力矩而不进行校准,结果显示患者肌电信号几乎能和机器人辅助保持同步。Sawicki 和 Ferris 在其开发的膝-踝-足关节 KAFO 机器人上也研究了肌电信号比例控制方法[30],此机器人由气动肌肉驱动,通过肌电信号比例控制每根气动肌肉的内部气压来实现机器人的连续控制[100]。比例肌电控制的优点是建立了用户神经肌肉系统与外骨骼力矩之间的直接关联,然而由于表面肌电电极的干扰和不同肌肉之间的协同收缩作用,仅通过肌电信号有时难以获得可靠的控制指令。因此,可将人机系统运动学和动力学的物理传感数据作为肌电信息的补充。本章参考文献[96]展示了一种基于多数据融合的下肢外骨骼系统主动控制方法,集成生物信号和力传感信息以解码人体运动并预测关节角度。结果表明,使用多数据融合方法将比单纯使用肌电信号获得更好的控制性能。图 1-13 所示的两个例子考虑了患者的生物信息。

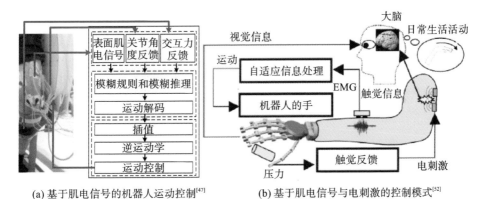

(a) 基于肌电信号的机器人运动控制[47]   (b) 基于肌电信号与电刺激的控制模式[52]

图 1-13　基于生物信息的康复机器人控制策略

脑电信号是一种非植入式信号,它来源于大脑皮层表面,只需要将采集电极置于头皮表面即可采集信号,在反映大脑活动的变化上具有较好的时间分辨率。脑电信号采集具有较高的可操作性和安全性。基于脑电信号的运动想象 (motor imagery,MI)技术近年来逐渐应用于临床康复治疗,被认为是近年来针对脑卒中后肢体康复的重要研究进展之一。神经康复临床研究表明,运动想象疗法可以重塑脑卒中患者的运动神经通路,通过让患者执行一些认知任务来达到诱导大脑可塑性的目的。脑机接口(BCI)是一种不依赖于外周神经和肌肉通路的通信系统,运用这种新系统患者可以直接只"动脑"来让外界知晓自己的想法或控制相关设备,进而通过外部辅助设备实现肢体的直接动作。这种患者主动参与的康复训练,能获得患者更高的认同度,可有效提高其肢体运动功能和神经康复效果。一个典型的 BCI 系统包括的元素[126]如图 1-14 所示。

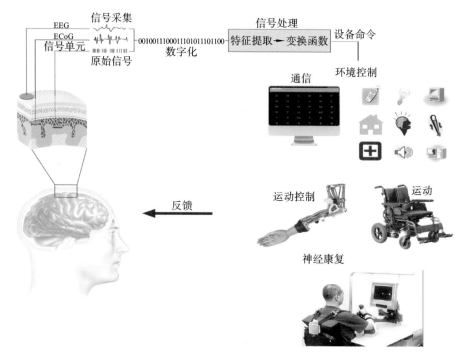

图 1-14　BCI 系统基本元素

基于 BCI 原理设计的装置有望帮助神经肌肉系统瘫痪的患者实现与外界的交流。研究人员通过提取出的脑电信号的某些有用信息如运动方向,可以预测人的某些行为。利用脑电信号实现人脑与计算机或其他电子设备之间的通信和控制的系统,可用于光标的移动、字母的选择或者义肢的控制等。运用这种新方法,人们可以直接只"动脑"来让外界知晓自己的想法或控制相关设备,而不需要多余的语言或动作[127]。所以,BCI 系统的一个重要用途就是为失去部分或者全部运动能力但能够进行正常的思维活动的人提供与他人进行简单的交流和控制周围环境的新方式。越来越多的 BCI 系统被用于控制外部设备，如通信系统、义肢、计算机鼠标键盘、轮椅、开关等[128]。

对于 BCI 系统中的信号源，目前存在多种不同的方法用于检测和测量脑信号，如脑电图（electroencephalography，EEG）、皮层脑电图（electrocorticography，ECoG）、脑磁图（magnetoencephalography，MEG）、功能性磁共振图像（functional magnetic resonance imaging，fMRI）、正电子成像术（positron emission tomography，PET）和功能性近红外分析（functional near-infrared spectroscopy，fNIRS）[129]。脑机接口可以区分为植入式和非植入式两大类[130-132]。植入式通常需要将电极植入大脑的表面或内部，因此所采集的神经信号的质量比较好，能够比较准确地反映受试者的意图。但该方式需进行外科开颅手术，而手术通常具有较大的风险，而且手术后容易引发免疫反应，所以许多实验依然停留在实验室里。非植入式脑机接口的信号采集于头皮上的电信号，这种技术的研究已经有四十多年的历史。该类型的脑机接口具有良好的时间分辨率和可操作性，但是这种类型的信号采集由于受到颅骨的影响，其空间分辨率不高，而且容易受到心电、肌电和眼电等其他来源信号的干扰，所以准确度不高。然而由于该类型脑机接口的实验过程简单且无创，对于受试人员不会产生后遗症以及愈伤组织，所以真正能为大多数使用者接受的是基于头皮脑电的无创脑机接口技术。

EEG 属于非植入式脑电信号，具体又可以分为视觉诱发电位（visual evoked potential，VEP）、皮层慢电位（slow cortical potential，SCP）、P300 诱发电位和感觉运动节律[133]。VEP 是大脑视觉皮层在受到视觉刺激后产生的电信号。典型的基于 VEP 的 BCI 应用系统通常采用闪烁的刺激信号，如在显示设备上用数字或字母引导产生稳定状态的 VEP，用户将目光移向所需要的字母或数字，以此来与计算机通信[134]。稳态视觉诱发电位（steady state visual evoked potential，SSVEP）是 VEP 的一种，是大脑视觉系统对外部持续周期性刺激信号产生的周期性响应。通常选用的视觉激源的频率在 4 Hz 以上[135]。相对其他脑电信号而言，SSVEP 具有操作简单、训练时间短、信噪比较高的特点，因此得到了广泛的应用[136]，如：美国空军研究实验室采用 SSVEP 来实现脑机接口，训练瘫痪肢体[137]；Valbuena 等人开发了基于 SSVEP 的康复机器人 FRIEND Ⅱ 系统[138]；我国程明、高小榕教授的义肢控制系统[139]。

当前的康复机器人充分考虑了患者的生物信息而对实现多模式人机协作控制的研究不足。通过检测患者的脑电信号/肌肉活动情况，感知其康复运动意图，评估其康复状态[140]，从而将生物/力信号处理技术与康复机器人控制技术结合起来，以自适应调节康复机器人所提供的辅助力、运动轨迹、速度等，是现代康复系统需要进一步研究的重要内容。

4. 自适应控制方法

传统的机器人康复设备,无法产生与理疗师手动康复相类似的训练作用,原因之一在于其不能了解不同患者各自的康复需求,并以此提供相适应的辅助输出。本章参考文献[74,108]指出,机器人辅助康复最有效的控制方法主要包括三类,即基于阻抗的主动控制、基于肌电信号的主动控制和基于患者能力的自适应控制,而自适应控制因其对不同患者康复状态的针对性而具有更好的康复效果。

患者的运动能力可以通过接触力/力矩[36,77]或轨迹跟踪误差等来分析[103]。通过引入自适应控制器,机器人辅助力可以根据患者的物理运动能力来调节[43]。本章参考文献[77]中使用的自适应阻抗控制器可根据人机接触力调节机器人辅助,当患者主动施力增加时减小机器人辅助输出,反之亦然。此方法与 Riener 等提出的患者协作控制策略类似[102],通过患者接触力调节机器人辅助和阻抗水平,然后根据患者的主动输出来改变机器人的预定轨迹。然而,如前所述,此方法的问题之一在于从参考轨迹上的任意偏离都可能会导致机器人产生无生理意义的步态结果。Emken 等提出了一种根据前一次控制结果调节这一次机器人阻抗的自适应方法[12],只有当患者存在较大的轨迹误差时才提供机器人辅助;通过引入遗忘因子,允许患者通过主动参与在步态运动中产生更多的变化性。因此,Emken 方法的一个优点就是允许患者具有一定的运动自由,但保持误差较小使得生成的轨迹在预定参考轨迹的合理偏移范围内。同时,具有遗忘因子的自适应控制器能够将机器人的必要辅助输出减至最小,避免患者对机器人辅助的过分依赖。Wolbrecht 等也提出了一种带有遗忘因子的机器人控制器[103],当患者自主激发的轨迹运动误差足够小时减小机器人辅助输出并调节其刚度和阻尼参数。Blaya 和 Herr[29]对其开发的踝足矫形器也提出了一种基于阻抗模型的自适应控制策略,根据上一运动周期的性能评估调节机器人的刚度水平。这种基于患者能力的控制方法可最大限度地激发患者的主动努力,允许机器人在辅助过程中保持较高的顺应性,同时为患者完成预定任务提供足够的辅助。

为了更清楚地了解患者的肌肉活动能力和康复状态,基于 EMG 肌肉活动评估的机器人辅助控制也得到了研究者的重视。具体来说,在康复早期,患者肌肉活动能力弱,机器人阻尼水平可以设置低一些,使患者更容易地控制机器人;在康复后期,当患者肌肉活动能力较强时,可提高机器人阻抗水平,使患者训练过程更具挑战性。Colombo 等所描述的机器人,可通过选择不同困难程度的运动任务来适应不同能力患者的康复训练[104]。这种方法将为患者带来更好的训练和恢复[78]。为了感知患者的肌肉能力,很多研究[106,107]关注基于 EMG

信号的肌肉活动评估。静态肌肉模型可用于建立 EMG 信号与肌肉力之间的非线性关系[141]，然而，不同患者之间的骨骼肌肉迥异，静态肌肉模型的通用性难以保证。近年来，神经网络被用于机器人辅助康复中，以映射 EMG 信号与肌肉力之间的关系。Choi 等利用人工神经网络从 EMG 信号中估计肌肉力[142]，并基于此建立了非线性的力预测模型[107]。本章参考文献[106]也使用了神经模拟矩阵来建立 EMG 信号和关节力矩之间的关系。但是，EMG 信号很大程度上受电极片位置及皮肤阻抗的影响，在不同的训练周期内可能会产生很大的变化，EMG 信号需与其他传感信息结合起来才能获得更有效的评估结果。本章参考文献[101]展示了一种 EMG 信号与混合多源信息融合的自适应控制方法，在基于外骨骼辅助的康复训练中融合了 EMG 信号和力位置信息。混合控制中的一个关键问题是引入一种能评估患者肌肉强度、活动水平、疲劳状态的评估方法，使机器人能够及时感知患者肢体状态并以此选择合适的控制策略。本章参考文献[105]中提出了一种通过 EMG 信号估计患者关节力矩的混合控制方法。和其他方法相比，EMG 信号控制的优势在于其能够利用患者自身的肌肉活动来实施控制，可产生更自然、更符合患者本身意图的控制结果。

为了更进一步激发患者主动参与训练的意愿，越来越多的研究引入了按需辅助（assistance-as-needed，AAN）控制方法，即仅当患者迫切需要机器人辅助时才提供输出。基于此原则的控制方法又可称之为患者协作或以患者为中心的控制方法[91]。Marchal-Crespo 和 Reinkensmeyer[74] 在其综述文献中对此类方法进行了详细的论述。患者协作方法最初由 Riener 等[102] 提出，用于 Lokomat 步态康复机器人，根据患者在训练过程中的贡献程度调节机器人辅助或修正参考轨迹。患者协作策略的初步试验是使用力传感器检测患者肌肉的努力情况来调节机器人辅助。患者协作方法在患者康复中具有重要作用，能够激发患者主动参与的意愿，提高其积极性。Riener 等也提出了一种以患者为中心的策略[109]，可视为患者协作控制的另一种表达，也是通过记录患者运动努力情况来调节机器人阻抗和辅助输出；后来他们又提出了一种按需辅助控制方法，通过路径控制使患者下肢运动在一个具有生理意义的步态轨迹管道之内[88]。ALEX[87] 和 LOPES[43] 机器人也使用了相似的按需辅助方法，其期望轨迹被设计在一个虚拟范围内，或通过力场控制器使机器人能够灵活适应患者的康复需求。按需辅助方法能够避免患者过分依赖机器人辅助，这也是 Krebs 等提出的基于性能的演进控制策略[10]的基本思路，该控制策略根据患者前几个训练周期的运动性能来调节其自适应阻抗控制器的参数[110]。本章参考文献[103]中按需辅助是通过引入力减小因子实现的，当患者自身的跟踪误差较小时减小机器人辅助力。这种优化柔顺的控制器允许机器人在辅助患者完成预定任务的同时,保持最小的柔顺程度。当前,按需辅助控制已成为康复机器人中最重要的控制机制之一,不仅可以最大限度地促进患者在训练过程中的主动参与,而且可以通过保持人机之间的交互来模拟理疗师手动康复。

1.4　康复机器人关键技术分析

机器人辅助康复与传统人工康复相比具有明显优势。就下肢康复机器人系统而言,其设计与控制过程包括如下关键技术:首先通过对人体康复医学机理的研究,建立适用于下肢的康复机器人平台,并实现其高精度位置控制;然后结合力传感器或生物信号反馈,如肌电信号采集处理等,实现主动模式的康复训练;最后根据病情特点和理疗师的医学经验和建议,实时调整机器人辅助输出及其阻抗和顺应程度,提高康复系统的人机交互功能及适应性。

外骨骼式康复机器人由于其可穿戴性能够同时控制下肢多个关节,然而其适应不同患者的能力较弱,且机械结构和控制系统往往较复杂,造价成本较高。与之相比,端部式机器人通常与患肢某一点接触,具有更好的适应性。同时,端部式机器人结构明确,运动简单,易于实现高性能控制。现存的康复机器人提供了用于患者的多自由度辅助功能,然而多数机械结构设计并没有在充分的医学理论的指导下进行,并非所有运动都能遵循人体的运动规律,此类问题在下肢康复中尤为普遍[79]。多自由度并联机器人设备结构简单,能够针对不同患者调整康复训练参数,适应性强,对下肢康复的研究有着积极作用,已引起越来越多研究者的注意。朱建瓴等从分析人体下肢解剖学入手,设计了一种基于并联机构的下肢康复机器人[143]。Xie等通过分析脚踝的运动学和康复机理,设计了一种冗余并联机器人[37]。当前最具代表性的脚踝康复机器人 Rutgers Ankle[144] 和 ARBOT[36] 也都采用了多自由度并联机构。将并联机器人应用于人体下肢康复领域,既可满足下肢康复对多自由度运动的要求,又可利用并联机构稳定和控制精度高的优点提高康复效果。另外,和刚性驱动器相比,气动肌肉作为一种新型执行元件,具有柔顺性好、输出力与自重之比大、操作安全等优点,将其应用于下肢康复优势明显。然而当前此方面的研究还很少,传统的气动肌肉机器人常采用主动肌-拮抗肌对的方式实现单关节的双向运动,难以满足下肢关节的多自由度运动需求。由于气动肌肉在控制过程中只能施加单向的拉力,这给面向下肢康复的并联机构设计带来了更多的挑战。

康复机器人作为辅助治疗工具,其运动模式应该丰富且有效,针对不同病情和不同康复期的患者,康复机器人的运动模式应具备适应性。位置控制是康复机器人实现所有控制模式的基础。就多自由度并联机器人而言,其位置控制可分为任务空间控制和关节空间控制两类。任务空间控制的实现依赖于任务空间的动力学描述,此方法需要融合多种传感器的信息以获得移动平台的位姿。关节空间控制通过逆运动学获得每个驱动器的期望位移,实现起来较为简单[145]。多自由度并联机器人的位姿是多个伺服驱动器互相协同工作的结果,其运动是各控制关节的复杂非线性函数,且包含严重的耦合干扰。根据在控制算法实现过程中是否需要精确的动力学模型,可将并联机器人的控制方法分为基于模型的方法和非基于模型的方法[146]。对于刚性驱动器,基于模型的方法利于实现更高效精确的控制输出,使并联机器人能够处理人机交互时的不确定扰动。如滑模变结构控制可以减弱负载变化和随机干扰对系统控制性能的影响,对并联机器人控制比较有利[147]。然而,对于气动肌肉这种低带宽和高非线性的控制对象,其控制响应特征在充气和放气不同状态下差异巨大,很难建立其完整的动力学模型,这也对控制由其驱动的多自由度并联机器人提出了更高的要求。

在康复机器人研究中,基本的位置控制能够引导患者在预定轨迹上运动,但不利于提高患者的主动参与积极性和康复效果。主动训练模式能够充分考虑患者的主动意图和自主努力,比传统的被动重复性训练具有更好的效果。与主动辅助模式相比,主动阻抗训练可产生更具挑战性的任务,能够有效促进患者康复后期的肌肉强度和运动能力提升。基于力反馈的阻抗控制通过调节位置与交互力的动态关系,允许患者从预定参考轨迹偏移,因而有利于患者的主动训练。然而随着患肢的康复进程变化,机器人需提供变化的阻抗水平和顺应程度,如何确定合适的机器人阻抗参数是一个难题。更重要的是要引入患者的康复状态评估,使机器人能够感知患肢状态并采取相应的控制策略,如通过配置力传感器以及生物信号采集系统来分析患肢的肌肉力、活动情况、疲劳程度等,从而自适应调节康复机器人所提供的辅助力、运动轨迹、速度等,使其更适用于特定患者。目前的康复训练系统很少在整体运行周期中引入肌电信号来实现机器人的自主、智能、优化控制,难以对患肢在受限范围内的细微动作意图进行识别,无法在机器人训练过程中实时检测患肢的肌肉力和康复状态,不能根据肌肉活动状态自适应修正训练力度和模式,缺乏对患肢肌肉活动情况和意外状态的评价,所以很难适应于不同患者的整体康复周期,从而影响康复训练效果。

目前关于多自由度并联下肢康复机器人的研究还处于起步阶段,要形成最终的应用于临床康复的机器人控制理论与技术,还需要更具创新性的研究。当前对多自由度并联下肢康复机器人及多模式控制的研究还很少,而将气动肌肉引入下肢康复机器人对其控制实现也提出了新的挑战。因此,还需深入研究多自由度并联下肢康复机器人的机构设计和建模控制等理论与技术,进一步探索并联机构乃至柔性并联机构在下肢康复中的重要价值。在康复需求日益增多的今天,深入研究承载能力强、控制精度高、多自由度的并联下肢康复机器人及其控制方法,并提出多模式控制方法,是十分迫切和必要的。

1.5　本章小结

本章介绍了本书撰写的背景、目的及意义,概述当前多自由度并联康复机器人及其控制方法的研究现状,并对当前存在的研究问题和关键技术进行了分析。本书后续内容主要介绍并联康复机器人机构及其建模方法以及康复机器人的驱动和传感技术,并以两类多自由度并联康复机器人为实例,结合在康复中至关重要的人体肌电信号、脑电信号等生物信息,开展机器人机构建模、高效位置控制及患者协作控制等理论与技术的研究。首先对电机刚性驱动的六自由度并联下肢康复机器人进行研究,研究其机构运动学与动力学模型,提出高性能的关节空间和任务空间控制方法,并考虑患者肌肉活动评估以实现自适应交互控制;然后对气动肌肉驱动的柔性并联脚踝康复机器人进行研究,研究其并联冗余机构作用机理,结合自适应阻抗模型实现患者协作控制;最后对机器人及其控制方法进行有实际受试者参与的实验,验证所提相关方法在实际中的可行性。

本章参考文献

[1]　联合国老龄化议题. http://www. un. org/chinese/esa/ageing/trends. htm. 2019.

[2]　联合国残疾人公约. http://www. un. org/chinese/disabilities/convention/facts. htm. 2019.

[3]　中国残疾人联合会. 中国残疾人事业统计年鉴(2014)[M].北京:中国统计出版社,2014.

[4]　张立勋,李长胜,刘富强. 多模式下肢康复训练机器人的设计与实验分析[J]. 医学康复工程,2011,26(5):464-466.

[5]　徐国政,宋爱国,李会军. 康复机器人系统结构及控制技术[J].中国组织工程研究与临床康复,2009,13(4):715-720.

[6]　吕广明,孙立宁,彭龙刚. 康复机器人技术发展现状及关键技术分析[J].哈尔滨工业大学学报,2004,36(9):1224-1227.

[7] ZHOU Z，MENG W，AI Q S，et al. Practical velocity tracking control of a parallel robot based on fuzzy adaptive algorithm［J］. Advances in Mechanical Engineering，2013.

[8] LU R Q，LI Z J，SU C Y，et al. Development and learning control of a human limb with a rehabilitation exoskeleton［J］. IEEE Transactions on Industrial Electronics，2014，61(7)：3776-3785.

[9] NEF T，MIHELJ M，KIEFER G，et al. ARMin - Exoskeleton for arm therapy in stroke patients［C］//2007 IEEE 10th International Conference on Rehabilitation Robotics. New York：IEEE，2007(1-2)：68-74.

[10] KREBS H I，PALAZZOLO J J，DIPIETRO L，et al. Rehabilitation robotics：performance-based progressive robot-assisted therapy［J］. Autonomous Robots，2003，15(1)：5-20.

[11] NEF T，MIHELJ M，COLOMBO G，et al. ARMin - Robot for rehabilitation of the upper extremities［C］//2006 IEEE International Conference on Robotics and Automation. New York：IEEE，2006：3152-3157.

[12] EMKEN J L，HARKEMA S J，BERESJONES J A，et al. Feasibility of manual teach-and-replay and continuous impedance shaping for robotic locomotor training following spinal cord injury［J］. IEEE Transactions on Biomedical Engineering，2008，55(1)：322-334.

[13] MENG W，LIU Q，ZHOU Z，et al. Recent development of mechanisms and control strategies for robot-assisted lower limb rehabilitation［J］. Mechatronics，2015，31：132-145.

[14] 滕燕，杨罡，李小宁，等. 下肢康复机器人技术及气动肌肉的应用［J］. 机床与液压，2012，40(15)：135-140.

[15] 吴军，王永骥，黄剑，等. 新型可穿戴式多自由度气动上肢康复机器人［J］. 华中科技大学学报（自然科学版），2011，39(S2)：279-282.

[16] CHANG M-K. An adaptive self-organizing fuzzy sliding mode controller for a 2-DOF rehabilitation robot actuated by pneumatic muscle actuators［J］. Control Engineering Practice，2010，18(1)：13-22.

[17] JAMWAL P K，XIE S Q，HUSSAIN S，et al. An adaptive wearable parallel robot for the treatment of ankle injuries［J］. IEEE/ASME

Transactions on Mechatronics，2014，19(1)：64-75.

[18] AKDOGAN E，SHIMA K，KATAOKA H，et al. The cybernetic rehabilitation aid：preliminary results for wrist and elbow motions in healthy subjects［J］. IEEE Transactions on Neural Systems and Rehabilitation Engineering，2012，20(5)：695-707.

[19] 徐国政，宋爱国，李会军. 基于模糊逻辑的上肢康复机器人阻抗控制实验研究[J]. 机器人，2010(6)：792-798.

[20] PARK Y-L，CHEN B-R，PÉREZ-ARANCIBIA N O，et al. Design and control of a bio-inspired soft wearable robotic device for ankle-foot rehabilitation[J]. Bioinspiration & Biomimetics，2014，9(1).

[21] DUSCHAUWICKE A，CAPREZ A，RIENER R. Patient-cooperative control increases active participation of individuals with SCI during robot-aided gait training［J］. Journal of NeuroEngineering and Rehabilitation，2010，7(1).

[22] KAZEROONI H，STEGER R，HUANG L H. Hybrid control of the Berkeley lower extremity exoskeleton（BLEEX）［J］. International Journal of Robotics Research，2006，25(4-6)：561-573.

[23] VENEMAN J F，KRUIDHOF R，HEKMAN E E G，et al. Design and evaluation of the LOPES exoskeleton robot for interactive gait rehabilitation［J］. IEEE Transactions on Neural Systems and Rehabilitation Engineering，2007，15(3)：379-386.

[24] VAN ASSELDONK E H F，EKKELENKAMP R，VENEMAN J F，et al. Selective control of a subtask of walking in a robotic gait trainer（LOPES）［C］//2007 IEEE 10th International Conference on Rehabilitation Robotics. New York：IEEE，2007(1-2)：841-848.

[25] GIRONE M，BURDEA G，BOUZIT M，et al. A stewart platform-based system for ankle telerehabilitation［J］. Autonomous Robots，2001，10(2)：203-212.

[26] HESSE S，SCHMIDT H，WERNER C，et al. Upper and lower extremity robotic devices for rehabilitation and for studying motor control[J]. Curr Opin Neurol，2003，16(6)：704-710.

[27] FREIVOGEL S，MEHRHOLZ J，HUSAK-SOTOMAYOR T，et al. Gait training with the newly developed "LokoHelp"-system is feasible for non-ambulatory patients after stroke, spinal cord and brain injury：a

feasibility study[J]. Brain Injury，2008，22(5-8)：624-632.

[28] BANALA S K，KIM S H，AGRAWAL S K，et al. Robot assisted gait training with active leg exoskeleton (ALEX)[J]. IEEE Transactions on Neural Systems and Rehabilitation Engineering，2009，17(1)：2-8.

[29] BLAYA J A，HERR H. Adaptive control of a variable-impedance ankle-foot orthosis to assist drop-foot gait[J]. IEEE Transactions on Neural Systems and Rehabilitation Engineering，2004，12(1)：24-31.

[30] SAWICKI G，FERRIS D. A pneumatically powered knee-ankle-foot orthosis (KAFO) with myoelectric activation and inhibition [J]. Journal of NeuroEngineering and Rehabilitation (JNER)，2009，6(1)：23.

[31] SANKAI Y. HAL：hybrid assistive limb based on cybernics[M]// KANEKO M，NAKAMURA Y. Roboticsresearch. Berlin：Springer，2011：24-34.

[32] ZOSS A B，KAZEROONI H，CHU A. Biomechanical design of the Berkeley lower extremity exoskeleton (BLEEX) [J]. IEEE/ASME Transactions on Mechatronics，2006，11(2)：128-138.

[33] SCHMIDT H， WERNER C， BERNHARDT R， et al. Gait rehabilitation machines based on programmable footplates[J]. Journal of NeuroEngineering and Rehabilitation，2007，4(2).

[34] HESSE S，TOMELLERI C，BARDELEBEN A，et al. Robot-assisted practice of gait and stair climbing in nonambulatory stroke patients[J]. The Journal of Rehabilitation Research and Development，2012，49(4)：613-622.

[35] SAGLIA J A，TSAGARAKIS N G，DAI J S，et al. A high-performance redundantly actuated parallel mechanism for ankle rehabilitation[J]. The International Journal of Robotics Research，2009，28(9)：1216-1227.

[36] SAGLIA J A，TSAGARAKIS N G，DAIJ S，et al. Control strategies for patient-assisted training using the Ankle Rehabilitation Robot (ARBOT)[J]. IEEE/ASME Transactions on Mechatronics，2012(99)：1-10.

[37] TSOI Y H，XIE S Q，MALLINSON G D. Joint force control of parallel robot for ankle rehabilitation[C]//2009 IEEE International Conference on Control and Automation. ICCA，2009：1856-1861.

[38] XIE S Q，JAMWAL P K. An iterative fuzzy controller for pneumatic muscle

driven rehabilitation robot［J］. Expert Systems with Applications，2011，38(7)：8128-8137.

［39］ FERRIS D P，SAWICKI G S，DOMINGO A R. Powered lower limb orthoses for gait rehabilitation［J］. Topics in Spinal Cord Injury Rehabilitation，2005，11(2)：34-49.

［40］ POLI P，MORONE G，ROSATI G，et al. Robotic technologies and rehabilitation：new tools for stroke patients´ therapy［J］. Biomed Research International，2013(2).

［41］ MOHAMMED S，AMIRAT Y. Towards intelligent lower limb wearable robots：challenges and perspectives - state of the art［C］// 2008 IEEE International Conference on Robotics and Biomimetics. ROBIO，2008：312-317.

［42］ BANZ R，BOLLIGER M，COLOMBO G，et al. Movement analysis with the driven gait orthosis Lokomat［J］. Gait & Posture，2006，24：214-216.

［43］ FLEERKOTTE B M，KOOPMAN B，BUURKE J H，et al. The effect of impedance-controlled robotic gait training on walking ability and quality in individuals with chronic incomplete spinal cord injury：an explorative study［J］. Journal of NeuroEngineering and Rehabilitation，2014，11(1).

［44］ FLEISCHER C，REINICKE C，HOMMEL G. Predicting the intended motion with EMG signals for an exoskeleton orthosis controller［C］// 2005 IEEE/RSJ International Conference on Intelligent Robots and Systems. IROS，2005：3449-3454.

［45］ JIMÉNEZ-FABIÁN R，VERLINDEN O. Review of control algorithms for robotic ankle systems in lower-limb orthoses，prostheses，and exoskeletons［J］. Medical Engineering and Physics，2012，34(4)：395-408.

［46］ DÍAZ I，GIL J J，SÁNCHEZ E. Lower-limb robotic rehabilitation：literature review and challenges［J］. Journal of Robotics，2011(1).

［47］ HESSE S，WALDNER A，TOMELLERI C. Innovative gait robot for the repetitive practice of floor walking and stair climbing up and down in stroke patients［J］. Journal of NeuroEngineering and Rehabilitation，2010，7(1).

［48］ YOON J，NOVANDY B，YOON C H，et al. A 6-DOF gait

rehabilitation robot with upper and lower limb connections that allows walking velocity updates on various terrains［J］. IEEE/ASME Transactions on Mechatronics，2010，15(2)：201-215.

[49] BOIAN R F，BOUZITM，BURDEA G C，et al. Dual Stewart platform mobility simulator［C］//2005 IEEE 9th International Conference on Rehabilitation Robotics. 2005：550-555.

[50] VITIELLO N，LENZI T，ROCCELLA S，et al. NEUROExos：a powered elbow exoskeleton for physical rehabilitation［J］. IEEE Transactions on Robotics，2013，29(1)：220-235.

[51] LO H S，XIE S Q. Exoskeleton robots for upper-limb rehabilitation：state of the art and future prospects[J]. Medical Engineering & Physic，2012，34(3)：261-268.

[52] TAKAHASHI C D，DER-YEGHIAIAN L，LE V，et al. Robot-based hand motor therapy after stroke[J]. Brain，2008，131(2)：424-437.

[53] KARAVAS N，AJOUDANI A，TSAGARAKIS N，et al. Human-inspired balancing assistance：application to a knee exoskeleton [J]. 2016.

[54] HUANG J，TU X，HE J. Design and evaluation of the RUPERT wearable upper extremity exoskeleton robot for clinical and in-home therapies[J]. IEEE Transactions on Systems，Man，and Cybernetics-Systems，2016，46(7)：926-935.

[55] SAWICKI G S，KHAN N S. A simple model to estimate plantar flexor muscle-tendon mechanics and energetics during walking with elastic ankle exoskeletons[J]. IEEE Transactions on Biomedical Engineering，2016，63(5)：914-923.

[56] 杨钢，李宝仁，傅晓云. 气动人工肌肉并联机器人平台[J]. 机械工程学报，2006，42(7)：39-45.

[57] 隋立明，席作岩，刘亭羽. 多腔体式仿生气动软体驱动器的设计与制作[J]. 工程设计学报，2017(5)：511-517.

[58] 刘昱，王涛，范伟，等. 新型气动人工肌肉特性测试系统的研究[J]. 液压与气动，2011(10)：62-65.

[59] 左赫，陶国良. Cross-coupling integral adaptive robust posture control of a pneumatic parallel platform[J]. Journal of Central South University (中南大学学报(英文版))，2016，23(8)：2036-2047.

多自由度并联康复机器人及其人机交互控制

[60] DAS G K H S L, TONDU B, FORGET F, et al. Controlling a multi-joint arm actuated by pneumatic muscles with quasi-DDP optimal control[C]//IEEE/RSJ International Conference on Intelligent Robots and Systems. IEEE, 2016.

[61] BEYL P, KNAEPEN K, DUERINCK S, et al. Safe and compliant guidance by a powered knee exoskeleton for robot-assisted rehabilitation of gait[J]. Advanced Robotics, 2011, 25(5): 513-535.

[62] CAO J, XIE S Q, DAS R. MIMO sliding mode controller for gait exoskeleton driven by pneumatic muscles[J]. Transactions on Control Systems Technology, 2017:1-8.

[63] UEDA J, DING M. Individual control of redundant skeletal muscles using an exoskeleton robot[M]// Redundancy in Robot Manipulators and Multi-Robot Systems. Berlin:Springer, 2013.

[64] BAIDEN D, IVLEV O. Independent torque and stiffness adjustment of a pneumatic direct rotary soft-actuator for adaptable human-robot-interaction[C]// International Conference on Robotics in Alpe-adria-danube Region. IEEE, 2015.

[65] NORITSUGU T. Wearable power assist robot driven with pneumatic rubber artificial muscles [J]. Technological Advancements in Biomedicine for Healthcare Applications, 2012(3).

[66] CHEN W, XIONG C, SUN R, et al. A 10-degree of freedom exoskeleton rehabilitation robot with ergonomic shoulder actuation mechanism[J]. International Journal of Humanoid Robotics, 2011, 8(1): 45-71.

[67] BARTLETT N W, TOLLEY M T, OVERVELDEJ T, et al. A 3D-printed, functionally graded soft robot powered by combustion[J]. Science, 2015, 349(6244): 161-165.

[68] WILKENING A, IVLEV O. Adaptive model-based assistive control for pneumatic direct driven soft rehabilitation robots [C]//IEEE International Conference on Rehabilitation Robotics. IEEE, 2013.

[69] JAMWAL P K, HUSSAIN S, GHAYESH M H, et al. Impedance control of an intrinsically compliant parallel ankle rehabilitation robot [J]. IEEE Transactions on Industrial Electronics, 2016, 63 (6): 3638-3647.

[70] KOBAYASHI M, HIRANO J, NAKAMURA T. Development of delta-type parallel-link robot using pneumatic artificial muscles and MR clutches for force feedback device [M]//Intelligent Robotics and Applications. Berlin: Springer International Publishing, 2015.

[71] MCDAID A, TSOI Y H, XIE S. MIMO actuator force control of a parallel robot for ankle rehabilitation [J]. Interdisciplinary Mechatronics: Engineering Science and Research Development, 2013: 163-208.

[72] BURDEA G C, CIOI D, KALE A, et al. Robotics and gaming to improve ankle strength, motor control, and function in children with cerebral palsy—a case study series[J]. IEEE Transactions on Neural Systems and Rehabilitation Engineering, 2013, 21(2): 164-173.

[73] PITTACCIO S, VISCUSO S. An EMG-controlled SMA device for the rehabilitation of the ankle joint in post-acute stroke[J]. Journal of Materials Engineering & Performance, 2011, 20(4-5): 666-670.

[74] MARCHAL-CRESPO L, REINKENSMEYER D J. Review of control strategies for robotic movement training after neurologic injury[J]. Journal of NeuroEngineering and Rehabilitation (JNER), 2009, 6(1).

[75] 钱晋武,文忠, 沈林勇, 等. 下肢康复机器人运动控制方法:中国, CN201010561379. 5[P]. 2011-05-18.

[76] HUSSAIN S, XIE S Q, JAMWAL P K. Robust nonlinear control of an intrinsically compliant robotic gait training orthosis [J]. IEEE Transactions on Systems, Man, and Cybernetics-Systems, 2013, 43(3): 654-665.

[77] HUSSAIN S, XIE S Q, JAMWAL P K. Adaptive impedance control of a robotic orthosis for gait rehabilitation[J]. IEEE Transactions on Cybernetics, 2013, 43(3): 1024-1034.

[78] LUM P S, BURGAR C G, SHOR P C. Evidence for improved muscle activation patterns after retraining of reaching movements with the MIME robotic system in subjects with post-stroke hemiparesis[J]. IEEE Transactions on Neural Systems and Rehabilitation Engineering, 2004,12(2):186-194.

[79] AKDOĞAN E, ADLI M A. The design and control of a therapeutic exercise robot for lower limb rehabilitation: physiotherabot [J].

Mechatronics，2011，21（3）：509-522.

[80] KOMADA S，HASHIMOTO Y，OKUYAMA N，et al. Development of a biofeedback therapeutic-exercise-supporting manipulator[J]. IEEE Transactions on Industrial Electronics，2009，56（10）：3914-3920.

[81] VALLERY H，ASSELDONK E H F V，BUSS M，et al. Reference trajectory generation for rehabilitation robots：complementary limb motion estimation［J］. IEEE Transactions on Neural Systems and Rehabilitation Engineering，2009，17（1）：23-30.

[82] BEYL P，VAN DAMME M，VAN HAM R，et al. Design and control of a lower limb exoskeleton for robot-assisted gait training[J]. Applied Bionics and Biomechanics，2009，6（2）：229-243.

[83] JU M S，LIN C C K，LIN D H，et al. A rehabilitation robot with force-position hybrid fuzzy controller：hybrid fuzzy control of rehabilitation robot［J］. IEEE Transactions on Neural Systems and Rehabilitation Engineering，2005，13（3）：349-358.

[84] SIMON A M，BRENT GILLESPIE R，FERRIS D P. Symmetry-based resistance as a novel means of lower limb rehabilitation[J]. Journal of Biomechanics，2007，40（6）：1286-1292.

[85] DEUTSCH J E，LATONIO J，BURDEA G C，et al. Post-stroke rehabilitation with the Rutgers Ankle system：a case study［J］. Presence：Teleoperators and Virtual Environments，2001，10（4）：416-430.

[86] BERNHARDT M，FREY M，COLOMBO G，et al. Hybrid force-position control yields cooperative behaviour of the rehabilitation robot Lokomat［C］//Proceedings of the 2005 IEEE 9th International Conference on Rehabilitation Robotics，2005：536-539.

[87] BANALA S K，AGRAWAL S K，SCHOLZ J P. Active leg exoskeleton（alex）for gait rehabilitation of motor-impaired patients ［C］//IEEE 10th International Conference on Rehabilitation Robotics. ICORR，2007：401-407.

[88] DUSCHAU-WICKE A，VON ZITZEWITZ J，CAPREZ A，et al. Path control：a method for patient-cooperative robot-aided gait rehabilitation ［J］. IEEE Transactions on Neural Systems and Rehabilitation Engineering，2010，18（1）：38-48.

[89] ROY A, KREBS H I, WILLIAMS D J, et al. Robot-aided neurorehabilitation: a novel robot for ankle rehabilitation[J]. IEEE Transactions on Robotics, 2009, 25(3): 569-582.

[90] EMKEN J L, REINKENSMEYER D J. Robot-enhanced motor learning: accelerating internal model formation during locomotion by transient dynamic amplification[J]. IEEE Transactions on Neural Systems and Rehabilitation Engineering, 2005, 13(1): 33-39.

[91] KOOPMAN B, VAN ASSELDONK E H F, VAN DER KOOIJ H. Selective control of gait subtasks in robotic gait training: foot clearance support in stroke survivors with a powered exoskeleton[J]. Journal of NeuroEngineering and Rehabilitation, 2013(10).

[92] AGRAWAL S K, BANALA S K, FATTAH A, et al. Assessment of motion of a swing leg and gait rehabilitation with a gravity balancing exoskeleton[J]. IEEE Transactions on Neural Systems and Rehabilitation Engineering, 2007, 15(3): 410-420.

[93] KIGUCHI K, RAHMAN M H, SASAKI M, et al. Development of a 3DOF mobile exoskeleton robot for human upper-limb motion assist [J]. Robotics and Autonomous Systems, 2008, 56(8): 678-691.

[94] KAWAMOTO H, LEE S, KANBE S, et al. Power assist method for HAL-3 using EMG-based feedback controller[C]//Proceedings of the IEEE International Conference on Systems, Man, and Cybernetics-Systems, 2003: 1648-1653.

[95] FLEISCHER C, WEGE A, KONDAK K, et al. Application of EMG signals for controlling exoskeleton robots[J]. Biomedizinische Technik, 2006, 51(4-6): 314-319.

[96] YIN Y H, FAN Y J, XU L D. EMG and EPP-integrated human-machine interface between the paralyzed and rehabilitation exoskeleton [J]. IEEE Transactions on Information Technology in Biomedicine, 2012, 16(4): 542-549.

[97] SONG R, TONG K Y, HU X, et al. Assistive control system using continuous myoelectric signal in robot-aided arm training for patients after stroke[J]. IEEE Transactions on Neural Systems and Rehabilitation Engineering, 2008, 16(4): 371-379.

[98] SONG R, TONG K Y, HU X, et al. Myoelectrically controlled wrist

robot for stroke rehabilitation[J]. Journal of NeuroEngineering and Rehabilitation，2013，10(1).

[99] LENZI T，DE ROSSI S M M，VITIELLO N，et al. Intention-based EMG control for powered exoskeletons [J]. IEEE Transactions on Biomedical Engineering，2012，59(8)：2180-2190.

[100] FERRIS D P，LEWIS C L. Robotic lower limb exoskeletons using proportional myoelectric control[C]//Proceedings of the 31st Annual International Conference of the IEEE Engineering in Medicine and Biology Society：Engineering the Future of Biomedicine. EMBC，2009：2119-2124. .

[101] FAN Y，YIN Y. Active and progressive exoskeleton rehabilitation using multi-source information fusion from EMG and force-position EPP[J]. IEEE Transactions on Biomedical Engineering，2013，60(12)：3314-3321.

[102] RIENER R，LUNENBURGER L，JEZERNIK S，et al. Patient-cooperative strategies for robot-aided treadmill training：first experimental results[J]. IEEE Transactions on Neural Systems and Rehabilitation Engineering，2005，13(3)：380-394.

[103] WOLBRECHT E T，CHAN V，REINKENSMEYER D J，et al. Optimizing compliant，model-based robotic assistance to promote neurorehabilitation[J]. IEEE Transactions on Neural Systems and Rehabilitation Engineering，2008，16(3)：286-297.

[104] COLOMBO R，PISANO F，MAZZONE A，et al. Design strategies to improve patient motivation during robot-aided rehabilitation [J]. Journal of NeuroEngineering and Rehabilitation，2007，4(1).

[105] KIGUCHI K，HAYASHI Y. An EMG-based control for an upper-limb power-assist exoskeleton robot[J]. IEEE Transactions on Systems，Man，and Cybernetics-Systems Part B，2012，42(4)：1064-1071.

[106] KIGUCHI K，TANAKA T，FUKUDA T. Neuro-fuzzy control of a robotic exoskeleton with EMG signals[J]. IEEE Transactions on Fuzzy Systems，2004，12(4)：481-490.

[107] ZHANG F，LI P，HOUZ-G，et al. sEMG-based continuous estimation of joint angles of human legs by using BP neural network [J]. Neurocomputing，2012，78(1)：139-148.

[108] KWAKKEL G, KOLLEN B J, KREBS H I. Effects of robot-assisted therapy on upper limb recovery after stroke：a systematic review[J]. Neurorehabilitation and Neural Repair，2008，22(2)：111-121.

[109] RIENER R, LUENENBERGER L, COLOMBO G. Human-centered robotics applied to gait training and assessment [J]. Journal of Rehabilitation Research and Development，2006，43(5)：679-693.

[110] HOGAN N, KREBS H I. Interactive robots for neuro-rehabilitation [J]. Restorative Neurology and Neuroscience，2004，22 (3-4)：349-358.

[111] MEHDI H, BOUBAKER O. Stiffness and impedance control using Lyapunov theory for robot-aided rehabilitation [J]. International Journal of Social Robotics，2012，4(1)：105-119.

[112] HU J, HOU Z G, ZHANG F, et al. Training strategies for a lower limb rehabilitation robot based on impedance control [C]//Annual International Conference of the IEEE Engineering in Medicine and Biology Society，2012：6032-6035.

[113] CAI L L, FONG A J, OTOSHI C K, et al. Implications of assist-as-needed robotic step training after a complete spinal cord injury on intrinsic strategies of motor learning[J]. Journal of Neuroscience，2006，26(41)：10564-10568.

[114] XU G, SONG A, LI H. Adaptive impedance control for upper-limb rehabilitation robot using evolutionary dynamic recurrent fuzzy neural network[J]. Journal of Intelligent and Robotic Systems，2011，62(3-4)：501-525.

[115] MACIEJASZ P, ESCHWEILER J, GERLACH-HAHN K, et al. A survey on robotic devices for upper limb rehabilitation[J]. Journal of NeuroEngineering and Rehabilitation，2014，11(3).

[116] TU X, HE J, WEN Y, et al. Cooperation of electrically stimulated muscle and pneumatic muscle to realize RUPERT bi-directional motion for grasping [J]. Annual International Conference of the IEEE Engineering in Medicine and Biology Society，2014：4103-4106.

[117] BEYL P, KNAEPEN K, DUERINCK S, et al. Safe and compliant guidance by a powered knee exoskeleton for robot-assisted rehabilitation of gait[J]. Advanced Robotics，2011，25(5)：513-535.

[118] HUSSAIN S, JAMWAL P K, GHAYESH M H，et al. Assist-as-needed control of an intrinsically compliant robotic gait training orthosis［J］. IEEE Transactions on Industrial Electronics，2017，64(2)：1674-1685.

[119] CASTELLINI C, VAN DER PATRICK P, SANDINI G，et al. Surface EMG for force control of mechanical hands［C］//IEEE International Conference on Robotics and Automation，2008（1-9）：724-730.

[120] CESQUI B, TROPEA P, MICERA S，et al. EMG-based pattern recognition approach in post stroke robot-aided rehabilitation：a feasibility study［J］. Journal of NeuroEngineering and Rehabilitation，2013，10(1).

[121] FUKUDA O，TSUJI T，KANEKO M，et al. A human-assisting manipulator teleoperated by EMG signals and arm motions［J］. IEEE Transactions on Robotics and Automation，2003，19(2)：210-222.

[122] AKDOGAN E，SISMAN Z. A muscular activation controlled rehabilitation robot system［C］//15th International Conference on Knowledge-based and Intelligent Information and Engineering Systems，2011：271-279.

[123] AI Q, LIU Q, YUAN T，et al. Gestures recognition based on wavelet and LLE［J］. Australasian Physical and Engineering Sciences in Medicine,2013,36(2)：165-176.

[124] VAROL H A, SUP F, GOLDFARB M. Multiclass real-time intent recognition of a powered lower limb prosthesis［J］. IEEE Transactions on Biomedical Engineering，2010，57(3)：542-551.

[125] HUO W, MOHAMMED S, MORENO J C，et al. Lower limb wearable robots for assistance and rehabilitation：a state of the art［J］. IEEE Systems Journal，2014，7(7)：1-14.

[126] MAK J N, WOLPAW J R. Clinical applications of brain-computer interfaces：current state and future prospects［J］. IEEE Reviews in Biomedical Engineering，2009，2(1)：185-199.

[127] VAUGHAN T M, HEETDERKS W J, TREJO L J，et al. Brain-computer interface technology：a review of the second international meeting［J］. IEEE Transactions on Neural Systems and Rehabilitation

Engineering：a Publication of the IEEE Engineering in Medicine and Biology Society，2003，11(2)．

[128] BIRBAUMER N．Breaking the silence：brain-computer interfaces (BCI) for communication and motor control[J]．Psychophysiology，2006,43(6)：515-532．

[129] DALY J J，WOLPAW J R．Brain-computer interfaces in neurological rehabilitation[J]．Lancet Neurology，2008，7(11)：1032-1043．

[130] FRIEHS G M，ZERRIS V A，OJAKANGAS C L，et al．Brain-machine and brain-computer interfaces[J]．Stroke，2004，35(11)：2702-2705．

[131] LEBEDEV M A，NICOLELIS M A．Brain-machine interfaces：past，present and future[J]．Trends in Neurosciences，2006，29(9)：536-546．

[132] NICOLELIS M A．Brain-machine interfaces to restore motor function and probe neural circuits[J]．Nature Reviews Neuroscience，2003，4(5):415-422．

[133] PASQUALOTTO E，FEDERICI S，BELARDINELLI M O．Toward functioning and usable brain-computer interfaces (BCIs)：a literature review[J]．Disability and Rehabilitation：Assistive Technology，2012，7(2)：89-103．

[134] LEE P-L，HSIEH J-C，WU C-H，et al．Brain computer interface using flash onset and offset visual evoked potentials[J]．Clinical Neurophysiology，2008，119(3)：604-616．

[135] REGAN D．Human brain electrophysiology：evoked potentials and evoked magnetic fields in science and medicine[M]．Amsterdam：Elsevier，1989．

[136] BIN G Y，GAO X R，YAN Z，et al．An online multi-channel SSVEP-based brain-computer interface using a canonical correlation analysis method[J]．Journal of Neural Engineering，2009，6(4)：1-6．

[137] MIDDENDORF M，MCMILLAN G，CALHOUN G，et al．Brain-computer interfaces based on the steady-state visual-evoked response [J]．IEEE Transactions on Rehabilitation Engineering，2000，8(2)：211-214．

[138] VALBUENA D，CYRIACKS M，FRIMAN O，et al．Brain-computer

interface for high-level control of rehabilitation robotic systems[C]// IEEE International Conference on Rehabilitation Robotics. IEEE，2007.

[139] GAO X R，XU D F，CHENG M，et al. A BCI-based environmental controller for the motion-disabled[J]. IEEE Transactions on Neural Systems and Rehabilitation Engineering，2003，11（2）：135-140.

[140] MAZZOLENI S，BOLDRINI E，LASCHI C，et al. Changes on EMG activation in healthy subjects and incomplete SCI patients following a robot-assisted locomotor training[C]. IEEE International Conference on Rehabilitation Robotics，2011，

[141] WAGNER H，BOSTRÖM K，RINKE B. Predicting isometric force from muscular activation using a physiologically inspired model[J]. Biomechanics and Modeling in Mechanobiology，2011，10（6）：954-961.

[142] CHOI C，KWON S，PARK W，et al. Real-time pinch force estimation by surface electromyography using an artificial neural network[J]. Medical Engineering and Physics，2010，32（5）：429-436.

[143] 朱建瓴，刘成良. 人体下肢康复机构设计及运动学仿真[J]. 计算机仿真，2007，3：144-148，218.

[144] DZAHIR M A M，YAMAMOTO S-I. Recent trends in lower-limb robotic rehabilitation orthosis：control scheme and strategy for pneumatic muscle actuated gait trainers[J]. Robotics，2014，3（2）：120-148.

[145] PI Y-J，WANG X-Y，GU X. Synchronous tracking control of 6-DOF hydraulic parallel manipulator using cascade control method[J]. Journal of Central South University of Technology，2011，18（5）：1554-1562.

[146] JIN M，LEE J，CHANG P H，et al. Practical nonsingular terminal sliding-mode control of robot manipulators for high-accuracy tracking control[J]. IEEE Transactions on Industrial Electronics，2009，56（9）：3593-3601.

[147] PI Y，WANG X. Trajectory tracking control of a 6-DOF hydraulic parallel robot manipulator with uncertain load disturbances[J]. Control Engineering Practice，2011，19（2）：184-193.

第2章
康复机器人的驱动与传感技术

康复机器人系统的驱动方式主要分为以下两大类,一类是由刚性驱动器驱动机器人的方式,另一类是由柔性驱动器驱动软体柔性机器人的方式。在建立了康复机器人平台的基础上,可根据需要创建康复机器人的传感系统,从而测量所需的各种运动以及生理状态信息。本章将进一步介绍康复机器人系统的驱动方式、传感器技术及其硬件系统。

2.1　康复机器人驱动技术

2.1.1　刚性驱动器

电机是机器人运转的动力源,机器人最早使用的电机是步进电机,后来又发展到直流伺服电机。上述两种电机的传递功率很小,不足以支持机器人完成重物件的搬运、码垛等任务。为了提高传递功率,人们使用液压系统作为机器人运转的动力源,但由于液压系统体积大、有漏油问题(需严格密封)等,人们又从液压系统转到电机系统。增大电机的传递功率及改进其特性,成为人们研究的目标,其中永磁交流伺服电机得到了迅速发展[1]。永磁同步交流伺服电机与直流伺服电机相比,尽管成本稍高,但其优点是十分明显的,例如:

(1)可靠性高。用电子逆变器取代了直流电机换向和电刷的机械换向,工作寿命主要由轴承决定。

(2)维护保养要求低。而直流电机必须定期清理电刷,更换电刷和换向器。

(3)易散热。交流伺服电机的损耗主要在定子绕组和铁芯上,散热容易,且便于在定子槽内安放热保护传感元件。而直流伺服电机的损耗主要在转子电枢上,散热困难,部分热量经轴传给负载,对负载产生不良影响。

(4)转子转动惯量小,提高了系统的快速性。

(5)同功率情况下,质量轻,体积小。

(6)系统可用于较高电压情况。由于换向器片电压的限制,直流伺服电机不宜工作于较高电压的控制电路。

刚性机器人由机械本体、计算机控制系统、伺服驱动系统等三个主要部分组成。计算机(相当于大脑)进行运算、判断,给出运动指令,指挥伺服驱动系统工作。伺服驱动系统(相当于神经和肌肉)感知运动速度(通过测速发电机)和所处位置(通过位置传感器),输送给计算机并接收计算机动作指令,产生相应运动,带动机械部分(各关节)按预定的轨迹和速度运动到指定位置。所以伺服驱动系统是机器人的重要组成部分[2]。机器人的运动通过下列步骤实现:

(1)根据机器人的运动编写计算机程序,并将其输入计算机内;

(2)计算机发出的信号通过接口传到 D/A 转换器,将数字信号变为模拟信号;

(3)通过交流伺服电机上装有的角度传感器,将电机转角位置信息变为电信号;

(4)上述两信号经叠加后控制交流伺服电机的旋转,实现机器人的运动[1]。

如图 2-1 所示,伺服电动缸由缸筒和缸杆组成,采用的折返式电动缸由于整体长度短,适用于安装空间比较小的场合。缸筒和缸杆通过高精度的滚珠丝杠螺母副连接,具有转动惯量小、摩擦阻力小、加减速性能好、启动容易、控制灵活、噪声低等优点。与液压和气压驱动系统相比,伺服电动缸具有运动效率高、运动精度高、设备小型化、节能环保等突出优点(燕山大学和哈尔滨工业大学自行研制的六自由度并联机器人采用的均是液压驱动型系统,不仅设备庞大,而且液压油的污染严重,设备运行噪声很高)。六个伺服电动缸均可实现直线伸缩运动,其一端通过球铰形式与动平台相连接,另一端通过虎克铰形式与定平台相连接。伺服驱动系统采用六个交流伺服驱动器来分别驱动六个交流伺服电机,交流伺服电机属于小惯量型的 Panasonic MINAS 系列。

图 2-1　Panasonic MINAS 系列伺服电动缸

电机的转动通过同步带减速后再带动六个伺服电动缸进行直线伸缩运动。本研究选用同步带连接交流伺服电机和电动缸,同步带具有传动转矩高、传动间隙小、使用寿命长的特点,且不存在齿轮传动所带来的侧隙,使整个伺服系统具有可靠的控制性和较高的控制精度。伺服电动缸参数如表 2-1 所示。

表 2-1 伺服电动缸参数

参　　数	取　　值
电动缸额定出力/N	2000
电动缸最大出力/N	6000
电动缸额定速度/(mm/s)	165
电动缸最高速度/(mm/s)	277
伺服电机功率/W	400
伺服电机额定转速/(r/min)	3000
同步带减速比	1.5∶1
丝杠导程/mm	5
丝杠精度/mm	0.01
丝杠有效行程/mm	200

2.1.2　气动肌肉驱动器

气动肌肉是一种新型的柔性气体驱动器,它具有质量轻、输出力与自重之比大、安全性好、价格低、清洁等优点,并且其驱动力与长度的输出特性关系和人类肌肉比较类似,具有很好的顺从性。基于上述的优点,将气动肌肉应用于医疗康复、仿生机器人等领域具有很好的发展前景。采用气动肌肉作为驱动器的脚踝康复机器人,不仅能够帮助脚踝损伤患者进行精确的、有效的康复训练,而且能够确保患者进行康复运动时的安全性,具有很好的实际应用价值。

气动肌肉的雏形最早用在采矿业。1941 年,C. R. Johnson 和 R. C. Pierce 将制成的气动肌肉装置放进岩石缝中,利用气动肌肉内部炸药爆炸使其产生径向膨胀而炸毁岩体,并申请了专利[3]。1958 年 R. H. Gaylord 也申请了类似的专利,但强调气动肌肉轴向收缩对外界的作用力,同时给出了气动肌肉拉力的数学计算公式[4]。1957 年,美国医生 J. L. McKibben 将气动肌肉用于手腕驱动装置来辅助小儿麻痹症患者,从此气动肌肉为人们所熟知。很多学者认为气动肌肉是 J. L. McKibben 发明的。20 世纪 60 年代,气动肌肉的发展比较缓慢,主要是因为其柔性带来了控制上的困难,以及驱动气动肌肉需要大的气缸[5]。20 世纪 80 年代以来,气动肌肉由于其类似人的肌肉的特性而得到了广泛的研究。英国的

Shadow Robot 公司和德国的 Festo 公司研发了众多气动肌肉相关的产品。Shadow Robot 公司主要开发了气动肌肉驱动的灵巧手。Festo 公司生产的气动肌肉将编织网与内部橡胶管融为一体,这样的构造使得气动肌肉具有更好的可靠性。此外,生产气动肌肉较著名的公司还有日本的 Bridgestone 等。

气动肌肉是近年来被广泛研究的气动驱动器,它主要由内部圆柱形橡胶管和外部刚性编织网组成,橡胶管两端通过固定装置封装,以保证其内部形成一个封闭的工作环境,如图 2-2 所示。气动肌肉采用压缩空气进行驱动,当对其充气时,内部橡胶管会膨胀,但由于外部刚性编织网的不可伸长性,橡胶管的直径增大、长度减小,从而产生收缩位移。如果气动肌肉的一端固定,那么它的另一端将会对外界产生拉力[5]。这样,压缩空气中气动能量就转化为了机械能。气动肌肉的充放气状态如图 2-3 所示。

图 2-2　气动肌肉

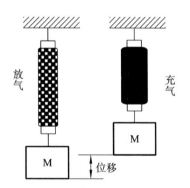

图 2-3　气动肌肉的充放气状态

与气缸相比,气动肌肉具有质量轻、动作平滑、柔软、输出力与自重之比大、价格低等优点,且输出力随着收缩量的增加而减小,具有和人的肌肉相似的顺从性[3]。由于以上特点,气动肌肉在仿生机器人和康复领域有广泛的应用前景[6]。

2.1.3　新型柔性驱动器

1. IPMC 材料

离子聚合物金属复合(ion-exchange polymer-metal composites,IPMC)材

料与人的肌肉有极其相似的性质,近年来得到广泛研究。用 IPMC 材料做成各式各样的致动部件及仿生机器,从材料到机理都真正达到了一种仿生的效果。IPMC 材料做成的致动器具有许多优点,例如:具有柔性,不会损坏操作对象;动作平滑,无相对摩擦运动部件;输出力与自重之比大,能量转换效率高;可实现多自由度的运动及操作;在操作过程中不产生热、噪声及其他有害物质[7]。

2005 年,Elaine Biddiss 等[8]对 IPMC 材料进行了实证分析,以证明其在义体应用中的潜力。在人工义肢操作范围内的线性响应中,使用 IPMC 传感器分别精确测量弯曲角度和弯曲率,其值分别为 $4.4°±2.5°$ 和 $4.8\%±3.5\%$。与传统的电阻弯曲传感器相比,电活性聚合物(如 IPMC)提供了一种更有前途的替代传统感官的方法。它们在义肢中的潜在作用因其柔性和可成形的结构以及它们作为传感器和致动器的能力而进一步增强。

同年,Mohsen Shahinpoor 等[9]在其文章中提到 IPMC 传感器、致动器和集成为心脏压缩装置的人工肌肉,所述心脏压缩装置可以植入患者心脏外部,并且部分植入患者心脏。在没有接触或干扰内部血液循环的情况下缝合到心脏,可用于伴有与心肌功能相关的心脏异常的患者,如图 2-4 所示。使用 IPMC 致动器的另一种方法是将它们封装为人体骨骼关节移动和功率增强系统,其形式为可穿戴的电动自供电外骨骼义体、矫形器和集成的肌肉织物系统部件,例如夹克、裤子、手套和靴子。这些功能器件旨在提高人类系统的质量,增强高级士兵和宇航员系统的服装功能,以及协助治疗截瘫患者、四肢瘫痪患者和帮助残疾人及老年人等。这种义肢、矫形器和可穿戴式服装(智能肌肉织物)的本质是由 IPMC 材料制成的柔性条状弯曲肌肉,如图 2-5 所示。

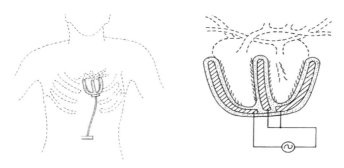

图 2-4　配有 IPMC 手指的心脏加压装置

2. SMA 材料

形状记忆合金(SMA)是一种具有形状记忆效应的合金材料。在机器人的控制系统中,通常使用电流加热进行温度控制来诱导 SMA 发生形状记忆效应。因此,基于形状记忆合金的驱动器的控制主要采用电流加热控制方式。形状记

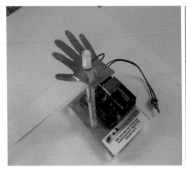

图 2-5　模仿人手的人造平滑肌致动器(左)和
配备有 IPMC 材料的人体关节移动和动力增强系统(右)

忆合金的形状记忆效应体现在其具有变形恢复能力的特性上。由温度或应力引起的形状记忆合金的相变具有明显的特点,这类特点决定了形状记忆合金能够很好地应用在智能材料驱动器中。形状记忆合金具有功率质量比大、易于微型化和控制容易等优点,能够直接通过电流加热驱动 SMA 元件,但是过度加热也会对其形状记忆效应造成损伤。

2011 年,美国塔夫斯大学的 Huai-Ti Lin 等[10]设计的一种基于 SMA 弹簧驱动的柔性驱动器"GoQBot",模仿毛毛虫蠕动的动作特点,由前部屈肌和后部屈肌两个柔性驱动器组成,如图 2-6 所示。此仿毛毛虫柔性机器人运动时,由于其后关节与地面的摩擦力较大,所以与前关节的运动速度相比,后关节的运动速度较小。

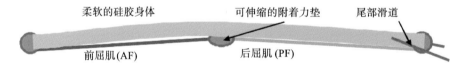

图 2-6　基于 SMA 弹簧驱动的仿毛毛虫柔性机器人

2016 年,中国科学技术大学的金虎提出了一种基于形状记忆合金丝驱动的柔性智能模块化结构。所述柔性智能模块化结构能够实现高频大幅度的往复运动,拥有智能化自反馈控制回路、独立的能源单元以及标准的通信单元。该项目组还同时组装设计了多种辐射对称、双边对称机器人,制作了一款逼真度极高的柔性灵巧手,如图 2-7 所示。

2017 年,中国科学技术大学的张林飞[11]设计了一种以形状记忆合金弹簧为驱动材料、柔性结构为支撑材料的柔性机械臂,该设计以蛇的躯体、大象的鼻子以及章鱼的触手为仿生学灵感来源。此柔性机械臂具有良好的弯曲性能,不

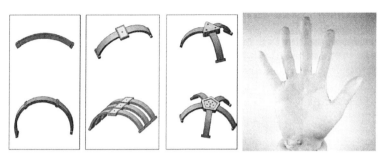

图 2-7 基于形状记忆合金丝的对称机器人和灵巧手

仅可在空间中完成大变形运动,而且可以实现不同位置的抓取动作,可以像象鼻或章鱼触手等生物器官那样在空间中灵活运动。

3. 复合膜

石墨烯、石墨纳米片高分子柔性复合膜具有电热性能,除了能被用作热源外,还可以利用其升温速度快、柔韧性好、体积小、质量轻等优点制备成电热驱动器。复合膜可分为单层和双片层两大类。单层复合膜使用的有机物是形状记忆聚合物。当通入电流的状态或外界环境改变时,复合膜发生膨胀或收缩,在去掉电压或恢复初始状态后其恢复原貌。这类驱动器一般选择碳纳米管作为填料,与高分子复合完成驱动效果。双片层复合膜的双片层结构主要由电极层和被动层组成。两层薄膜的热膨胀系数或对湿度的敏感程度不一样,当被加热或处于湿度环境中时,两层薄膜的膨胀程度不一样,会向膨胀系数或敏感程度较小的膜的方向弯曲。

Eddie Wang 等[12]利用多肽弹性蛋白对石墨烯进行功能化修饰,使多肽弹性蛋白在石墨烯表面缩聚缠绕成网状结构,最终形成具有各向异性的光驱动石墨烯/弹性蛋白复合凝胶驱动器。所制成的光驱动凝胶驱动器可在红外线波长下完成弯曲、爬行等动作。而且光驱动凝胶驱动器的形变情况可以通过合成弹性蛋白的性能进行控制,从而完成不同角度、不同程度的形变或弯曲。图 2-8 所示为光驱动手形凝胶驱动器。

Silvia Taccola 等[13]参照松果在环境中能够根据湿度的变化而张开和合并的特性,设计出一种能够对空气中的湿度做出响应的双层膜驱动器,如图 2-9 所示。该驱动器采用旋转涂布沉积的方法将聚合物均匀地涂覆到 PDMS(聚二甲基硅氧烷)上,厚度可达几十到几百纳米。利用 PEDOT:PSS(一种高分子聚合物的水溶液,电导率很高)对环境湿度的敏感性,驱动器通过施加电压或感知环境湿度变化而发生弯曲。

哈尔滨工业大学的刘葛[14]选择石墨纳米片作为导电填料,与高分子材料复

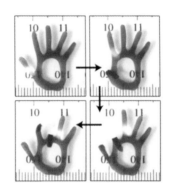

图 2-8　光驱动手形凝胶驱动器

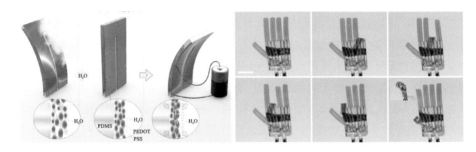

图 2-9　双层膜驱动器原理及手形驱动器

合制备了柔性高导电复合膜，所制备的手形驱动器可以在 48 V 的电压下模拟人手抓取重物时的形态，成功地抓起 4 g 重的纸团。图 2-10 所示为手形驱动器及其热像仪图像。

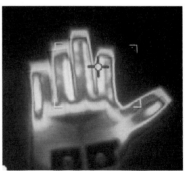

图 2-10　手形驱动器及其热像仪图像

2.2　康复机器人传感技术

2.2.1　物理信息传感器

1. 六轴力传感器

六轴力传感器是一种特殊的力传感器,能够同时测量中性坐标系($OXYZ$)内的三个力(F_X、F_Y、F_Z)和三个矩(M_X、M_Y、M_Z)。

六轴力传感器一般分成上台(或内圈)、下台(或外圈)、测力梁和应变计几个部分,如图 2-11 所示。当上台(或内圈)和下台(或外圈)有相对受力时,测力梁产生与外力大小成比例的应变,应变计将该应变转换成电信号输出。六轴力传感器的类型包括矩阵解耦型和结构解耦型。

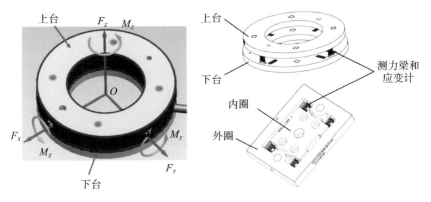

图 2-11　六轴力传感器结构图

(1) 矩阵解耦型。矩阵解耦型六轴力传感器有 6～12 个输出通道,各路输出相互耦合(如加载 F_Z 时所有通道都有输出)。采集到所有通道的信号后,与解耦矩阵做运算即可得到三个力(F_X、F_Y、F_Z)和三个矩(M_X、M_Y、M_Z)。

(2) 结构解耦型。结构解耦型六轴力传感器只有 6 个输出通道,各路输出相互独立(如加载 F_Z 时只有 F_Z 通道有输出)。采集到各通道的信号后,各通道的信号除以灵敏度系数即可得到三个力(F_X、F_Y、F_Z)和三个矩(M_X、M_Y、M_Z)。

SRI 六轴力传感器有多种配置,如:小信号输出型力传感器、内置放大器型力传感器、外置放大器型力传感器、力传感器加数据采集卡和内置数据采集卡的力传感器。完整的测量电路如图 2-12 所示。

如图 2-13 所示,力传感器内部为全桥电路,一般六轴力传感器有 6 路全桥信号,每路分为正信号(+S)、负信号(-S)、正激励(+E)和负激励(-E)。

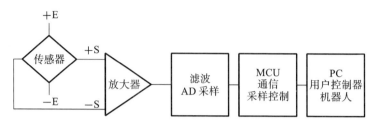

图 2-12 六轴力传感器的测量电路

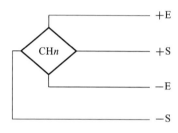

图 2-13 全桥信号

2. 薄膜压力传感器

压力传感器的功能是将压力信号转换为电信号,如今较常用的是半导体压力传感器,其具有体积小、质量轻、准确度高、温度特性好以及功耗小等特点。

Flexi Force A201-100 是 Tekscan 公司生产的一种压力传感器,其功能的实现主要基于压力感应墨水。Flexi Force 压力传感器是一种超薄印刷电路,其结构像纸一样薄且可弯曲,可用于测量两物体表面之间的压力,并且能够测量一些极端环境的力,其参数如表 2-2 所示。传感器有效感应区域为末端的直径为 0.95 cm 的圆。

表 2-2 Flexi Force A201-100 压力传感器参数

参　　数	取　　值
工作电压/V	−5
输出电压(直流)/V	0～5
压力感应范围/N	0～44
传感器厚度/mm	0.2
适用范围(等级)	中型

Flexi Force 压力传感器由两层衬底构成,其衬底的材料是聚酯纤维薄膜。在每一层衬底上使用银作为导体,再加上一层压力感应墨水,之后将两层衬底粘在一起即形成传感器。压力感应墨水的特性为,当受到压力时电阻值减小,

压力越大,阻值越小,即相当于将传感器变成了一个阻值随压力变化的电阻。其电导率与施加的力呈线性关系,如图 2-14 所示。设电导率为 $\sigma=1/R_s$,待测力为 F,则其近似关系为[15]

$$\sigma = \frac{0.018 \times 10^{-3}}{120 \times 4.44}F \approx 3.378 \times 10^{-8}F \tag{2-1}$$

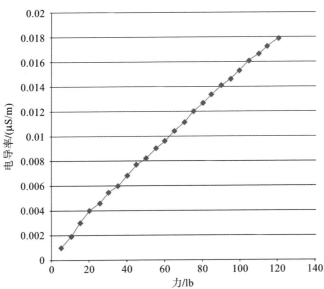

图 2-14　Flexi Force 压力传感器的电导率与力的关系曲线图

注:图中 lb 表示磅力单位,1 lb=4.4482 N,式(2-1)中取 4.44 作近似计算。

压力传感器受到的压力不利于直接采集传输,因此还需使用运算放大器将信号放大,从而输出可采集的电压信号,其典型应用电路如图 2-15 所示。

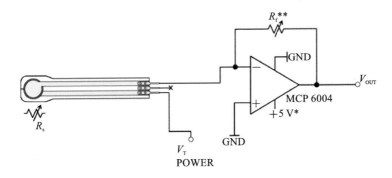

图 2-15　压力传感器信号放大电路

在该电路中,采用-5 V 的电压作为传感器的激励,运算放大器使用反相比

例放大结构,从而使输出变为正电压信号输出。由图 2-15 可得,传感器的电阻值与输出电压的关系为

$$V_{OUT} = -V_T \frac{R_f}{R_s} \tag{2-2}$$

因为采用了 -5 V 的电压作为传感器的激励,因此 V_{OUT} 的数值为正。为了产生 -5 V 的电压,需要使用负电源转换模块将电源电压转换为 -5 V 电压。由式(2-2)可知,当电压 V_T 确定时,输出只与 R_f 以及 R_s 有关。反馈电阻 R_f 与压力无关,只需要在前期标定时将其值确定,由此可确定输出电压只与电阻 R_s 有关。电阻 R_s 与电导率 σ 成反比关系,而由式(2-1)可知电导率与压力的关系,由此可得电阻与压力的关系,从而得到输出与压力的关系为

$$V_{OUT} = -V_T R_f \sigma = -(-5) \times R_f \times 3.378 \times 10^{-8} F$$
$$= 1.689 \times 10^{-7} R_f F \tag{2-3}$$

为了使输出电压在 $0 \sim 5$ V 以内,R_f 的值需要小于 67 kΩ,因此,令 $R_f = 50$ kΩ,可得 V_{OUT} 与 F 之间的理论值关系。由于 Flexi Force A201-100 的最大压力为 445 N,因此在标定过程中以 40 N 作为间隔来取点,得到 11 个点,其中第一个点为 40 N(即 4 kg,此处重力加速度取 10 N/kg),最后一个点为 440 N。由此可得压力传感器的理论标定值如表 2-3 所示。

表 2-3 压力传感器理论标定值

砝码质量/kg	4	8	12	16	20	24	28	32	36	40	44
输出电压/mV	338	676	1010	1350	1690	2030	2370	2700	3040	3380	3720

3. MPU6050 角度传感器

MPU6050 的引脚和模块分别如图 2-16 和图 2-17 所示。

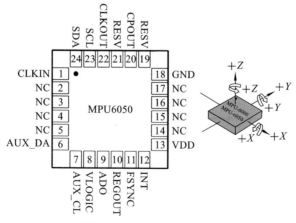

图 2-16 MPU6050 引脚图

图 2-17 MPU6050 模块图

对 MPU6050 模块的角度数据进行处理的算法很多,如最常见的积分处理、卡尔曼滤波处理等。MPU6050 模块中集成的三轴加速度计能够测得模块相对水平面 x、y、z 轴三个方向上的夹角。向量 $\boldsymbol{R}$ 是加速度计测量的力矢量。$\boldsymbol{R}_x$、$\boldsymbol{R}_y$ 和 $\boldsymbol{R}_z$ 分别是矢量 $\boldsymbol{R}$ 在 x、y、z 轴上的投影:$\boldsymbol{R}^2 = \boldsymbol{R}_x^2 + \boldsymbol{R}_y^2 + \boldsymbol{R}_z^2$。向量 $\boldsymbol{R}$ 与 x、y、z 轴之间的角度分别定义为 A_{xr}、A_{yr}、A_{zr}。MPU6050 测得的加速度、角度解算示意图如图 2-18 所示。

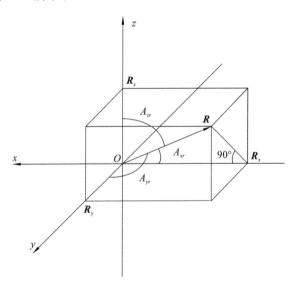

图 2-18 加速度、角度解算示意图

以 x 轴为例求余弦:

$$\cos A_{xr} = \frac{R_x}{R} \tag{2-4}$$

此处 R_x、R 分别表示对应向量的大小。以此类推能够得到 $\cos A_{yr}$、$\cos A_{zr}$，由此可以推出：

$$R = \mathrm{sqrt}(R_x^2 + R_y^2 + R_z^2) \tag{2-5}$$

通过反余弦公式能够得到（以 x 轴为例）：

$$A_{xr} = \arccos \frac{R_x}{R} \tag{2-6}$$

加速度计算公式为（以 x 轴为例）

$$a_x = ((A_{xH} << 8) | A_{xL})/32768 \times 16g \tag{2-7}$$

式中：A_{xH}、A_{xL} 分别表示 x 轴加速度高字节和低字节；g 为重力加速度，可取 9.8 $\mathrm{m/s^2}$。

角度计算公式为

$$\text{滚转角}(x \text{ 轴})\mathrm{Roll} = ((\mathrm{RollH} << 8 | \mathrm{RollL})/32768 \times 180° \tag{2-8}$$
$$\text{滚转角}(y \text{ 轴})\mathrm{Pitch} = ((\mathrm{PitchH} << 8 | \mathrm{PitchL})/32768 \times 180° \tag{2-9}$$
$$\text{滚转角}(z \text{ 轴})\mathrm{Yaw} = ((\mathrm{YawH} << 8 | \mathrm{YawL})/32768 \times 180° \tag{2-10}$$

将传送到上位机的同侧两个 MPU6050 模块的数据进行角度融合，可以得到同侧两个 MPU6050 模块之间的夹角，即为所求的角度。

4. 倾角传感器

倾角传感器又称作倾斜仪、倾角计，经常用于测量系统的水平角度，其可以直接输出角度等倾斜数据，使系统角度变化测量变得更为简单。

SCA100T 是基于 3D-MEMS 的高精度双轴倾角传感器芯片。它提供了水平测量仪表级别的性能，用于水平垂直测量，可测量出 x 轴和 y 轴的倾斜角度，测量范围为 $\pm 90°$。此系列传感器的输出可以是模拟量输出和 SPI 输出，其典型应用电路如图 2-19 和图 2-20 所示。

由数据手册可得图 2-19 所示电路输出的模拟电压转换为角度的方程式为

$$\alpha = \arcsin\left(\frac{V_{\text{out}} - \text{Offset}}{\text{Sensitivity}}\right) \tag{2-11}$$

式中：Offset 是在 0° 时输出的电压值（为 2.5 V）；Sensitivity 是芯片灵敏度（为 2 V/g）；V_{out} 是芯片模拟输出量。

2.2.2　生物信息传感器

1. 肌电信号

肌电信号是表征人体神经和肌肉状态的信号，可以反映人的身体状态和动作，被广泛应用于康复医疗和智能仿生中。研究者们通过多年对肌电信号的深入研究发现，采集肌电信号一般使用植入式电极或表面电极。根据近年研究两

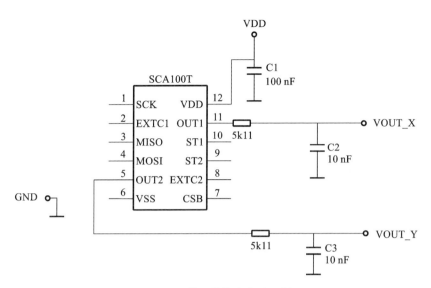

图 2-19 模拟量输出电路示例

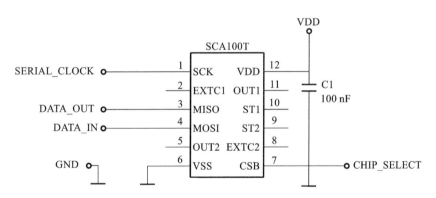

图 2-20 SPI 输出电路示例

者在肌电信号采集与分析中的表现可知,表面电极所采集的肌电信号包含更多分类信息,而植入式电极各动作纤维间会产生过多的噪声串扰。表面肌电信号的采集方式是将电极贴在待测肌肉的皮肤表面,肌肉收缩时释放的 3000 μV 左右的电信号可被电极采集到,这种通过表面电极采集的肌电信号被称为表面肌电信号(surface electromyography, sEMG)。

基于 sEMG 的人体运动模式识别研究,特别是关于上肢运动状态的辨识开展比较广泛,研究结果也已经开始应用在类人机械及人工义肢的控制策略上[16,17],而且分类模式丰富,识别效果良好[18,19]。但是关于下肢的研究方法相比之下还尚不成熟,因为下肢步态的产生机制和调整方法更加灵活复杂。Aoi 等[20]通过实验发现步态的模式控制神经单元主要产生两方面信号,即步态频率和步态模式。而且基于 sEMG 的下肢动作识别还会受到重力和速度大小的影响。但是与上肢的研究重点相似,为了实现下肢动作的准确识别,整个系统主要分为预处理、特征提取、模式识别和后处理几个部分。其中特征提取和模式识别的研究尤其重要。

如图 2-21 所示,sEMG 采集仪包括表面电极、肌电传输线和信号处理电路三个部分。表面电极完成从人体皮肤表面提取微弱的原始肌电信号的工作,肌电传输线作为原始肌电信号的传输通道,将表面电极提取的肌电信号传输至 sEMG 采集仪的信号处理电路,信号处理电路完成对原始肌电信号的放大和滤波工作。采集仪能够对 4 路肌电信号(即人体下肢 4 块肌肉)进行同步采集,具有共模抑制比高、信噪比高、输入阻抗大、信号失调电压小等优点。图 2-22 所示为 sEMG 采集仪的整体结构。

图 2-21   sEMG 采集仪实物图

根据采集位置的不同,采集肌电信号的电极大致可以分为针形电极和表面电极两种。用针形电极采集信号时,需要刺破人体皮肤,将电极安置于人体皮肤之下,这种采集方式的缺点是对人体有创伤,将给实验者带来一定的痛苦,优点是采集的肌电信号幅值较大而干扰噪声很小;用表面电极(见图 2-23)采集信号时,只需要将电极置于人体皮肤表面,这种采集方式的缺点是采集的信号幅值较小,常常淹没在干扰噪声之中,优点是对人体无创,不会给实验者带来痛苦。

选取性能稳定的乏极化电极,如 Ag/AgCl 电极,可以减少电极极化电压对

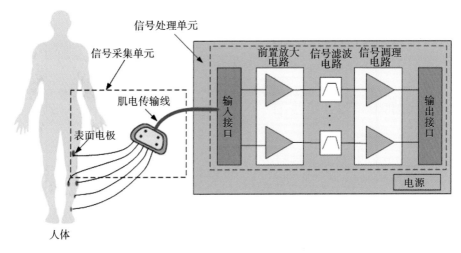

图 2-22　sEMG 采集仪的整体结构图

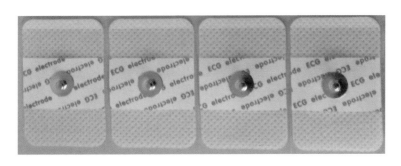

图 2-23　表面电极实物图

生物信号放大的干扰。经表面电极拾取的肌电信号十分微弱,为了将微弱的信号传导至信号处理电路,要求选取的肌电传输线具有阻抗小、抗干扰性能强的特性。表面肌电信号作为信号处理电路的信号源,具有内阻高、信号微弱等特性,为了能不失真地提取肌电信号,要求所设计的放大器电路具有高输入阻抗的特性。为了减少人体内工频噪声对拾取的肌电信号的干扰,需要选择差分放大的方式对肌电信号进行放大,因此肌电信号处理电路要具有高共模抑制比(common mode rejection ratio,CMRR)。

肌电信号采集卡系统用于完成表面肌电信号的处理和记录功能,其设计方案如图 2-24 所示。表面电极拾取人体骨骼肌皮肤表面的肌电信号,经放大、滤波等处理后转换为数字信号序列,并传输至相应的处理单元。

由表面电极拾取的微弱表面肌电信号经信号调理单元转换为单极性的交流信号,经中控单元内部的模拟数字转换器(ADC)采样量化得到肌电信号原始

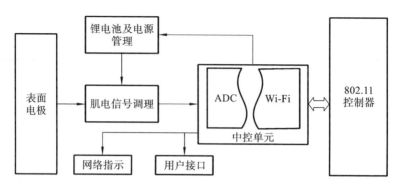

图 2-24 肌电信号采集卡系统设计方案

序列,并利用中控单元驱动的 802.11 控制器传输至处理平台。另外,肌电信号采集卡内部集成了锂电池及电源管理系统。

肌电信号调理模块是肌电信号采集卡的核心组件,直接影响采集卡的精度及有效性。该模块主要完成对肌电信号的放大、滤波以及电平提升等工作,包含前置放大、带通滤波、工频陷波、后级放大以及右腿驱动等独立电路单元。肌电信号调理模块的结构如图 2-25 所示。

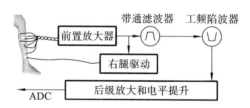

图 2-25 肌电信号调理模块结构示意图

2. 脑电信号

脑机接口(brain computer interface,BCI)形成于 20 世纪 70 年代,是一种不依赖于正常的外周神经和肌肉组成的输出通路的通信系统[21, 22],如图 2-26 所示。基于 BCI 原理设计的装置有望帮助神经肌肉系统瘫痪的病人实现与外界的交流。运用这种新方法,人们可以直接只"动脑"来让外界知晓自己的想法或控制相关设备,而不需要多余的语言或动作。它的出现能为老年人、运动损伤以及肢体不健全的人群带来巨大的福利。

EEG 属于非植入式脑电信号,具体又可以分为 VEP、SCP、P300 诱发电位和感觉运动节律[25]。在脑机接口系统中应用到的各种不同的脑电信号中,稳态视觉诱发电位(steady state visual evoked potential,SSVEP)具有信噪比高、操作简单、训练时间短等优点。并且,它属于一种非植入式脑电信号,不会对受试者造成创伤。因此,基于 SSVEP 信号的脑机接口系统得到了十分广泛的应用,

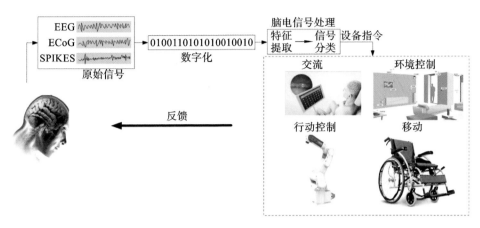

图 2-26　脑机接口及其典型应用

如应用于实时控制电动义肢、轮椅,操作键盘、鼠标等设备。

由于 SSVEP 信号具有非线性、非平稳、幅度小等特点,如何从复杂的脑电信号中提取 SSVEP 相关信号是实现 BCI 控制的基础和关键。

针对 EEG 信号的特点,EEG 采集装置实现的即是有效地将 EEG 信号真实地提取并记录下来,保留 EEG 信号的信号特征,以此满足 EEG 研究对脑电信号的观察、处理以及分析和应用等需求。因此 EEG 采集装置要满足以下要求。

首先,EEG 采集装置应保证受试者安全。作为医学设备,其对实验者的人身安全的保障是首要的要求。这主要指两方面:第一不造成测试部位创伤;第二保证受试者的电气安全。

其次,EEG 采集装置需要出色的电路性能和软件支持:

(1)具有非常高的输入阻抗,实现脑部信号源与采集装置的阻抗匹配。

(2)达到万倍级的信号增益,保证 EEG 信号放大到可视化的幅值。

(3)EEG 采集装置输入端具有较强的共模抑制信号能力。EEG 信号易受到共模噪声的干扰,而 EEG 信号本身实质上就是大脑两点间的电位差,属于差模信号。

(4)较强的抗干扰能力。EEG 信号十分微弱,EEG 采集装置的抗干扰能力是十分关键的。

(5)模拟 EEG 信号的高效数字化以及数据传输,满足计算机信号处理的要求。

(6)易于操作的上位机数据采集软件,实时的数据通信,可视化的波形观测功能,标准的 EEG 数据存储。

针对 EEG 信号幅值微弱、有效节律集中于低频段、易受到周围噪声干扰的特点,并且面向计算机分析要求,提出如图 2-27 所示的总体设计。EEG 采集装

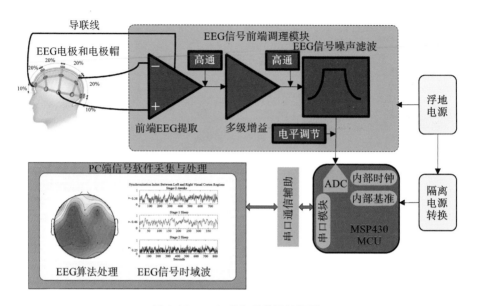

图 2-27　EEG 采集系统设计框图

置硬件由 EEG 信号前端调理模块和 EEG ADC 采样模块组成。硬件的性能基本决定了 EEG 采集装置的整体性能,因此,硬件设计是本研究的关注重点。EEG 信号前端调理模块采用模拟电路技术,利用专用 EEG 传感器获得人体头皮电位变换。采用差分放大技术检测出电感器差分信号即 EEG 信号,使得输入端共模抑制能力大于 100 dB,输入阻抗大于 10 MΩ;并结合驱动电路设计提高电路共模抑制性能。合理的多级增益模块实现了 EEG 信号无失真地高增益放大,增益达到约 80 dB;有源滤波模块大幅消除信号噪声并保留 EEG 信号特征,构成具有平滑通带(0.5~30 Hz)的整体频率响应。搭配电路中精细的抗干扰设计,进一步提高 EEG 信号前端调理模块的性能。该前端调理模块输出模拟 EEG 信号,并送入 ADC 采样模块。

EEG ADC 采样模块设计采用基于 MCU MSP430 的片内 ADC12 模数转换模块以及串口通信模块。充分利用 MSP430 的超低功耗和高集成度,高速地实现模拟 EEG 信号的 12 bit 精度数字化采样和标准串口数据传输。片内 RS-232 标准串行模块简化了嵌入式数字模块的开发过程,集成模块的稳定性也高于分立模块的。数字化 EEG 数据通过采样中断程序放入串口缓冲区。数字 EEG 信号通过串口中断送入 PC 端。

PC 运行基于 LabVIEW 平台的虚拟仪器软件,利用 VISA I/O 模块实现与 EEG 采集硬件的串行数据通信。通过接收串口二进制数据,虚拟仪器计算并打印 EEG 信号。每次采集的 EEG 信号被写入 TXT 文件保存。合理的 EEG 信号处理算法也加入研究中,如采用小波变换分离 EEG 节律成分可以直观反映 EEG 节律变化,对 EEG 数据进行傅里叶变换还可以得到 EEG 能量分布。这些都是 EEG 研究经常需要的数据,EEG 采集装置所得数据可以适应多种算法需求。

如图 2-28 所示,装置硬件严格划分模拟器件和数字器件,系统由电池供电,保持电源浮地。数字部分电源由总电源分压隔离得到,使得系统各模块工作于相对独立状态下,保持整个 EEG 采集装置的稳定性。

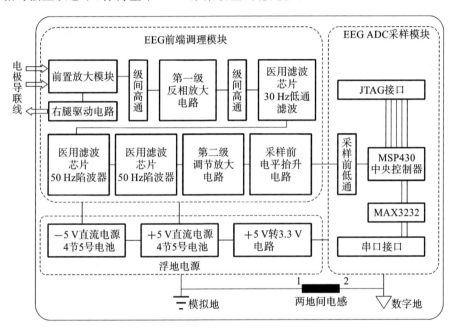

图 2-28　EEG 采集装置硬件结构图

EEG 前端调理模块由前置放大模块、级间高通、第一级放大电路、30 Hz 低通滤波电路、50 Hz 陷波器、第二级放大电路以及电平抬升电路组成。前置放大模块是具有高输入阻抗、高共模抑制比的差分放大电路,完成电信号的顺利输入和共模噪声的消除,以及 EEG 信号的初步放大,是前端调理模块的核心部分。电路模块间的级间高通隔断各级间的直流成分,去除直流成分对运放工作点的影响。第一级放大电路实现 EEG 信号的高增益放大,增益值通常在 40 dB 以上。由于 EEG 信号有效频率处于 0.5~30 Hz,为了减小噪声,30 Hz 低通滤波电路在第一级放大之后进一步滤除带外噪声。为了尽可能地保留 EEG 信号特征,系统通带应保持平滑,使得 EEG 信号各部分得到相同增益。虽然前置放大电路消除了大部分来自人体的共模干扰,但是处于非屏蔽环境下的采集装置依然暴露在市电干扰下。因此,在 30 Hz 低通滤波之后加入 Q 值较高的 50 Hz

陷波器模块,既能提高信噪比,又能保留 EEG 信号。第二级放大电路对 EEG 信号进行调节性的放大,使其能达到不同需求的 EEG 幅值,使得总增益达到 70 dB 以上。电平抬升电路将 EEG 直流水平调节至 ADC 采样电路预备状态。

EEG 前端调理电路输出端输出的是模拟状态下的 EEG 信号,对于现代 EEG 研究,为获得计算机资源的支持,数字化信号是信号处理的趋势,因此 ADC 采样模块被加入设计中。如图 2-28 所示,EEG 信号经过一个无源低通网络进入采样模块,这是为了防止数模间高频串扰。利用 MCU MSP430F169 搭建 EEG ADC 采样模块,MSP430F169 具有片内多通道 ADC12 模数转换模块,采样基准电压由电源分压产生,采样时钟由系统时钟分频产生。因此,大大地减少了外围器件,减小了装置体积。其 12 bit 转换精度以及高倍速率采样很好地保留了 EEG 信号细节。数字化后的 EEG 数据依次送入串口缓冲寄存器,MSP430F169 自带两路串行通信,联合单片 MAX3232 辅助外围电路完成串行通信。硬件通过标准 RS-232 串口线与 PC 相连,EEG 数据以二进制的方式送入 PC 软件。

2.2.3　新型光纤传感器

光纤 Bragg 光栅(FBG)是一种新型无源光器件,以光为传感信号,具有无电检测、不受电磁干扰、无零漂、精度高、耐高温、单根光纤可串接多个光栅等优势。自 2001 年国外学者首次将 FBG 用于机器人多维力传感技术后,基于 FBG 的传感技术逐渐得到广泛研究和应用。在康复机器人领域,光纤传感技术主要用于以下几个方面:

(1) 对力、力矩、角度等物理量的获取。

(2) 对肌肉表面形态、肌肉活动状态的感知。

(3) 对一些生理信号的感知。

1. 光纤传感器获取多物理量

FBG 可测量的基本物理量是温度和应变,为实现对力/力矩信息的检测,一般将多个 FBG 组成阵列后敷设到专门设计的弹性结构体上。这与基于传统应变片的检测方式类似,特殊情况下,也可直接将刻有 FBG 的光纤自身作为传感弹性体。当有外界力或力矩作用时,弹性体或者光纤产生的应变、位移等形变信息作用于 FBG,引起 FBG 的栅距变化,从而带来 FBG 中心波长的漂移,检测该波长的漂移信息即可表征所受的外界力或力矩信息。由于 FBG 的传感信号为光波长,因此需采用专门的光纤光栅波长解调器对其进行调制/解调处理,以将其在外界载荷作用下的波长漂移信息呈现出来。

市场上可买到的柔性传感器通常具有灵敏度低、重复性低和信号漂移的缺点;基于液态金属的电阻式和软电容式传感器有较高的灵敏度,但是它们依赖于昂贵的材料或者需要多步骤的施工过程;传统的测角仪,使用圆形电位计或应变仪作为传感元件,由于机械运动和电气击穿,在精度和寿命方面存在限制,这些传感器价格昂贵,但通常很脆弱;计算机视觉可以提供高质量的位置感测,但摄像机系统除了成本高昂和复杂外,还有干扰用户的运动、抗电磁干扰能力较差、刚度大、不易柔性弯曲等缺点,此外其电路制备过程复杂,多重结构容易产生信号耦合问题。而光纤传感器不仅灵敏度高,分辨率高,响应时间短,可重复性好,而且质量轻,尺寸小,抗电磁干扰性好,其更加适用于康复机器人领域。在进行人机交互时,光纤传感器主要用作力传感器和角度传感器。由于光纤传感器的灵敏度比较高,光纤传感器可以测量出人机交互时角度和力的微小形变。光纤传感器轻便,柔韧,这些特性使得它可以在狭小空间工作,且对被测介质影响小。此外,它可同时实现传感和传输功能,便于组网实现,组成光纤传感网络。光纤具有生物相容性,所以可在临床中安全使用。在康复机器人领域,光纤的应用具有很好的前景。

对光纤传感器最直观的使用是利用光纤产生的形变来恢复人体关节运动角度。2014 年,Gu-in Jung 等[27]提出了一种适用于康复和运动科学领域的利用光纤传感器恢复人体关节角度的方法,他们研究了斜面光纤角度和偏心距离对关节角度测量的影响,开发了一种带有改进纤维尖端的光纤测角仪,用于测量关节角度;研究了光纤尖端角度在探测器的各个偏心位置对输出光束图案的影响;通过逆向数学模型和 LabVIEW 计算机程序,获得并实时显示关节角度。

由于轻便灵活的特性,光纤传感器常被用在灵活的手部。2014 年,Eric Fujiwara 等[28]设计了一种用于生物机电一体化的手套式光纤传感器(见图2-29),传感器系统被用于实时检测评估手的运动,以及评估抓握圆柱形物体的模式过程。所设计的

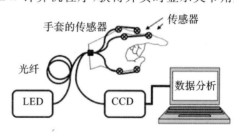

图 2-29　手套式光纤传感器

传感器既不需要使用结构化波导或光纤光栅,也不需要复杂的询问方案,可适用于机器人辅助康复和诊断受试者的实际应用。该传感器在角度大于 20°时表现出更好的响应性能,在角度小于 20°的情况下响应性能下降。2016 年,Huichan Zhao 等[29, 30]又提出了一种独立可佩戴在人的手指上用于精确感测弯曲的光纤角度传感器,配合嵌入式光纤可实现控制手指运动的软矫形器的应用(见图 2-30)。尽管该传感器有非线性响应,但是传感器在分辨率、精度、重复性和曲率范围方面表现出非常好的性能。另外,该传感器还表现出良好的动态特

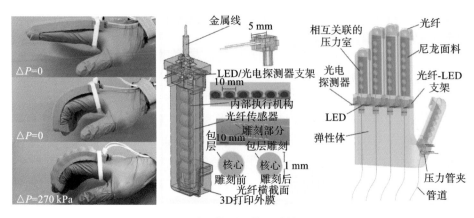

图 2-30 实现控制手指运动的矫形器

性(即响应时间非常短,只有 5 ms)。同时,他们还提出先将光纤弯成 U 形,再进行激光刻蚀,以用于帮助恢复手指运动的柔性手套。

对康复机器人领域而言,开发灵活的鞋垫压力传感器来测量和分析患者脚上的力分布将是一个真正的突破。2017 年,Maria Fátima Domingues 等[31]设计了一种无创平台和鞋垫纤维布拉格光栅传感器网络(见图 2-31),以监测脚底表面引起的垂直地面的反作用力分布。研究步态和身体质心位移中心在足底表面引起的垂直地面的反作用力分布,所获得的测量结果可靠地证明了所提出的解决方案在监测和绘制脚底足部活动的垂直力方面的准确性和一致性。目前测量结果是基于非常复杂的生物力学模型估计的,直接从传感器获取这些信息可以大大减少外骨骼控制策略的计算负担。

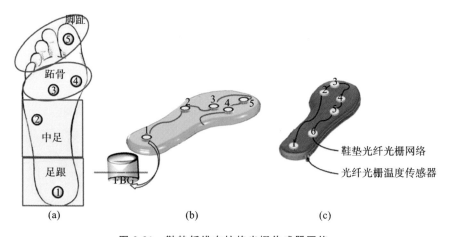

图 2-31 鞋垫纤维布拉格光栅传感器网络

此外,光纤传感器在其他物理量的获取上也有应用。2013 年,山东大学的杨宇轩[32]提出了一种谐振式光纤陀螺,可用于姿态、速度、角加速度测量,以及肩关节、踝关节等多自由度运动监测。将该陀螺放置在手臂前端,当手臂运动时,数字信号处理器负责处理陀螺仪传递的信息,并将编码信号传递给信号接收器解码,驱动刺激器对不同的信号进行不同反应来刺激人体,以此进行训练。可以设计能够多角度多程度动作的刺激器以应对不同身体形态形成的信号。

2. 光纤传感器感知肌肉活动状态

在大多数传统的人机系统中,扭矩传感器、触觉压力传感器和 sEMG 传感器被用于人机界面以检测人的运动意图。但是,这些传感器有一些限制。例如,在人体关节处安装和固定扭矩传感器是困难的;将来自触觉压力传感器的数据与人体运动意图相关联并不容易;尽管 sEMG 传感器能够检测人的运动意图,但传感器系统复杂且昂贵,受电极的放置情况以及皮肤湿度条件的影响,采集的肌电信号存在一定噪声。此外 sEMG 传感器在使用过程中会有很多问题:在激烈运动下,传感器容易脱落、移位;长时间运动后,人体出汗会影响传感器测量;传感器随着被测个体的不同,测量存在一定的差异;传感器每次都要贴到人体表面,使用不方便;信息量大而且复杂,易受干扰,使控制难度加大。

而对于光纤传感器,操作者穿戴更加方便,它可以无创地监测人体肌肉状况,如形状、刚度和密度,从而来检测人体的运动意图,可以完美贴合人的身体,不会阻碍其运动。与传统传感器相比,光纤传感器具有体积更小、更容易实施、微创、感染风险更低、准确性高、相关性好、价格低廉、可以复用、工作起来噪声小、灵敏度高、易于操作等优点。2012 年,Guru Prasad Arudi Subbarao 等[33]提出一种使用光纤布拉格光栅来测量小腿肌肉的表面应变和应变率的方法,监测踝关节背屈和跖屈运动过程中腓肠肌的实时应变,如图 2-32 所示。所提出的传感方法可以实时监测生物力学肌肉表面应变。研究表明,和其他参数如肌力、速度、肌肉收缩状态相比,肌肉应变与肌肉活动状态有更大的相关性。光纤传感器更容易结合在肌肉皮肤上,具有一定的复用能力,允许在同一光纤上使用多个 FBG 传感器,同时测量浅表肌肉的不同部位处的应变。

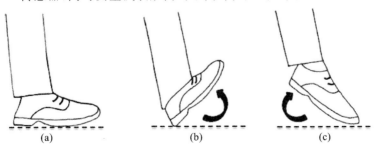

(a)　　　　(b)　　　　(c)

图 2-32　测量小腿肌肉的表面应变和应变率示意图

除了可以通过下肢肌肉形变预测足部运动意图外,光纤传感器也可以用来预测上肢运动意图。2017 年,Eric Fujiwara 等[34]提出了一种基于光纤散斑的传感器,附接在前臂肌肉上用以预测上肢运动意图(见图 2-33)。该传感器由周期性结构的一对变形板组成,周期性结构插入波导并调制光以响应肌肉刺激。当换能器经历垂直位移时,微弯曲引起导向模式和辐射模式之间的能量耦合,产生光衰减和斑点变化,从而检测运动过程中肌肉力的变化。可以通过人工神经网络处理所获取的光学数据,从而估计手部运动,平均准确率约为 89.9%。在实际应用方面,可以将该传感器集成在一个嵌入式系统中进行微型化,用于远程评估用户的前臂,传感器的输出用于检测患者的肌肉状态。光纤传感器已经被用于生物机电一体化应用中,可检测关节位移和力的变化,评估肌肉活动变化。

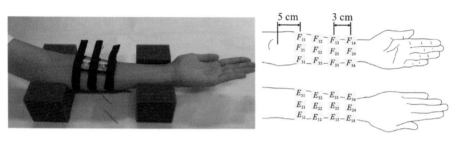

图 2-33　使用光纤传感器测量小臂肌肉形变,估计手部运动

由于可以测量肌肉形变,光纤传感器同样也推进了对人类步态的研究。Prasad 等[35]设计了一种新型的 FBG 传感器,用于测量足底的应变分布(见图 2-34),主要解决了空间上不同区域如前足、中足和后足的应变分布问题。计算所测量的 FBG 传感器数据的平均幅值和方差,用于分别评估各个对象的足底应变分布和姿势稳定性。实验结果表明,该足底应变传感器可以感测受试者足底不同区域的应变方差,具有一定的可靠性和一致性。Yudai Otsuka 等[36]提出了一种采用异质芯光纤压力传感器评估步态训练的敏感鞋。基于异质芯光纤的压力传感器不受行走限制,质量轻,不受温度波动影响,与肌肉表面无电接触,实验表明所提出的敏感鞋可以根据压力峰值的顺序和平面中的时间间隔来区分不同的步态动作。

3. 光纤传感器感知各类生理信号

对于生理信号的感知,光纤传感器主要被应用于对呼吸及心律信号的测量。2015 年,天津大学的李帅等[37]利用光纤布拉格光栅应变检测原理、光纤微弯效应、模式干涉原理实现了桡动脉脉搏波和呼吸波的获取。针对脉搏波信号微弱的特性,设计基于杠杆原理的力学增敏机构,并建立力学传感模型,按照中医脉诊的要求测量了不同位置及深度下的脉搏波波形,并与电学脉诊仪的测量

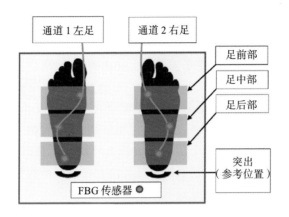

图 2-34　测量足底的应变分布

结果进行了对比。实验结果表明,该测量装置适用于中医脉诊。基于单模光纤微弯损耗的基本原理,设计了光纤微弯呼吸传感器,分析了不同弯曲半径和弯曲周期对传感器弯曲损耗灵敏度的影响。此外,还提出了一种基于模式干涉原理的光纤呼吸传感器,采用单模-多模-单模(SMS)级联的方式实现高阶模式的激发,并产生模式干涉,实现了对人类呼吸信号的检测,如图 2-35 所示。

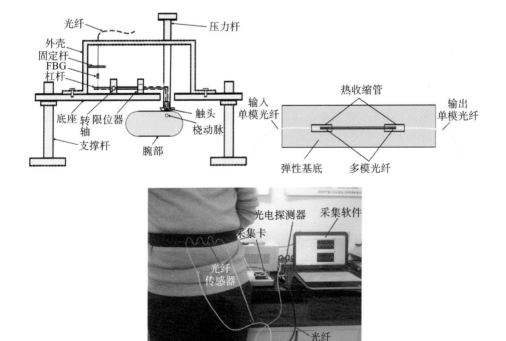

图 2-35　光纤光栅对人体呼吸信号的测量

2018年,中国科学院大学的赵荣建等[38]为了解决常规生理参数监测系统由于测量时接触皮肤,导致舒适感差、个体依从性差的问题,基于生理的微弱运动可致光纤微弯曲变形进而使光强度发生变化的原理,研制了新型的基于光纤传感的生理参数监测系统。该系统通过光探测器自适应地检测细小的光强度变化来获得心冲击图(BCG)信号,利用信号处理算法获取心率、呼吸率和体动等信息;把光纤嵌入床垫或坐垫,设计为三明治结构,既保护了光纤又增强了系统的可靠性和稳定性;采用蛇形返折走线将光纤均匀地分布在垫子中间,使系统具有高灵敏度。实验表明,研制的系统可使人在零负荷的状态下无感地进行生理参数测量,在健康医疗领域具有广泛的应用前景。

2.3　本章小结

本章介绍了康复机器人的驱动结构,康复机器人根据驱动方式可以分为三大类,即刚性驱动器(伺服电机)驱动的刚体机器人、柔性驱动器(气动肌肉)驱动的柔性机器人以及新型柔性驱动器(可弯曲气动驱动器)驱动的软体机器人。本章还介绍了康复机器人在结构上的重要配件——传感器,传感器是机器人在运作过程中监测其工作性能的重要器件,重点介绍了物理信息传感器、生物信息传感器以及光纤传感器。

本章参考文献

[1]　孙学俭,薛龙,张宝生. 机器人用交流伺服电机系统[J]. 北京石油化工学院学报, 1996 (2): 18-23.

[2]　陈彦,樊诚. 机器人用伺服和控制电机[J]. 微电机, 1987 (4): 24-31.

[3]　TONDU B, BOITIER V, LOPEZ P. Naturally compliant robot-arms actuated by McKibben artificial muscles [C]. IEEE International Conference on Systems, 1994.

[4]　PIERCE R C. Expansible cover[M]. US, 1936.

[5]　CHOU C P, HANNAFORD B. Measurement and modeling of McKibben pneumatic artificial muscles [J]. IEEE Transactions on Robotics and Automation, 1996, 12(1): 90-102.

[6]　GAYLORD R H. Fluid actuated motor system and stroking device[M]. US, 1958.

[7]　金宁. IPMC柔性仿生驱动器的制备及性能测试[D]. 南京:南京航空航天

大学，2009.

[8] BIDDISS E，CHAU T. Electroactive polymeric sensors in hand prostheses：bending response of an ionic polymer metal composite[J]. Medical Engineering and Physics，2006，28(6)：568-578.

[9] SHAHINPOOR M，KIM K J. Ionic polymer-metal composites IV：industrial and medical applications[J]. Smart Materials and Structures，2005，14(1)：195-214.

[10] LIN H T，LEISK G G，TRIMMER B. GoQBot：a caterpillar-inspired soft-bodied rolling robot[J]. Bioinspiration and Biomimetics,2011,6(2).

[11] 张林飞. 基于形状记忆合金驱动的仿章鱼腕足柔性机械臂研究[D].合肥：中国科学技术大学，2017.

[12] WANG E，DESAI M S，LEE S W. Light-controlled graphene-elastin composite hydrogel actuators［J］. Nano Letters，2013，13（6）：2826-2830.

[13] TACCOLA S，GRECO F，SINIBALDI E，et al. Toward a new generation of electrically controllable hygromorphic soft actuators[J]. Advanced Materials，2015，27(10)：1668-1675.

[14] 刘葛. 石墨纳米片基复合膜的制备及其电热性能研究[D]. 哈尔滨：哈尔滨工业大学，2017.

[15] 张旭. 基于多传感器信息融合康复机器人感知系统设计[D].成都：电子科技大学,2015.

[16] 蔡军，李玉兰. 基于 DBN 的 sEMG 智能轮椅人机交互系统[J]. 华中科技大学学报(自然科学版)，2015(z1)：74-77.

[17] 张启忠，席旭刚，马玉良，等. 基于肌电信号的遥操作机器人控制技术[J].应用基础与工程科学学报，2013，21(6)：1199-1209.

[18] LIU J，ZHOU P. A novel myoelectric pattern recognition strategy for hand function restoration after incomplete cervical spinal cord injury［J］. IEEE Transactions on Neural Systems and Rehabilitation Engineering，2013，21(1)：96-103.

[19] XING K，YANG P，HUANGJ，et al. A real-time sEMG pattern recognition method for virtual myoelectric hand control[J]. Neurocomputing，2014，136(1)：344-355.

[20] AOI S，EGI Y，SUGIMOTO R，et al. Functional roles of phase resetting in the gait transition of a biped robot from quadrupedal to

bipedal locomotion[J]. IEEE Transactions on Robotics，2012，28（6）：
1244-1259.

[21] WOLPAW J R，BIRBAUMER N，HEETDERKS W J，et al. Brain-
computer interface technology：a review of the first international
meeting[J]. IEEE Transactions on Rehabilitation Engineering，2000，8
（2）：164-173.

[22] COYLE S，WARD T，MARKHAM C. Brain computer interfaces：a
review[J]. Institute of Materials London，2003，28（2）：112-118.

[23] VAUGHAN T M，HEETDERKS W J，TREJO L J，et al. Brain-
computer interface technology：a review of the second international
meeting[J]. IEEE Transactions on Neural Systems and Rehabilitation
Engineering：a publication of the IEEE Engineering in Medicine and
Biology Society，2003，11（2）.

[24] BIRBAUMER N. Breaking the silence：brain-computer interfaces
（BCI） for communication and motor control[J]. Psychophysiology，
2010，43（6）：515-532.

[25] PASQUALOTTO E，FEDERICIS，BELARDINELLI M O. Toward
functioning and usable brain-computer interfaces （BCIs）：a literature
review[J]. Disabil Rehabil Assist Technol，2012，7（2）：89-103.

[26] LEE P，HSIEH J，WU C，et al. Brain computer interface using flash
onset and offset visual evoked potentials[J]. Clinical Neurophysiology，
2008，119（3）：604-616.

[27] JUNG G-I，KIM J-S，LEE T-H，et al. Fiber-opticgoniometer for
measuring joint angles [J]. Journal of Mechanics in Medicine and
Biology，2014，14（6）.

[28] FUJIWARA E，ONAGA C Y，SANTOS M F M，et al. Design of a
glove-based optical fiber sensor for applications in biomechatronics[C].
IEEE，2014.

[29] ZHAO H，JALVING J，HUANG R，et al. A helping hand：soft
orthosis with integrated optical strain sensors and sEMG control[J].
IEEE Robotics and Automation Magazine，2016，23（3）：54-64.

[30] ZHAO H，HUANG R，SHEPHERD R F. Curvature control of soft
orthotics via low cost solid-state optics [C]// IEEE International
Conference on Robotics and Automation. IEEE，2016.

[31] DOMINGUES M F，TAVARES C，LEITÃO O C，et al. Insole optical fiber Bragg grating sensors network for dynamic vertical force monitoring[J].Journal of Biomedical Optics，2017，22(9).

[32] 杨宇轩.利用光学陀螺对人体平衡功能修复[J].轻工标准与质量，2013(3)：58-58.

[33] GURU PRASAD A S，OMKAR S N，VIKRANTH H N，et al. Design and development of fiber Bragg grating sensing plate for plantar strain measurement and postural stability analysis[J].Measurement，2014，47：789-793.

[34] FUJIWARA E，WU Y T，SANTOS M F M，et al. Optical fiber specklegram sensor for measurement of force myography signals[J]. IEEE Sensors Journal，2017，17(4)：951-958.

[35] PRASAD A G，ASOKAN S. Fiber Bragg grating sensor package for submicron level displacement measurements［J］. Experimental Techniques，2015，39(6)：19-24.

[36] OTSUKA Y，KOYAMA Y，WATANABE K. Monitoring of plantar pressure in gait based on hetero-core optical fiber sensor[J].Procedia Engineering，2014，87：1464-1468.

[37] 李帅. 光纤式脉搏与呼吸检测方法及实验研究［D］.天津：天津大学，2016.

[38] 赵荣建，汤敏芳，陈贤祥，等. 基于光纤传感的生理参数监测系统研究［J］.电子与信息学报，2018(9)：2182-2189.

第3章
并联机构及康复机器人实例

多自由度并联机器人作为一种端部式机器人,具有承载能力强、控制精度高、操作稳定性好、适用于不同患者等优点,将其应用于下肢康复领域优势明显。本章首先介绍多自由度并联机器人的结构,以及其在医疗康复领域的应用。其次设计了一种基于 Stewart 机构的六自由度(six-degree of freedom,6-DOF)并联下肢康复机器人,可实现三维空间内的平移及旋转运动,以满足下肢康复训练的需求;并建立其运动学和动力学模型,作为机器人系统软硬件构成及控制研究的基础。由于脚踝康复机器人在帮助踝关节损伤患者进行更加精确、有效的康复训练方面具有重要作用,因此本章最后在分析脚踝的康复需求及气动肌肉的驱动特性的基础上,设计了一种新型的气动肌肉驱动的柔性踝关节康复机器人,并分析了该机器人的运动学和动力学模型。

3.1 多自由度并联机构及其应用

3.1.1 多自由度并联机器人

并联机构,可以定义为动平台和定平台通过至少两个独立的运动链相连接,机构具有两个或两个以上自由度,且以并联方式驱动的一种闭环机构。并联机构的出现最早可以追溯到 20 世纪 30 年代。1931 年,Gwinnett 在其专利中提出了一种基于球面并联机构的娱乐装置(见图 3-1)[1]。1940 年,Pollard 在其专利中提出了一种空间工业并联机构,用于汽车的喷漆(见图 3-2)[2]。之后,Gough 在 1962 年发明了一种基于并联机构的六自由度轮胎检测装置(见图 3-3)。三年后,Stewart 首次对 Gough 发明的机构进行了机构学意义上的研究,并将其推广应用为飞行模拟器的运动产生装置,这种机构也是目前应用最广的并联机构,被称为 Gough-Stewart 机构或 Stewart 机构(见图 3-4)[3]。值得一提的是,国际上一些学者为了区别 Gough 机构与 Stewart 机构,将 Gough 发明的机构称作 Octahedral Hexapod 或 Hexapod[4]。尽管如此,学术界仍普遍把利用六支链连接上下平台且由移动副作为驱动副的六自由度并联机构称为 Gough-Stewart 机构。今天,Gough-Stewart 机构几乎成为六自由度并联机器人机构的代名词,是并联机器人领域使用最多的名词之一。

图 3-1　并联娱乐装置

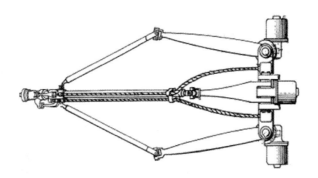

图 3-2　Pollard 的并联机构

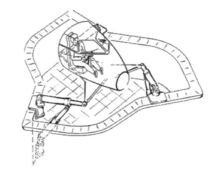

图 3-3　Gough 的并联机构　　　图 3-4　Stewart 提出的 Stewart 机构

为了克服串联机器人刚度差、有累积误差等诸多缺点,1978 年澳大利亚著名机构学学者 Hunt 首次提出把 Stewart 机构应用到工业机器人上,形成一种新的六自由度并联机器人[5]。并联机构与串联机构相比,具有刚度大、结构稳定、承载能力强、精度高、运动惯性小、运动学逆解简单、实时控制性强等优点。串联机构正解容易,但逆解十分困难,而并联机构正解困难,逆解却非常容易。由于机器人在线实时计算是要计算逆解的,这对串联式十分不利,而并联式却容易实现。Mac Callion 和 Pham 在 1979 年首次利用并联机构设计出了用于装配的机器人[6],由此拉开并联机器人研究的序幕。随后,Stewart 机构开始被应用到装配机器人、步行机器人和机器人手腕中。相关研究也开始大量出现,并逐渐成为国际机器人学研究的热点之一。1986 年,美国俄勒冈大学的 Fichter 用转动电机驱动实现了 Stewart 平台上的线性手臂的运动[7]。1988 年,法国的 Merlet 提出并成功研制了 INRIA 并联机构的样机[6],如图 3-5 所示。黄真等于 1991 年研制出我国第一台六自由度并联机器人样机,如图 3-6 所示;1994 年又自主研制出一台柔性铰链并联式六自由度机器人误差补偿器[8]。1997 年意大利也研制出具有六个自由度的 Turin 并联机构[9]。

图 3-5　Merlet 研制的 INRIA 并联机构样机　　图 3-6　黄真等研制的并联机器人样机

随着六自由度并联机器人相关技术研究的日趋成熟,少自由度并联机器人逐渐引起国际上学者的关注[10, 11]。少自由度并联机器人一般是指自由度数目为 2、3、4 或 5 的并联机器人。这类机器人可以应用到不需要 6 个自由度的场合。澳大利亚的 Hunt 被公认为是少自由度并联机构研究的先驱者。1983 年,他应用空间机构自由度计算准则及 Ball 的螺旋理论,给出了一张并联机构的机型列表[12],列举了平面并联机构、空间三自由度 3-RPS 并联机构以及非对称的四、五自由度并联机构。瑞士的 Clavel 在 1988 年提出了分支中含有球面四杆机构的 DELTA 并联机器人[13],如图 3-7 所示。美国马里兰大学的 Tsai 在 1996 年对 DELTA 做了改进,发明了 Tsai 氏三维移动并联机构(见图 3-8)[14, 15]。Gosselin 等系统地研究了角台型球面并联机构,并在 1994 年成功研制出称为

"灵巧眼"的摄像机自动定位装置(见图 3-9)[16]。之后,Gosselin 又提出了驱动电机轴线共面的球面并联机构(见图 3-10)。1996 年,黄真等综合提出多种三自由度立方体并联机构[17]。1999 年,Hervé 提出一种三维移动并联微动机器人[18]。

图 3-7 三自由度 DELTA 移动并联机构

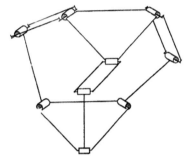

图 3-8 Tsai 氏三维移动并联机构

图 3-9 灵巧眼

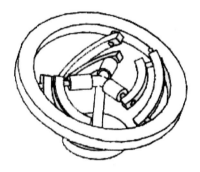

图 3-10 Gosselin 的球面并联机构

并联机构根据其结构的不同可以划分为多种类型。从连接上下平台的运动链结构形式看,并联机构可分为杆支撑并联机构与绳牵引并联机构[19]。杆支撑并联机构的支撑及传动部件主要是液压缸、普通刚性杆、滚珠丝杠,以及其他的一些组合的刚性结构件。而绳牵引并联机构是一种以柔性绳为传动和牵引机构的并联机构,绳只能承受拉力,受力具有单向性。从运动形式来看,并联机构可分为平面机构和空间机构,进一步可细分为平面移动机构、平面移动转动机构、空间纯移动机构、空间纯转动机构和空间混合运动机构。

另可按并联机构的自由度数分类。

(1) 二自由度并联机构:如 4-R、3-R-2-P(R 表示转动副,P 表示移动副)机构,平面五杆机构是最典型的二自由度并联机构,这类机构一般具有 2 个移动运动。

(2) 三自由度并联机构:如 3-RRR 机构、3-RPR 机构,它们具有 2 个移动和

1 个转动运动。三自由度并联机构又可以进一步地分为以下类型：①球面三自由度并联机构，如 3-RRR 球面机构、3-UPS-1-S 球面机构，3-RRR 球面机构所有运动副的轴线汇交于空间一点，该点称为机构的中心，而 3-UPS-1-S 球面机构则以 S 的中心点为机构的中心，机构上所有点的运动都是绕该点的转动运动；②三维纯移动机构，如 Star Like 并联机构、Tsai 氏并联机构和 DELTA 机构，这类机构的运动学正反解都很简单，是一种应用很广泛的三维移动空间机构；③空间三自由度并联机构，如典型的 3-RPS 机构，这类机构属于欠秩机构，其最显著的特点是在工作空间内不同的点的运动形式不同，这种特殊的运动特性阻碍了该类机构在实际中的广泛应用；④增加辅助杆件和运动副的空间机构，如德国汉诺威大学研制的并联机床所采用的 3-UPS-1-PU 球坐标式三自由度并联机构，由于辅助杆件和运动副的制约，该机构的运动平台具有 1 个移动和 2 个转动运动（也可以说是 3 个移动运动）[20]。

（3）四自由度并联机构：如 2-UPS-1-RRRR 机构，运动平台通过 3 个支链与定平台相连，有 2 个运动链是相同的，各具有 1 个虎克铰 U 和 1 个移动副 P，其中 P 和 1 个 R 是驱动副，因此这种机构不是完全并联机构。

（4）五自由度并联机构：如韩国 Lee 的五自由度并联机构，该机构具有双层结构（2 个并联机构的结合）。

（5）六自由度并联机构：六自由度并联机构是并联机器人机构中的一大类，是国内外学者研究得最多的并联机构，广泛应用于飞行模拟器、六维力与力矩传感器和并联机床等领域。但这类机构有很多关键性技术问题没有或没有完全得到解决，比如其运动学正解、动力学模型的建立以及并联机床的精度标定等。从完全并联的角度出发，这类机构必须具有 6 个运动链。但现有的并联机构中，也有仅拥有 3 个运动链的六自由度并联机构，如 3-PRPS 和 3-URS 等机构，还有在 3 个分支的每个分支上附加 1 个五杆机构作为驱动机构的六自由度并联机构等。

并联机构的出现，扩大了机器人的应用范围。并联机器人的应用研究主要集中在结构设计、参数优化、误差建模等几个方面，同时也涉及机构学、运动学、动力学和控制策略等问题[21]。随着对并联机器人研究的不断深入，其应用领域也越来越广阔，大体分为六大类：运动模拟器、并联机床、工业机器人、微动机构、医疗康复机器人和操作器。

医疗康复机器人在现阶段是一个新型且热门的研究领域，它集医学、机械学、计算机学、控制学以及机器人学等诸多学科为一体。医疗康复机器人主要应用于微伤精确定位、手术治疗、康复护理等几个方面。由于应用场合的不同，医疗康复用机器人与工业用机器人存在非常大的不同之处。由于医疗康复机器人必须重点关注患者的人身安全,这就要求机器人在操作或运动过程中不能出现任何安全事故。因此医疗康复机器人对运动精度和病人安全保障有非常高的要求,机器人的运动行为必须完全受到控制。另外,对于医疗康复机器人的运动速度、可行性空间及运动时的作用力等方面也要有一定的约束。多自由度并联机器人具有结构紧凑、承载能力强、累积误差小等优点,将其应用于患者的术后康复训练优势明显。

3.1.2 并联机构在康复中的应用

传统肢体功能障碍的康复治疗主要依赖于医师一对一的徒手训练,难以达到高强度、有针对性和重复性的康复训练要求,其康复训练效果评价也多为主观评价,不能实时监测治疗效果并优化康复策略[22]。通过人工或简单的医疗设备进行康复理疗,已远远不能满足社会的康复需求,因此康复机器人技术应运而生并且成为机器人领域的研究热点[23]。将机器人技术应用于康复医疗领域,不仅可以将康复医师从繁重的训练任务中解放出来,而且可以帮助患者进行更加科学有效的康复训练,使患者的运动机能得到更好的恢复[24],并可详细客观地记录训练过程中的运动数据,供医师评价康复训练的效果。

与工业机器人相比,对医疗康复机器人有新的要求,例如:必须从患者的需求出发,同时要满足临床康复训练的规律,不仅对系统的快速性和准确性有所要求,还要充分考虑系统的安全性、柔顺性、轻巧性等。绳驱动并联机器人是用绳索驱动的新型康复机器人。由于绳索只能受拉力而不能受压力,因此必须有冗余力才能实现动平台的力闭合。为实现 n 个自由度的运动,必须有 $n+1$ 根绳索来驱动或者依靠外力来实现力闭合。按驱动绳索的数量 m 和自由度 n 的关系,绳驱动并联机器人分为三类[25]:①过约束定位机构,$m>n+1$;②完全约束定位机构,$m=n+1$;③不完全约束定位机构,$m<n+1$。不完全约束定位机构可以在考虑外力(如重力)的情况下实现完全约束。

德国的弗朗霍费尔研制的绳牵引康复机器人,如图 3-11 所示,在步态分析等方面的研究取得了一定的进展[26]。该机器人通过 7 根主动绳索的驱动来控制患者的躯干运动,并用被动绳索测量患者的运动状态。日本的 Keiko Homma 设计了绳索驱动的四自由度并联机器人[27],该机器人用于人体下肢的康复训练,可以帮助人体实现自身髋、膝两关节的运动。国内一些院校也对绳驱动康复机器人做了研究。张立勋等将绳驱动并联机构应用到患者的康复训练中,他将人体正常行走时骨盆的运动轨迹视为 3 个方向的平动和绕垂直轴的转动,通过所设计的机器人使患者实现这 4 个自由度,该项研究已有一定的进展。

图 3-11　弗朗霍费尔研制的绳牵引康复机器人

　　由于人体下肢关节肌肉组织更为复杂、运动自由度差异大且需考虑患者身体支撑和步态运动等因素的影响,下肢康复机器人及其相关理论与技术的研究具有更大的难度。多自由度并联机器人设备具有承载能力强、累积误差小等优点,能够适应不同人群的康复训练,对下肢康复有着积极作用。

　　罗格斯大学 M. Girone 等早在 2001 年就设计出基于 Stewart 平台的六自由度踝关节康复机器人 Rutgers Ankle,同时设计出相应的虚拟现实跑步训练系统,如图 3-12(a)所示[28]。Stewart 平台采用双作用气缸,使用线性电位计作为位置传感器和六自由度力传感器。Rutgers Ankle 控制器包含嵌入式奔腾板、气动电磁阀、阀门控制器和相关的信号调理电子设备。与主机 PC 的通信通过标准 RS-232 线路进行。平台移动和输出力由主机 PC 在数据库中透明地记录,可以通过互联网远程访问此数据库。因此,Rutgers Ankle 康复机器人允许患者在家中锻炼,同时由治疗师远程监控。ARBOT 是一个由直流有刷电机驱动的二自由度 3UPS/U 平台[29],如图 3-12(b)所示。机械结构由固定底座、中央支柱、移动平台和驱动装置与动力链组成。移动平台通过万向节连接到中央支柱。患者的脚被 Velcro 条纹约束在脚板上。驱动装置由定制设计的线性致动器驱动。该执行器使用有刷直流电机 Maxon RE40 和行星齿轮箱,减速比 ρ 为 12:1,滑轮的绞盘系统与钢缆传动装置一起将电动机的旋转运动转换成活塞的线性运动,安装在直流电机轴上的 4095PPR 光学编码器在棱柱连接处提供 1.278 μm 的位置分辨率,定制设计的执行器可提供超过 1100 N 的峰值力和 60 cm/s 的最大速度,装置可得到的最大输出扭矩为 120 N·m,最大速度为 500(°)/s。

(a) Rutgers Ankle　　　　　　　　　(b) ARBOT

图 3-12　Rutgers Ankle 和 ARBOT 平台式并联脚踝康复机器人

意大利理工学院提出了一种用于脚踝康复的并联机器人[30]，利用定制化的直线驱动器来执行所需要的训练。但此设备仅能实现背屈/跖屈、内翻/外翻两个自由度的运动。新西兰奥克兰大学的 Xie 等人开发了面向脚踝三自由度运动的并联康复机器人[31]，如图 3-13 所示，首先提出了一种由直线电机驱动的四轴机器人，然后设计了一种由气动肌肉驱动的可穿戴式四轴冗余并联机器人[32]。

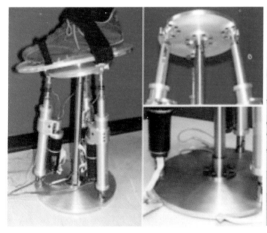

图 3-13　面向脚踝康复运动的并联康复机器人

3.2　六自由度并联下肢康复机器人

本节介绍一种基于 Stewart 机构的六自由度并联下肢康复机器人，可实现三维空间内的平移及旋转运动，以满足下肢康复训练的需求。

3.2.1 六自由度并联机器人机构

基于 Stewart 机构的六自由度并联机器人平台,能够在承载足够负载的情况下保持较高的控制精度,可满足下肢康复在三维空间内平移和旋转运动的需求。一种典型的 Stewart 平台如图 3-14(a)所示,其机械结构由固定下平台、可动上平台和六支线性执行机构组成,其中执行机构分别通过球铰和虎克铰与上、下平台相连接。图 3-14(b)所示为该平台对应的机构原理图,通过协调控制六支线性执行机构的长度,产生可动上平台相对于固定下平台的平移和旋转运动,实现上平台在三维空间内的任意位置和角度控制。

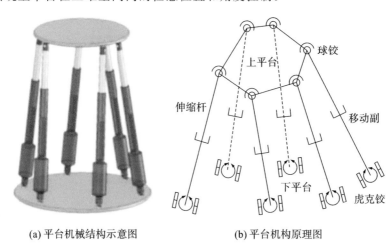

(a) 平台机械结构示意图   (b) 平台机构原理图

图 3-14 六自由度并联机器人平台结构

该 Stewart 平台六支关节的空间配置示意图如图 3-15(a)所示,每支关节的两端分别通过三自由度球铰和二自由度虎克铰与上、下平台连接,中间为单自由度的线性移动副。通过控制六支移动副的有效长度实现上平台的运动,在此过程中虎克铰和球铰保持被动自由。平台所能达到的运动自由度数取决于关节的数量和铰接的类型,图 3-15(b)给出了一种简化的 Stewart 平台模型。根据自由度公式 $F=\lambda(n-1)-5f_1-4f_2-3f_3$,对于此机器人,空间自由度数 $\lambda=6$,构件数量 $n=14$,1-DOF 关节数量 $f_1=6$,2-DOF 关节数量 $f_2=6$,3-DOF 关节数量 $f_3=6$,则平台的自由度数 $F=6$。

3.2.2 下肢康复机器人运动学模型

多自由度并联机器人的运动学模型可分为正向运动学模型和逆向运动学模型。其中正向运动学模型为已知关节空间的执行机构长度,解算机器人移动

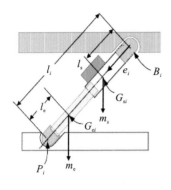

(a) 平台关节空间配置图

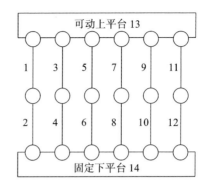

(b) Stewart平台简化模型

图 3-15　六自由度并联机构关节配置和简化模型

平台在任务空间的末端位置,逆向运动学模型则相反[33]。对于多自由度并联平台,其逆向运动学计算较为容易,而正向运动学问题由于需要解决非线性参量以及高阶等式计算问题,实现起来较为复杂。然而,正向运动学模型对于实时了解机器人的末端位置至关重要,本节将先介绍机器人的逆向运动学模型,进而基于逆向运动学模型提出一种基于分析迭代算法的正向运动学计算方法。

1. 逆向运动学模型

并联机器人上平台、下平台、关节执行元件和铰接点的几何模型,如图 3-16 所示,其中图(a)为矢量分析图,图(b)为平台的俯视图。定义固定下平台坐标系为 $\{B\}$-$OX_AY_AZ_A$,各铰接点坐标为 $A_i(i=1,2,\cdots,6)$,其中下平台圆周半径设置为 r_a,铰接点短边所对夹角为 θ_1;移动上平台坐标系为 $\{M\}$-$O'X_BY_BZ_B$,各铰接点坐标为 $B_i(i=1,2,\cdots,6)$,圆周半径设置为 r_b,铰接点所对夹角为 θ_2。

定义上平台的任务空间位置向量 $\boldsymbol{q}=[x,y,z,\alpha,\beta,\gamma]$,其中 $[x,y,z]$ 为上平台在 X、Y、Z 轴向上的位置坐标,$[\alpha,\beta,\gamma]$ 为上平台绕 X、Y、Z 轴向旋转的角度坐标。定义关节空间各支执行机构长度向量为 $\boldsymbol{l}=[l_1,l_2,l_3,l_4,l_5,l_6]^{\mathrm{T}}$,其中 l_i 为第 i 支执行机构的长度。根据所建立的机构几何模型,可计算出下平台各铰接点 A_i 和上平台各铰接点 B_i 在各坐标系中的坐标,如下式所示:

$$A_i = \begin{cases} r_a[\sin\alpha_i & -\cos\alpha_i & 0]^{\mathrm{T}}, i=1,3,5 \\ r_a[\cos\alpha_i & \sin\alpha_i & 0]^{\mathrm{T}}, i=2,4,6 \end{cases} \tag{3-1}$$

$$B_i = \begin{cases} r_b[\sin\beta_i & -\cos\beta_i & 0]^{\mathrm{T}}, i=1,3,5 \\ r_b[\cos\beta_i & \sin\beta_i & 0]^{\mathrm{T}}, i=2,4,6 \end{cases} \tag{3-2}$$

其中: $\alpha_i = \begin{cases} \dfrac{\pi}{3}-\dfrac{\theta_1}{2}+(i-1)\times\dfrac{\pi}{3}, i=1,3,5 \\ -\dfrac{\pi}{6}+\dfrac{\theta_1}{2}+(i-2)\times\dfrac{\pi}{3}, i=2,4,6 \end{cases}$,

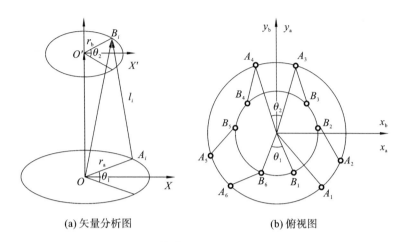

(a) 矢量分析图   (b) 俯视图

图 3-16   并联机器人平台的几何模型

$$\beta_i = \begin{cases} \dfrac{\theta_2}{2} + (i-1) \times \dfrac{\pi}{3}, & i = 1,3,5 \\[3mm] \dfrac{\pi}{6} - \dfrac{\theta_2}{2} + (i-2) \times \dfrac{\pi}{3}, & i = 2,4,6 \end{cases} \circ$$

由图 3-16(a) 所示的几何模型矢量图可知，第 i 支执行机构矢量式可表达为

$$\boldsymbol{L}_i = \overrightarrow{OO'} + \boldsymbol{R}\,\overrightarrow{O'B_i} - \overrightarrow{OA_i} \tag{3-3}$$

其中：$\overrightarrow{OO'}$ 为上平台中心位置坐标，由 $[x,y,z]$ 确定；$\overrightarrow{O'B_i}$、$\overrightarrow{OA_i}$ 是机器人上、下平台铰接点的位置坐标向量，与上平台的运动状态无关；$\boldsymbol{R}$ 为机器人上平台的旋转矩阵，由旋转运动量 $[\alpha,\beta,\gamma]$ 确定。若由初始位置旋转至现在位置的每一次旋转产生的矩阵用 $\boldsymbol{R}_z$、$\boldsymbol{R}_y$ 和 $\boldsymbol{R}_x$ 表示，则最终平台旋转矩阵由式(3-4)表示。

$$\boldsymbol{R} = \boldsymbol{R}_z \boldsymbol{R}_y \boldsymbol{R}_x = \begin{bmatrix} \cos\beta\cos\gamma & -\cos\alpha\sin\gamma + \sin\alpha\sin\beta\cos\gamma & \sin\alpha\sin\gamma + \cos\alpha\sin\beta\cos\gamma \\ \cos\beta\sin\gamma & \cos\alpha\cos\gamma + \sin\alpha\sin\beta\sin\gamma & -\sin\alpha\cos\gamma + \sin\alpha\sin\beta\cos\gamma \\ -\sin\beta & \sin\alpha\cos\beta & \cos\alpha\cos\beta \end{bmatrix}$$
$$\tag{3-4}$$

根据式(3-3)和式(3-4)，可得关节空间执行机构长度为

$$l_i = \| \boldsymbol{L}_i \| = \| \overrightarrow{OO'} + \boldsymbol{R}\,\overrightarrow{O'B_i} - \overrightarrow{OA_i} \| \quad i = 1,2,\cdots,6 \tag{3-5}$$

此为六自由度并联机器人的运动学逆解。根据机器人上平台的任意位置向量计算关节空间执行机构的期望长度，然后控制各驱动杆跟踪解算的关节长度，即可实现末端轨迹的任意控制。这是机器人运动控制的基础。

2. 正向运动学解算

多自由度并联机器人的正向运动学问题，是通过给定当前机器人关节空间各支路驱动杆长度 $\boldsymbol{l} = [l_1, l_2, l_3, l_4, l_5, l_6]^{\mathrm{T}}$，求得机器人末端在任务空间内的位

置和角度向量 $\boldsymbol{q}=[x,y,z,\alpha,\beta,\gamma]^{\mathrm{T}}$，可用于机器人动平台位姿的估计。本小节研究基于牛顿-拉普森(Newton-Raphson)的迭代数值算法，利用迭代计算和近似寻优的方式将非线性问题通过代价函数逐次线性化。

在机器人运动学正解问题中，对于给定的机器人第 i 支关节位移 l_{i0}，要获得此刻的上平台位置 $\boldsymbol{q}_0$。首先假设上平台位置为 $\boldsymbol{q}$，根据逆向运动学模型可得假设位置下对应的关节空间位移，记为 $l_i(\boldsymbol{q})$。为使当前假设位置 $\boldsymbol{q}$ 最大限度地接近实际位置 $\boldsymbol{q}_0$，定义如式(3-6)所示的代价函数，当二者相近时函数值为 0。

$$f_i(\boldsymbol{q}) = l_i^2(\boldsymbol{q}) - l_{i0}^2 \tag{3-6}$$

根据牛顿-拉普森迭代数值算法，则有

$$l = l_0 + \frac{\mathrm{d}f(\boldsymbol{q})}{\mathrm{d}\boldsymbol{q}}\Delta\boldsymbol{q} \Rightarrow l - l_0 = \Delta l = \frac{\mathrm{d}f(\boldsymbol{q})}{\mathrm{d}\boldsymbol{q}}\Delta\boldsymbol{q} \Rightarrow \Delta\boldsymbol{q} = \left(\frac{\mathrm{d}f(\boldsymbol{q})}{\mathrm{d}\boldsymbol{q}}\right)^{-1}\Delta l \tag{3-7}$$

其中 $f(\boldsymbol{q})$ 为代价函数，表示估计值与实际值之间的误差，记偏微分为

$$\frac{\mathrm{d}f(\boldsymbol{q})}{\mathrm{d}\boldsymbol{q}} = \left[\frac{\partial f(\boldsymbol{q})}{\partial x}, \frac{\partial f(\boldsymbol{q})}{\partial y}, \frac{\partial f(\boldsymbol{q})}{\partial z}, \frac{\partial f(\boldsymbol{q})}{\partial \alpha}, \frac{\partial f(\boldsymbol{q})}{\partial \beta}, \frac{\partial f(\boldsymbol{q})}{\partial \gamma}\right] \tag{3-8}$$

则在第 n 次迭代之后，得到的平台末端位置估计值为

$$\boldsymbol{q}_{n+1} = \boldsymbol{q}_n + \Delta\boldsymbol{q} = \boldsymbol{q}_n + \left(\frac{\mathrm{d}f(\boldsymbol{q})}{\mathrm{d}\boldsymbol{q}}\right)^{-1}\Delta l \tag{3-9}$$

可通过如图 3-17 所示的算法流程计算并联平台的运动学正解。

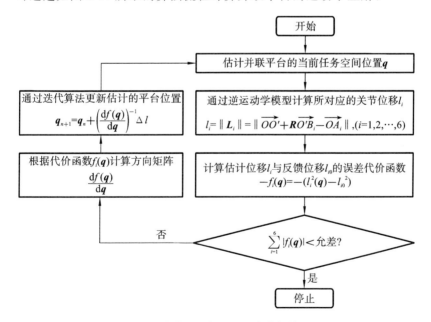

图 3-17　并联机器人正向运动学解算流程

任务空间与关节空间的速度关系也可通过雅可比矩阵(Jacobian matrix)表

示。设 $\boldsymbol{\dot{l}}=[\,\dot{l}_1,\dot{l}_2,\dot{l}_3,\dot{l}_4,\dot{l}_5,\dot{l}_6\,]^{\mathrm{T}}$ 表示六自由度并联机器人各驱动杆在关节空间的速度矢量，$\boldsymbol{\dot{q}}=[\,\dot{x},\dot{y},\dot{z},\dot{\alpha},\dot{\beta},\dot{\gamma}\,]^{\mathrm{T}}$ 是并联机器人上平台在任务空间的平移速度和旋转速度矢量，则雅可比矩阵 $\boldsymbol{J}$ 将二者关联起来，可表示为

$$\boldsymbol{\dot{q}} = \boldsymbol{J}\boldsymbol{\dot{l}}, \quad \boldsymbol{\dot{l}} = \boldsymbol{J}^{-1}\boldsymbol{\dot{q}} \tag{3-10}$$

令 $k_{ij}=\partial l_i/\partial q_j$ 表示逆向雅可比矩阵 $\boldsymbol{J}^{-1}$ 的第 i 行第 j 列的矩阵元素，则有

$$\dot{l}_i = \sum_{j=1}^{6} k_{ij}\dot{q}_j = \sum_{j=1}^{6} \frac{\partial l_i}{\partial q_j}\dot{q}_j \tag{3-11}$$

通过仿真验证上述建立的逆向运动学和正向运动学模型。机器人的运动学逆解和正解模型仿真结果如图 3-18 所示，其中图（a）所示为机器人末端的期望运动轨迹 $\boldsymbol{q}=[x,y,z,\alpha,\beta,\gamma]^{\mathrm{T}}$，图（b）所示为运动学逆解计算得到的关节空间支路位移轨迹 $\boldsymbol{l}=[l_1,l_2,l_3,l_4,l_5,l_6]^{\mathrm{T}}$，图（c）所示为通过雅可比矩阵计算的关节空间速度，图（d）所示为通过运动学正解计算方法结合关节位移估计的末端位置。由图可见仿真计算结果与预定期望轨迹一致，验证了运动学模型的正确性。

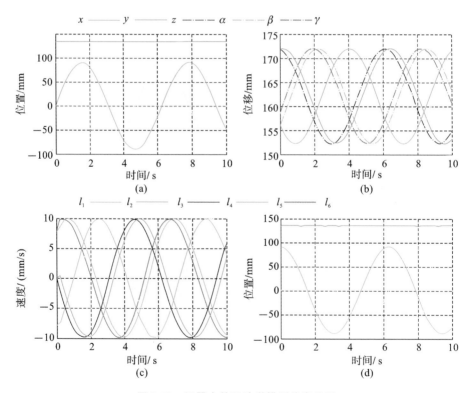

图 3-18 机器人的运动学模型仿真结果

3.2.3 下肢康复机器人动力学模型

六自由度并联机器人动力学模型用于在给定运动轨迹下,研究各驱动电机提供给各杆件的力或力矩的大小。六自由度并联机器人的动力学模型实质上表示了并联机器人各支链的关节变量对时间的一阶、二阶导数与各执行器驱动力或力矩之间的关系。六自由度并联机器人动力学模型的研究对并联机器人动力学分析及其运动控制有着非常重要的意义。首先,在计算机上借助六自由度并联机器人的动力学方程可以对并联机器人的运动特性进行仿真分析,这一点对于六自由度并联机器人的优化设计很有益处。其次,对于某些依赖于并联机器人动力学模型的运动控制算法,如力矩控制、滑模变结构控制或其他需要模型参考的控制算法等,都需要对并联机器人的动力学模型进行比较深入的研究。

与并联机器人运动学模型研究相似,并联机器人动力学模型的研究也可以分为如下两类情况。一类是已知并联机器人各支链关节变量在关节变量空间的运动轨迹或者并联机器人末端执行器在笛卡儿空间的运动轨迹,求解并联机器人各支链驱动器的驱动力或力矩,称之为并联机器人逆动力学分析。另一类与之相反,称为并联机器人正动力学分析。前文已提到,动力学研究的重要作用之一就是根据预期的运动轨迹对机器人进行有效的运动控制,因而对于并联机器人动力学问题的研究更注重逆动力学分析。

并联机器人的动力学模型表示了机器人各运动变量对时间的一阶导数、二阶导数与各执行器驱动力或力矩之间的关系[34]。本节采用拉格朗日方法建立六自由度并联机器人平台的动力学模型,其任务空间模型表示为

$$\boldsymbol{M}(\boldsymbol{q})\ddot{\boldsymbol{q}} + \boldsymbol{C}(\boldsymbol{q},\dot{\boldsymbol{q}})\dot{\boldsymbol{q}} + \boldsymbol{G}(\boldsymbol{q}) = \boldsymbol{\tau} \tag{3-12}$$

其中:$\boldsymbol{q}$、$\dot{\boldsymbol{q}}$ 和 $\ddot{\boldsymbol{q}}$ 分别表示机器人在任务空间的位置、速度和加速度,$\boldsymbol{M}(\boldsymbol{q})$ 是机器人的 6×6 惯性矩阵;$\boldsymbol{C}(\boldsymbol{q},\dot{\boldsymbol{q}})$ 是机器人的离心力、科氏力矩阵;$\boldsymbol{G}(\boldsymbol{q})$ 为机器人的重力向量;$\boldsymbol{\tau}$ 为机器人产生的力和力矩。这些动力学模型分量可表示为

$$\boldsymbol{M}(\boldsymbol{q}) = \begin{bmatrix} m & 0 & 0 & 0 & 0 & 0 \\ 0 & m & 0 & 0 & 0 & 0 \\ 0 & 0 & m & 0 & 0 & 0 \\ 0 & 0 & 0 & M_{44} & M_{45} & M_{46} \\ 0 & 0 & 0 & M_{54} & M_{55} & 0 \\ 0 & 0 & 0 & M_{64} & 0 & M_{66} \end{bmatrix} \tag{3-13}$$

$$C(\boldsymbol{q},\dot{\boldsymbol{q}}) = \begin{bmatrix} 0 & 0 & 0 & 0 & 0 & 0 \\ 0 & 0 & 0 & 0 & 0 & 0 \\ 0 & 0 & 0 & 0 & 0 & 0 \\ 0 & 0 & 0 & -K_1\dot{\beta}-K_2\dot{\gamma} & -K_1\dot{\alpha}-K_3\dot{\beta}+K_4\dot{\gamma} & -K_2\dot{\alpha}+K_4\dot{\beta} \\ 0 & 0 & 0 & K_1\dot{\alpha}+K_4\dot{\gamma} & K_5\dot{\gamma} & K_4\dot{\alpha}+K_5\dot{\beta} \\ 0 & 0 & 0 & K_2\dot{\alpha}-K_4\dot{\beta} & -K_4\dot{\alpha}-K_5\dot{\beta} & 0 \end{bmatrix}$$

$$\tag{3-14}$$

$$\boldsymbol{G}(\boldsymbol{q}) = \begin{bmatrix} 0 & 0 & mg & 0 & 0 & 0 \end{bmatrix}^{\mathrm{T}} \tag{3-15}$$

通过仿真实验验证上述机器人动力学模型。图 3-19 所示为机器人的动力学模型仿真结果,其中图(a)所示为机器人末端期望轨迹,图(b)所示为该轨迹下机器人末端产生的力矩,图(c)所示为通过雅可比矩阵计算得到的关节空间驱动力,图(d)所示为采用动力学正解重新计算的末端力矩。仿真结果验证了动力学模型的正确性。

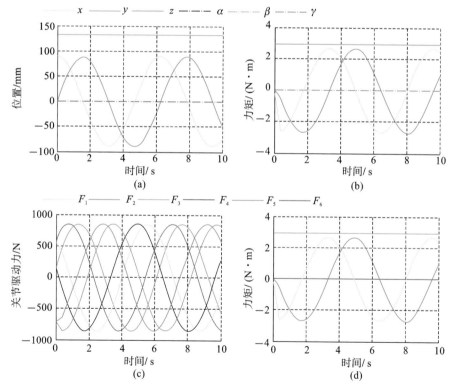

图 3-19　机器人的动力学模型仿真结果

3.2.4　下肢康复机器人系统集成

基于对并联机器人运动学和动力学模型的研究,分析用于下肢康复的六自由度并联机器人的机构参数需求。下肢运动过程中除了产生前后、左右、上下的平移运动之外,脚踝和膝关节还会产生一定的旋转运动,因此所设计机器人应满足空间平移和旋转的六个自由度。下肢的运动范围较大,平台需具有较大的工作空间(平移、旋转范围不小于 50 mm×50 mm×200 mm、30°×30°×30°)。为实现较高精度的机器人轨迹控制,其平移和旋转精度分别不应低于 1 mm 和 1°。在下肢康复训练过程中,患者可能将全部重量施加于平台之上,因此平台需具有较大的承载能力(不小于 1000 N)和较高的结构刚度。在这些基本分析的基础上,我们设计开发了应用于下肢康复的六自由度并联机器人,如图 3-20 所示。

图 3-20　六自由度并联康复机器人

机器人硬件系统包括动平台(上平台)、定平台(下平台)、伺服电动缸、交流伺服电机、控制柜(交流伺服驱动器和 DSP)、上位机等。机器人上平台和下平台均为圆形机构,各铰接点采用短边对长边的非对称形式分布在上、下平台。为满足并联机器人面向下肢康复的高承载能力的需求,机器人上平台和下平台均采用硬铝合金材质。

铰接点位置坐标和角度设置得不同,可使机器人产生不同的工作空间和运动范围。这里设计上平台半径为 180 mm,其短边所对铰接点的夹角为 22°,下平台半径为 270 mm,其短边所对铰接点的夹角为 28°。机器人平台初始高度为 439.92 mm,伺服电机丝杠部分原长 468.2 mm,有效行程为 0～200 mm。通过建立的运动学模型解算,结合实际操作实验及工作空间分析,机器人在三个平移方向的运动范围分别为 $x\in[-200,200]$,$y\in[-200,200]$,$z\in[0,300]$(单位 mm);在三个转动方向的运动范围是:$\alpha\in[-35°,35°]$,$\beta\in[-35°,35°]$,$\gamma\in[-50°,50°]$。机器人能达到的控制精度为 0.01 mm,可满足下肢康复训练对机器人运动范围的需求。

针对所开发的六自由度并联机器人,其控制系统结构如图 3-21 所示。机器人样机控制系统在总体设计上采用离线计算和在线控制的方案。PC 为控制系统的上位机,上位机实现系统管理、人机界面展示、机器人运动轨迹的规划、运动学解算以及运动控制指令的在线生成。在上位机上,首先按照并联机器人运动精度的要求将预先规划的上平台运动轨迹划分成无数个很小的区段,然后再计算出各轨迹点所对应各杆的伸长/缩短量(目标位移)和伸缩速度值(目标速度),并将该计算结果存储在相关信息表中,此即为离线计算。在并联机器人的运动过程中,上位机通过实时查表求出各区段所要达到的目标位置和目标速度信息,并将此信息不断下发给下位控制器 DSP,以满足机器人实时在线控制要求。

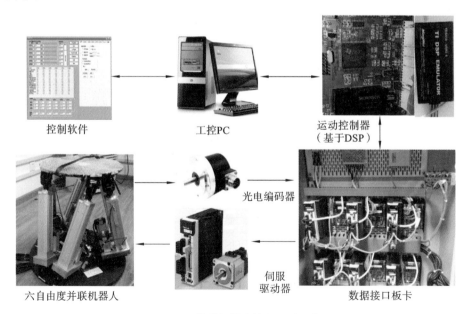

图 3-21　并联机器人控制系统结构

　　下位机的 DSP 控制芯片采用 TI 公司生产的 TMS320LF2407A,该控制芯片具有强大的运动控制功能和高性能的数字信号处理功能。通过应用片内高精度的定时器和中断处理功能,可以使系统控制指令在一个中断周期内实现复杂的控制算法。使能定时器 1,通过 EV 模块的比较单元输出脉冲宽度调制波(PWM 波),由产生的 PWM 波的频率来决定交流伺服电机的转速;使能定时器 2,通过 EV 模块的正交编码脉冲电路来反馈光电编码器记录的电机角位移和角速度值。TMS320LF2407A 一方面将上位机发送下来的运动控制信号转化为交流伺服电机的驱动信号,另一方面将伺服电动缸的实际速度和位置信号反馈给上位机。TMS320LF2407A 产生的 PWM 波经过 DSP 进行数模转换及放大电路放大后,将所得的模拟电压发送到交流伺服驱动器,用以控制交流伺服电机的运动。由于六个伺服电动缸并联设置而共同驱动上平台,因此各伺服电动缸需要协调一致地动作,避免六自由度并联机器人在运动过程中出现憋劲、卡死现象。这些现象会对并联机器人系统的硬件造成损坏。六自由度并联机器人的电气系统结构如图 3-22 所示。

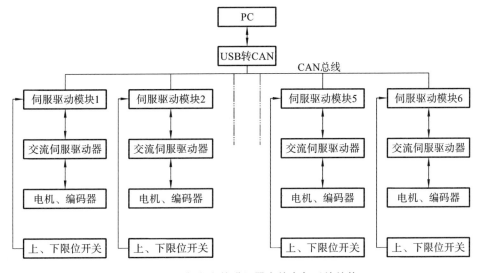

图 3-22　六自由度并联机器人的电气系统结构

　　鉴于六自由度并联机器人对各伺服电动缸运动要求的特殊性,通过控制软件对各伺服电动缸的运动位移和运动速度进行双闭环控制。在机器人运动过程中,伺服电机中集成的光电编码器将同步检测丝杠的运动位置和速度等信息。速度信号反馈给交流伺服驱动器,继而向上反馈给 DSP 控制器,用于闭环控制,以跟踪输入的理论速度值,从而实时控制六自由度并联机器人的运动速度;位移信号反馈给上位机,用以实现并联机器人的位置闭环控制。当各伺服电动缸在速度跟踪的前提下运动到给定目标位置时,上位机立即向下发送停止信号(即速度信号为零),并联机器人立刻停止运动,从而实现位置闭环控制。此外,在各伺服电动缸上、下两端还设置有上、下限位开关,对电动缸的运动行程进行安全保护。当电动缸运动到极限位置时,极限位置信号反馈给上位机,机器人立即停止运动,以实现并联机器人的安全保护。

3.3 二自由度并联脚踝康复机器人

脚踝康复机器人在帮助踝关节损伤患者进行更加精确、有效的康复训练方面具有重要作用。而当前踝关节康复机器人大多是刚性的,气动肌肉驱动器由橡胶管和编织网构成,通过控制内部气压收缩来产生输出力,其运动方式和力-长度特性酷似生物肌肉,将其应用于医疗康复机器人设备优势明显[35]。

3.3.1 二自由度并联机器人机构

脚踝是人体最复杂的骨骼结构之一,对保持人行走过程中的平衡具有重要作用,其主要由两个关节组合而成,如图 3-23(a)所示[36]。其中第一个为踝关节,由胫骨下端、腓骨、距骨组成。第二个关节称为距骨跟骨关节,由距骨和跟骨相连组成。如图 3-23(b)所示,踝关节可绕 X、Y、Z 轴旋转运动,因此很多研究将其视为一个球关节。Mattacola 等指出踝关节绕 X 轴和 Y 轴的旋转运动在脚踝的康复中起到主要作用[37]。本书设计的踝关节康复机器人刚好可以完成这两个方向的旋转运动。

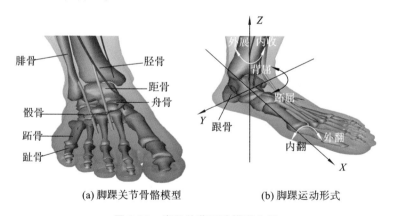

(a)脚踝关节骨骼模型   (b)脚踝运动形式

图 3-23 脚踝关节运动模型分析

为了满足机器人辅助脚踝康复训练的需求,必须分析人体脚踝的运动范围和力/力矩能力。人体脚踝关节进行背屈、跖屈、内翻、外翻四种动作的典型运动范围如表 3-1 所示[38]。脚踝运动所需的力矩也是在设计机器人时,特别是在主动训练时需要重点考虑的,其范围也体现在表 3-1 中[39]。

表 3-1　人体脚踝关节运动范围和力矩能力

脚踝运动类型	运动范围	运动范围均值	运动力矩/(N·m)
背屈(dorsiflexion)	$20.3°\sim29.8°$	$24.68°$	34.1 ± 14.5
跖屈(plantarflexion)	$37.6°\sim45.75°$	$40.92°$	48.1 ± 12.2
内翻(inversion)	$14.5°\sim22.0°$	$16.29°$	33.1 ± 16.5
外翻(eversion)	$10.0°\sim17.0°$	$15.87°$	40.1 ± 9.2

气动肌肉具有成本低、功率质量比高、柔顺性好等优点,在服务机器人、医疗康复等领域有广泛应用。在传统气动肌肉驱动的康复机器人机构设计中,为了将气动肌肉的直线运动形式转换为关节的旋转运动,通常采用主动肌-拮抗肌对的方式实现单关节的双向运动,通过滑轮改变气动肌肉驱动力的方向,其驱动形式如图 3-24 所示。朱坚民等设计了利用拮抗气动肌肉对驱动的四足仿生机器人[40]。比利时布鲁塞尔大学设计了一种气动肌肉驱动的双足步行机器人模型,每个自由度由两根气动肌肉以对抗的形式进行驱动[41]。

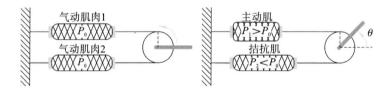

图 3-24　典型的气动肌肉拮抗对驱动形式

对于肘关节、膝关节等单自由度关节,可以使用主动肌-拮抗肌对的形式进行驱动;但是由于脚踝是个多自由度关节,拮抗式肌肉驱动机构会大大增加机械设计的难度以及控制系统的复杂性。而并联机构具有承载能力强、累积误差小等优点,适用于脚踝康复[42]。目前已经有研究者利用气动肌肉驱动器设计了并联脚踝康复机器人。新西兰奥克兰大学设计了一种气动肌肉驱动的 3-DOF 脚踝康复机器人[43]。Sawicki 等设计了一种可同时用于膝关节和踝关节康复的气动肌肉驱动的并联康复机器人[44]。气动肌肉只能施加单向的拉力,必须有冗余力才能实现机器人平台的力闭合,换句话说,为实现 n 个运动自由度,最少必须有 $n+1$ 根气动肌肉进行驱动[45]。因此,本书设计的脚踝并联康复机器人由 3 根气动肌肉驱动,可以实现背屈/跖屈、内翻/外翻 2 个自由度。

气动肌肉驱动的 2-DOF 脚踝康复机器人机构模型如图 3-25 所示,由动平台、定平台和气动肌肉等部分组成。定平台上有 3 个固定孔,柔索穿过固定孔,

一端与动平台相连,一端通过定滑轮与气动肌肉相连。动平台由 3 根并行的
FESTO 气动肌肉驱动,能够保证其具有较大的力/力矩输出能力,可以满足脚
踝康复训练需求。定平台与动平台(末端执行器)之间通过固定支柱连接,这种
结构能够保证当气动肌肉长度改变时,动平台在实现两个旋转自由度的同时能
够限制其在水平和垂直方向上的位移。为了降低机器人的高度,使其更易于脚
踝康复,3 根气动肌肉水平放置,并使用 3 个固定滑轮来改变驱动力的方向。在
这种情况下,机器人的整体高度只有 0.3 m。

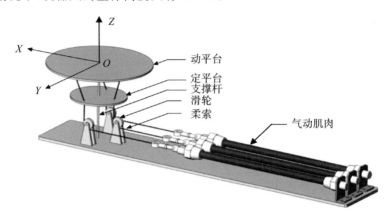

图 3-25 气动肌肉驱动的 2-DOF 脚踝康复机器人机构模型

动平台和定平台的主要参数如图 3-26 所示,$b_i(i=1,2,3)$ 为柔索和动平台
的连接点,$B_i(i=1,2,3)$ 为定平台上柔索通过的小孔位置。O' 为动平台与支撑
杆的连接点,h_1 和 h_2 分别为 $O'b_1$、$O'b_2$ 的长度,$O'b_3$ 与 $O'b_2$ 的长度相等。O 为
定平台与支撑杆的连接点,H_1 和 H_2 分别为 OB_1、OB_2 的长度,OB_3 与 OB_2 的
长度相等。各参数取值:$h_1=0.07$ m,$h_2=0.08$ m,$H_1=0.05$ m,$H_2=0.06$ m,
$\alpha=50°$,$\beta=60°$,O' 到 O 的长度为 $H=0.09$ m。

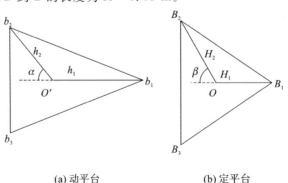

(a) 动平台　　　　　　　(b) 定平台

图 3-26 动平台和定平台的主要参数

3.3.2 脚踝康复机器人运动学模型

2-DOF 脚踝康复机器人的运动学模型与六自由度下肢康复机器人一样,可分为正向运动学模型和逆向运动学模型。本节将先介绍机器人的逆向运动学模型,进而基于逆向运动学模型提出一种基于迭代算法的正向运动学计算方法。

1. 逆向运动学模型

图 3-27 展示了动平台和定平台通过柔索连接的简图。建立定平台坐标系为 $O\text{-}XYZ$,动平台坐标系为 $O'\text{-}X'Y'Z'$,动平台连接点坐标为 $b_i(i=1,2,3)$,定平台连接点坐标为 $B_i(i=1,2,3)$。逆向运动学模型,即根据给定的动平台角度坐标,计算机器人各支关节所需达到的长度矢量。

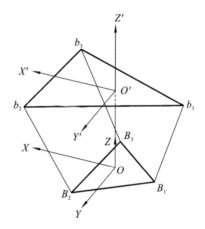

图 3-27 并联机器人几何模型矢量图

定义动平台的任务空间位置向量 $\boldsymbol{q}=[\theta,\phi,\gamma]^{\mathrm{T}}$,$\theta$ 为动平台绕 X' 轴旋转的角度,ϕ 为动平台绕 Y' 轴旋转的角度,由于动平台不能绕 Z' 轴旋转,因此,绕 Z' 轴旋转的角度 $\gamma=0$。定义关节空间各支机构长度向量为 $\boldsymbol{l}=[l_1,l_2,l_3]^{\mathrm{T}}$,其中 l_i 为第 i 支执行机构的长度。根据所建立的机构几何模型,可计算动平台各连接点 b_i 和定平台各连接点 B_i 在各自坐标系中的坐标,如下所示:

$$
\begin{cases}
\boldsymbol{b}_1 = [-h_1,0,0]^{\mathrm{T}} \\
\boldsymbol{b}_2 = [h_2\cos\alpha,h_2\sin\alpha,0]^{\mathrm{T}} \\
\boldsymbol{b}_3 = [h_2\cos\alpha,-h_2\sin\alpha,0]^{\mathrm{T}}
\end{cases}
\tag{3-16}
$$

$$
\begin{cases}
\boldsymbol{B}_1 = [H_1,0,0]^{\mathrm{T}} \\
\boldsymbol{B}_2 = [H_2\cos\beta,H_2\sin\beta,0]^{\mathrm{T}} \\
\boldsymbol{B}_3 = [H_2\cos\beta,-H_2\sin\beta,0]^{\mathrm{T}}
\end{cases}
\tag{3-17}
$$

由图 3-27 所示的几何模型矢量图,可知第 i 支执行机构矢量式可表达为

$$\boldsymbol{L}_i = \overrightarrow{OO'} + \boldsymbol{R}\overrightarrow{O'b_i} - \overrightarrow{OB_i} \quad i = 1,2,3 \tag{3-18}$$

其中 $\overrightarrow{OO'}$ 为定平台中心坐标指向动平台中心坐标的位置矢量;$\overrightarrow{O'b_i}$、$\overrightarrow{OB_i}$ 为机器人机构的固有参数,与机器人动平台的运动状态无关;$\boldsymbol{R}$ 是机器人动平台的旋转矩阵,由动平台的旋转运动量 $[\theta,\phi,\gamma]^{\mathrm{T}}$ 确定。由于所设计的机器人只能绕 X' 轴和 Y' 轴旋转,所以 $\gamma = 0$,动平台的旋转角度可以表示为 $\boldsymbol{q} = [\theta,\phi]^{\mathrm{T}}$。由初始位置旋转至现在位置的具体过程可解释为:平台从初始位置 $M^{(0)}$ 绕 Y' 轴旋转 ϕ 角度后到达 $M^{(1)}$,然后绕 X' 轴转过 θ 角度后到达现在的位置 M。其中每一次旋转产生的矩阵用式(3-19)所示的 $\boldsymbol{R}_y$ 和 $\boldsymbol{R}_x$ 表示,则平台最终的旋转矩阵由式(3-20)表示。

$$\boldsymbol{R}_y = \begin{bmatrix} \cos\phi & 0 & \sin\phi \\ 0 & 1 & 0 \\ -\sin\phi & 0 & \cos\phi \end{bmatrix}, \boldsymbol{R}_x = \begin{bmatrix} 1 & 0 & 0 \\ 0 & \cos\theta & -\sin\theta \\ 0 & \sin\theta & \cos\theta \end{bmatrix} \tag{3-19}$$

$$\boldsymbol{R} = \boldsymbol{R}_y\boldsymbol{R}_x = \begin{bmatrix} \cos\phi & \sin\phi\sin\theta & \sin\phi\cos\theta \\ 0 & \cos\theta & -\sin\theta \\ -\sin\phi & \cos\phi\sin\theta & \cos\phi\cos\theta \end{bmatrix} \tag{3-20}$$

根据式(3-18)至式(3-20),可得关节空间执行机构长度为

$$l_i = \| \boldsymbol{L}_i \| = \| \overrightarrow{OO'} + \boldsymbol{R}\overrightarrow{O'b_i} - \overrightarrow{OB_i} \| \quad i = 1,2,3 \tag{3-21}$$

此为 2-DOF 脚踝康复机器人的运动学逆解。根据机器人动平台的任意位置向量计算各气动肌肉驱动器的期望长度,然后根据计算的气动肌肉驱动器的期望长度,即可实现动平台轨迹的控制。这是机器人运动控制的基础。

2. 正向运动学模型

2-DOF 脚踝康复机器人的正向运动学问题,是指通过当前气动肌肉驱动器的长度 $\boldsymbol{l}_0 = [l_{10},l_{20},l_{30}]^{\mathrm{T}}$,求得机器人的动平台的角度向量 $\boldsymbol{q} = [\theta,\phi,\gamma]^{\mathrm{T}}$。由于所设计的脚踝康复机器人未安装角度传感器,而气动肌肉的收缩长度可以通过位移传感器获得,因此需要对正向运动学进行研究。对于并联机器人,给定一组气动肌肉的长度,可能有多个动平台位置与之对应,一般的运动学正解无法获得闭合形式的解[46]。因此,本书提出了一种基于位移误差补偿的 BP(反向传播)神经网络算法,利用迭代算法对 BP 神经网络进行误差补偿,从而获得更加精确的 2-DOF 脚踝康复机器人的运动学正解。

BP 神经网络是一种多层前馈神经网络,包括输入层、输出层和隐含层,其中可以有多个隐含层。BP 神经网络的输入层和输出层的节点数由实际问题的维数决定,而隐含层的节点数和层数可以通过多层实验进行选择,在本次实验中,选择隐含层的层数为 1,节点数为 5。

2-DOF 脚踝康复机器人的正向运动学是指通过 3 根气动肌肉的位移求得机器人末端动平台的旋转角度,所以 BP 神经网络的输入为 3 根气动肌肉的长度 $l_0 = [l_{10}, l_{20}, l_{30}]^T$,因而输入有 3 个节点;输出为末端动平台的角度 $q = [\theta, \phi]^T$,所以 BP 神经网络有 2 个输出节点。因此,机器人正向运动学的 BP 神经网络结构如图 3-28 所示。BP 神经网络的训练数据由逆向运动学求得。

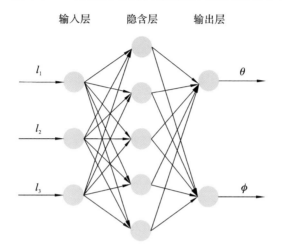

图 3-28　BP 神经网络结构简图

而仅用 BP 神经网络计算得到的位置正解的精确度不够高,因此采用迭代算法进行误差补偿,其算法流程如图 3-29 所示。

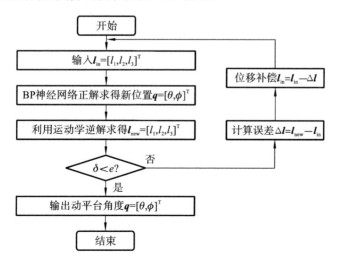

图 3-29　位移误差补偿算法流程

将所要求的气动肌肉的位移 $l_0 = [l_{10}, l_{20}, l_{30}]^\mathrm{T}$ 作为图 3-29 中的初始输入。由于 BP 神经网络的预测角度存在误差,所以对于 BP 神经网络预测得到的角度,利用逆向运动学得到的气动肌肉的位移 $l_{\mathrm{new}} = [l_1, l_2, l_3]^\mathrm{T}$ 与气动肌肉的初始位移之间必定存在误差,其误差 δ 由式(3-22)确定。

$$\delta = \left[(l_1 - l_{10})^2 + (l_2 - l_{20})^2 + (l_3 - l_{30})^2 \right]^{1/2} \tag{3-22}$$

要想提高 BP 神经网络的求解精度,就要使 l_{new} 尽可能地逼近 l_0,即尽可能地减小 δ。所以,要提前设定一个目标误差 e,当 $\delta < e$ 时,输出当前动平台的角度 $q = [\theta, \phi]^\mathrm{T}$,若 $\delta \geq e$,则计算 l_0 与 l_{new} 之间的偏差,继续进行误差补偿运算,直至满足误差要求,迭代停止,输出当前动平台的角度。

为了说明该位移误差补偿算法的有效性,下面对该算法的机理做进一步分析。令 $\Delta l = [\Delta l_1, \Delta l_2, \Delta l_3]^\mathrm{T}$,当 $\Delta l_i > 0 (i = 1, 2, 3)$ 时,$l_i > l_{i0}$,说明经过 BP 神经网络正解,放大了动平台的角度 q,从而通过运动学逆解得到的驱动器位移偏大,因此需要缩小 BP 神经网络的输入,减小运动学正解的误差。同理,当 $\Delta l_i < 0 (i = 1, 2, 3)$ 时,采用此方法也可以减小运动学正解的误差。

通过仿真实验验证上述建立的运动学模型的正确性。2-DOF 脚踝康复机器人的逆向运动学和正向运动学模型仿真结果如图 3-30 所示。

在图 3-30 中,图(a)所示为康复机器人动平台的末端轨迹,图(b)所示为通过逆向运动学计算得到的 3 根气动肌肉的位移。由于所设计的机器人是通过柔索牵引的,改变柔索的长度可以使 3 根气动肌肉的期望位移从 0 开始,并且通过改变柔索长度可以保证 3 根气动肌肉时刻处于拉伸状态,因此图(b)所示的 3 根气动肌肉的位移为减去一个初始位移后的期望位移。图(c)所示为 3 根气动肌肉的期望速度,图(d)所示为利用正向运动学计算得到的动平台末端的估计运动轨迹,图(e)所示为动平台的期望速度。图(f)所示为利用正向运动学模型求得动平台末端轨迹后再求解得到的动平台的速度。可以看出利用正向运动学模型求解的动平台轨迹和速度与期望的动平台末端轨迹和速度相同,验证了运动学模型的正确性。

3.3.3 脚踝康复机器人动力学模型

1. 动力学模型

2-DOF 脚踝康复机器人动力学模型描述了输出力矩与期望的动平台角度和角速度之间的关系[47],在机器人控制中特别是基于模型的控制方法中具有重要作用[34]。定义动平台的广义位置向量为

$$q = [\theta, \phi, \gamma]^\mathrm{T} = [\theta, \phi, 0]^\mathrm{T} \tag{3-23}$$

则动平台的广义速度向量为

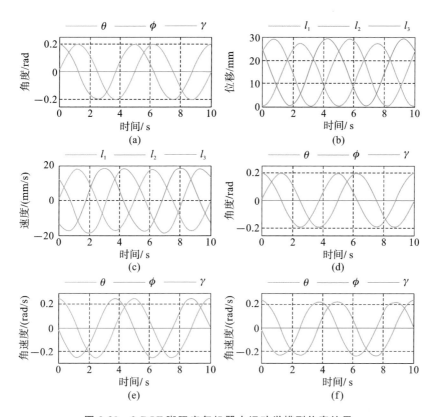

图 3-30　2-DOF 脚踝康复机器人运动学模型仿真结果

$$\dot{\boldsymbol{q}} = \boldsymbol{\omega} = \boldsymbol{E} \cdot \begin{bmatrix} \dot{\theta} \\ \dot{\phi} \\ \dot{\gamma} \end{bmatrix} = \boldsymbol{E} \cdot \begin{bmatrix} \dot{\theta} \\ \dot{\phi} \\ 0 \end{bmatrix} \tag{3-24}$$

其中：

$$\boldsymbol{E} = \begin{bmatrix} \cos\gamma\cos\phi & -\sin\phi & 0 \\ \sin\gamma\cos\phi & \cos\gamma & 0 \\ -\sin\phi & 0 & 1 \end{bmatrix} = \begin{bmatrix} \cos\phi & -\sin\phi & 0 \\ 0 & 1 & 0 \\ -\sin\phi & 0 & 1 \end{bmatrix} \tag{3-25}$$

动平台质心的速度为

$$\boldsymbol{v}_{\mathrm{m}} = \boldsymbol{\omega} \times \boldsymbol{R}\boldsymbol{r}_{\mathrm{m}} \tag{3-26}$$

其中：$\boldsymbol{r}_{\mathrm{m}}$ 为动平台质心在动平台坐标系中的坐标（质心坐标与动平台原点坐标不重合）。所以，动平台质心的加速度为

$$\dot{\boldsymbol{v}}_{\mathrm{m}} = \widetilde{\boldsymbol{\omega}}^2 (\boldsymbol{R}\boldsymbol{r}_{\mathrm{m}}) \tag{3-27}$$

其中：$\widetilde{\boldsymbol{\omega}}$ 为 $\boldsymbol{\omega}$ 的螺旋矩阵。对于向量 $\boldsymbol{\mu} = [u_x, u_y, u_z]^{\mathrm{T}}$，其螺旋矩阵为

$$\widetilde{\boldsymbol{\mu}} = \begin{bmatrix} 0 & -u_z & u_y \\ u_z & 0 & -u_x \\ -u_y & u_x & 0 \end{bmatrix} \tag{3-28}$$

2-DOF 脚踝康复机器人动平台的动力学模型可以写成如下形式:

$$m\boldsymbol{R}\boldsymbol{r}_{\mathrm{m}} \times \dot{\boldsymbol{v}}_{\mathrm{m}} + \frac{\mathrm{d}(\boldsymbol{R}\boldsymbol{I}_{\mathrm{p}}\boldsymbol{R}^{\mathrm{T}}\boldsymbol{\omega})}{\mathrm{d}t} = \boldsymbol{\tau} + m\boldsymbol{R}\boldsymbol{r}_{\mathrm{m}} \times \boldsymbol{g} \tag{3-29}$$

其中:m 为动平台的质量;$\boldsymbol{I}_{\mathrm{p}}$ 为动平台相对于自身原点的转动惯量;$\boldsymbol{\tau}$ 为机器人的末端力矩;$\boldsymbol{g}$ 为重力加速度向量。这里

$$\boldsymbol{I}_{\mathrm{p}} = \begin{bmatrix} I_X & 0 & 0 \\ 0 & I_Y & 0 \\ 0 & 0 & I_Z \end{bmatrix} \tag{3-30}$$

由式(3-29)得

$$m\boldsymbol{R}\boldsymbol{r}_{\mathrm{m}} \times \dot{\boldsymbol{v}}_{\mathrm{m}} + \boldsymbol{R}\boldsymbol{I}_{\mathrm{p}}\boldsymbol{R}^{\mathrm{T}}\dot{\boldsymbol{\omega}} + \widetilde{\boldsymbol{\omega}}\boldsymbol{R}\boldsymbol{I}_{\mathrm{p}}\boldsymbol{R}^{\mathrm{T}}\boldsymbol{\omega} = \boldsymbol{\tau} + m\boldsymbol{R}\boldsymbol{r}_{\mathrm{m}} \times \boldsymbol{g} \tag{3-31}$$

将式(3-27)代入式(3-31)可以得到

$$\boldsymbol{R}\boldsymbol{I}_{\mathrm{p}}\boldsymbol{R}^{\mathrm{T}}\ddot{\boldsymbol{q}} + \widetilde{\boldsymbol{\omega}}\boldsymbol{R}\boldsymbol{I}_{\mathrm{p}}\boldsymbol{R}^{\mathrm{T}}\dot{\boldsymbol{q}} + m\widetilde{\boldsymbol{R}}_{r_{\mathrm{m}}}\widetilde{\boldsymbol{\omega}}^2\boldsymbol{R}\boldsymbol{r}_m - m\widetilde{\boldsymbol{R}}_{r_{\mathrm{m}}}\boldsymbol{g} = \boldsymbol{\tau} \tag{3-32}$$

其中:$\widetilde{\boldsymbol{R}}_{r_{\mathrm{m}}}$ 表示 $\boldsymbol{R}\boldsymbol{r}_{\mathrm{m}}$ 的螺旋矩阵。

将式(3-32)改写为式(3-33)所示的形式:

$$\boldsymbol{M}(\boldsymbol{q})\ddot{\boldsymbol{q}} + \boldsymbol{C}(\boldsymbol{q},\dot{\boldsymbol{q}})\dot{\boldsymbol{q}} + \boldsymbol{G}(\boldsymbol{q}) = \boldsymbol{\tau} \tag{3-33}$$

其中:$\boldsymbol{M}(\boldsymbol{q})$ 是并联脚踝康复机器人的惯性矩阵;$\boldsymbol{C}(\boldsymbol{q},\dot{\boldsymbol{q}})$ 是并联脚踝康复机器人的离心力、科氏力矩阵;$\boldsymbol{G}(\boldsymbol{q})$ 为并联脚踝康复机器人的重力向量,且

$$\begin{cases} \boldsymbol{M}(\boldsymbol{q}) = \boldsymbol{R}\boldsymbol{I}_{\mathrm{p}}\boldsymbol{R}^{\mathrm{T}} \\ \boldsymbol{C}(\boldsymbol{q},\dot{\boldsymbol{q}})\dot{\boldsymbol{q}} = \widetilde{\boldsymbol{\omega}}\boldsymbol{R}\boldsymbol{I}_{\mathrm{p}}\boldsymbol{R}^{\mathrm{T}}\dot{\boldsymbol{q}} + m\widetilde{\boldsymbol{R}}_{r_{\mathrm{m}}}\widetilde{\boldsymbol{\omega}}^2\boldsymbol{R}\boldsymbol{r}_m \\ \boldsymbol{G}(\boldsymbol{q}) = -m\widetilde{\boldsymbol{R}}_{r_{\mathrm{m}}}\boldsymbol{g} \end{cases} \tag{3-34}$$

式(3-33)即为 2-DOF 并联脚踝康复机器人的动力学模型。

2. 雅可比矩阵

2-DOF 脚踝康复机器人的动平台的位置与 3 根气动肌肉的位移之间的关系可以通过正逆向运动学模型表示。而其速度之间的关系可以通过雅可比矩阵进行转换。而且,机器人的末端力矩 $\boldsymbol{\tau}$ 和各气动肌肉的驱动力 $\boldsymbol{F}$ 之间的关系可以通过雅可比矩阵进行转换,即 $\boldsymbol{\tau} = \boldsymbol{J}^{\mathrm{T}}\boldsymbol{F}$,其中,$\boldsymbol{J}$ 为机器人的雅可比矩阵。设定 2-DOF 脚踝康复机器人的气动肌肉在关节空间的速度矢量为 $\dot{\boldsymbol{l}} = [\dot{l}_1, \dot{l}_2, \dot{l}_3]^{\mathrm{T}}$,机器人动平台末端角速度 $\boldsymbol{\omega}$ 如式(3-24)所示。利用雅可比矩阵将二者联系起来,可以表示为

$$\boldsymbol{\omega} = \boldsymbol{J}^{-1}\dot{\boldsymbol{l}}, \quad \dot{\boldsymbol{l}} = \boldsymbol{J}\boldsymbol{\omega} \tag{3-35}$$

气动肌肉的位移可以用式(3-36)表示:

$$l_i^2 = \mathbf{L}_i^{\mathrm{T}}\mathbf{L}_i \quad i = 1,2,3 \tag{3-36}$$

对式(3-36)的两边进行微分可得

$$2l_i\dot{l}_i = \dot{\mathbf{L}}_i^{\mathrm{T}}\mathbf{L}_i + \mathbf{L}_i^{\mathrm{T}}\dot{\mathbf{L}}_i \tag{3-37}$$

将式(3-21)代入式(3-37)可得

$$2l_i\dot{l}_i = (\dot{\mathbf{R}}\overrightarrow{O'b_i})^{\mathrm{T}}(\overrightarrow{OO'} + \mathbf{R}\overrightarrow{O'b_i} - \overrightarrow{OB_i}) + (\overrightarrow{OO'} + \mathbf{R}\overrightarrow{O'b_i} - \overrightarrow{OB_i})^{\mathrm{T}}(\dot{\mathbf{R}}\overrightarrow{O'b_i})$$
$$\tag{3-38}$$

由于

$$\mathbf{a}^{\mathrm{T}}\mathbf{b} + \mathbf{b}^{\mathrm{T}}\mathbf{a} = 2\mathbf{a}^{\mathrm{T}}\mathbf{b} = 2\mathbf{b}^{\mathrm{T}}\mathbf{a} \tag{3-39}$$

其中:$\mathbf{a}$ 和 $\mathbf{b}$ 均为列向量。

因此由式(3-38)和式(3-39)可得

$$l_i\dot{l}_i = (\overrightarrow{OO'} + \mathbf{R}\overrightarrow{O'b_i} - \overrightarrow{OB_i})^{\mathrm{T}}(\dot{\mathbf{R}}\overrightarrow{O'b_i})$$
$$= \mathbf{L}_i^{\mathrm{T}}(\dot{\mathbf{R}}\overrightarrow{O'b_i}) \tag{3-40}$$

又因为

$$\dot{\mathbf{R}} = \boldsymbol{\omega} \times \mathbf{R} \tag{3-41}$$

所以由式(3-40)和式(3-41)可得

$$l_i\dot{l}_i = \mathbf{L}_i^{\mathrm{T}}(\boldsymbol{\omega} \times \mathbf{R}\overrightarrow{O'b_i}) \tag{3-42}$$

式(3-42)可以改写为

$$l_i\dot{l}_i = (\mathbf{R}\overrightarrow{O'b_i} \times \mathbf{L}_i)^{\mathrm{T}}\boldsymbol{\omega} \tag{3-43}$$

对于 2-DOF 并联脚踝康复机器人,式(3-43)可以写为

$$\begin{bmatrix} v_{l_1} \\ v_{l_2} \\ v_{l_3} \end{bmatrix} = \begin{bmatrix} (\mathbf{R}\overrightarrow{O'b_1} \times \mathbf{e}_1)^{\mathrm{T}} \\ (\mathbf{R}\overrightarrow{O'b_2} \times \mathbf{e}_2)^{\mathrm{T}} \\ (\mathbf{R}\overrightarrow{O'b_3} \times \mathbf{e}_3)^{\mathrm{T}} \end{bmatrix}\boldsymbol{\omega} \tag{3-44}$$

其中:$\mathbf{e}_i = \mathbf{L}_i/l_i$,为第 i 个气动肌肉位置向量的单位向量。

式(3-44)满足雅可比矩阵的定义式 $\dot{\mathbf{l}} = \mathbf{J}\boldsymbol{\omega}$,所以 2-DOF 脚踝康复机器人的雅可比矩阵可以表示为

$$\mathbf{J} = (\mathbf{R}\overrightarrow{O'b_i} \times \mathbf{e})^{\mathrm{T}} \tag{3-45}$$

其中:$\mathbf{e} = [\mathbf{e}_1, \mathbf{e}_2, \mathbf{e}_3]^{\mathrm{T}}$。

图 3-31 所示为 2-DOF 脚踝康复机器人的动力学模型仿真结果,其中,图(a)所示为康复机器人动平台末端的期望轨迹,图(b)所示为在该轨迹下利用动力学模型计算得到的力矩,图(c)所示为利用雅可比矩阵计算得到的气动肌肉的驱动力,图(d)所示为利用动力学正解重新计算得到的末端力矩。仿真结果验证了动力学模型的正确性。

3.3.4 脚踝康复机器人系统集成

基于对 2-DOF 并联脚踝康复机器人的运动学和动力学模型的研究,根据

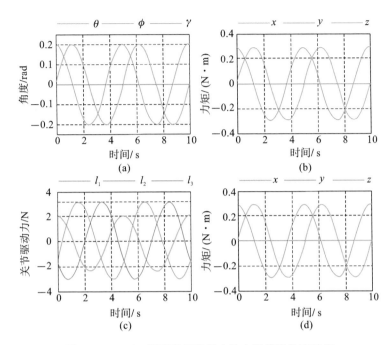

图 3-31 2-DOF 脚踝康复机器人动力学模型仿真结果

人体脚踝运动范围和力矩能力,创建实际环境下由气动肌肉驱动的并联脚踝康复机器人平台,如图 3-32 所示。该平台主要包括机器人本体结构、各种数据采集卡和上位机等部分。其中机器人本体结构主要由定平台、动平台和三根气动肌肉(FESTO MAS-20-400N)组成。动平台上配有挡板和绑带,用于对患者的脚部进行固定。三根气动肌肉的内部气压分别由三个气压比例阀(FESTO VPPM-6L-L-1-G18-0L6H)控制。机器人的动平台上安装有六轴力/力矩传感器(ATI Mini 85),用以测量患者脚踝与机器人进行交互时,在 X、Y、Z 三个方向的力和力矩。同时,在三根气动肌肉的末端还配有单轴力传感器(JLBS-120kg),用于测量三根气动肌肉的实时拉力。

机器人由三根气动肌肉拉动钢丝柔索进行驱动。为了降低机器人平台的高度,方便患者进行康复训练,气动肌肉采用水平的放置方式。气动肌肉的一端与力传感器相连,并且固定在平台框架上,另一端与钢丝柔索相连。三根钢丝柔索经过定滑轮转向之后,穿过定平台上的三个孔洞,进而与动平台相连接。气动肌肉正是通过这种方式带动钢丝柔索运动,进而驱动动平台完成相应动作的。定平台上的固定孔洞由表面光滑且为圆柱面的塑料材料制成,这样可减小钢丝柔索与孔洞之间的摩擦力。动平台与定平台之间垂直放置了一个刚性支撑杆,支撑杆下端与定平台固定,上端通过虎克铰与动平台相连。虎克铰限制

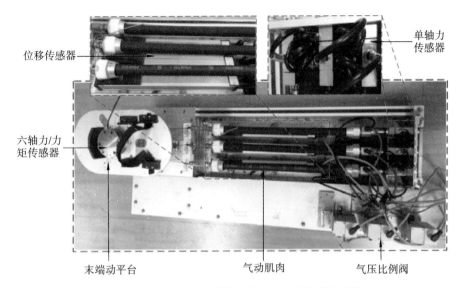

位移传感器

单轴力
传感器

六轴力/力
矩传感器

末端动平台　　　气动肌肉　　　气压比例阀

图 3-32　气动肌肉驱动的并联脚踝康复机器人平台

了动平台在轴向的旋转运动,保证动平台只有两个旋转自由度。

机器人系统的工作原理如图 3-33 所示,数据采集卡主要实现机器人与上位机之间的通信,包括 roboRIO、USB6210 和 USB7660BD。其中,roboRIO 和 USB6210 主要用于模拟信号输入,USB7660BD 用于模拟信号输出。气动肌肉通过气源供气,供气量由气压比例阀的输入电压决定。三根气动肌肉的位移由位移传感器(MLO-POT-224-TLF)采集后,通过 roboRIO 的模拟输入端口传输给上位机。而六轴力传感器的信号经放大器处理后,则通过 USB6210 的模拟输入端口传输给上位机进行处理。三根气动肌肉的内部气压控制信号则通过 USB7660BD 的模拟输出端口传输给气压比例阀。气压比例阀可以根据该电压信号调节气动肌肉的进气量,进而控制其进行相应的运动。

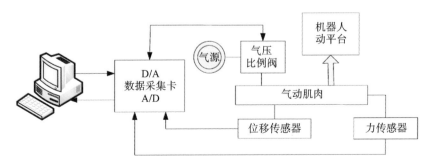

图 3-33　气动肌肉驱动的脚踝康复机器人系统的工作原理

针对气动肌肉驱动的 2-DOF 脚踝康复机器人,其控制系统结构如图 3-34 所示。在控制过程中,首先根据机器人控制模式设定动平台期望轨迹,上位机控制系统根据运动学模型和动力学模型计算每根气动肌肉的期望位移和控制力,根据气动肌肉模型计算并生成所需的内部气压控制指令。上位机通过数据采集卡(USB7660BD)将控制指令传给气压比例阀,以控制气动肌肉的充放气量,使每根气动肌肉实现期望位移。机器人的动平台在三根气动肌肉的带动下沿着预定轨迹运动。同时,单轴力传感器和六轴力/力矩传感器的数据也经由数据采集卡传送至上位机。其中,在位移控制模式中,上位机将根据反馈的三根气动肌肉的位移信号,通过正向运动学计算出机器人末端动平台的角度轨迹,并和期望轨迹进行比较,不断生成新的气压控制指令,对各气动肌肉进行实时调整。在力控制模式中,上位机还将考虑人机交互力,从而调整气压控制量。

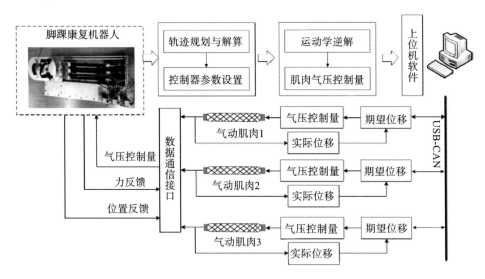

图 3-34 脚踝康复机器人的控制系统结构

3.4 本章小结

本章首先研究了面向下肢康复的六自由度并联机器人模型和控制系统,建立了六自由度并联机器人的运动学和动力学模型,为下肢康复机器人的运动控制奠定了基础。然后根据脚踝康复需求并结合气动肌肉的仿生柔性驱动特性设计了一种 2-DOF 气动肌肉驱动的并联脚踝康复机器人。针对所设计的多自由度并联机构柔性驱动的机器人,建立了正逆向运动学和动力学模型,为后续章节中机器人的高性能运动控制研究奠定了基础。本章还分别简单论述了我们所开发的刚性下肢康复机器人和柔性脚踝康复机器人的硬件系统的集成。

本章参考文献

［1］ GWINNETT J E. Amusement device［M］. US，1931.

［2］ POLLARD W L G. Spray painting machine［M］. US，1940.

［3］ CAPPEL K L. Motion simulator［M］. US，1967.

［4］ BONEV I. The true origins of parallel robots［J］. 2003.

［5］ HUNT K H. Kinematic geometry of mechanism ［M］. Clarendon Press，1978.

［6］ FICHTER E F. A Stewart-platform based manipulator：general theory and practical construction［M］. Sage Publications，1986.

［7］ MCCALLION H. The analysis of a six degree of freedom work station for mechanized assembly［C］. Proc World Congress for the Theory of Machines and Mechanisms，1979.

［8］ MERLET J P. Singular configurations of parallel manipulators and grassmann geometry［J］. Int J of Robotics Research，1989，8（5）：194-212.

［9］ 杜铁军. 机器人误差补偿器研究［D］.秦皇岛：燕山大学，1994.

［10］ SORLI M，FERRARESI C，KOLARSKI M，et al. Mechanics of turin parallel robot［J］. Mechanism and Machine Theory，1997，32（32）：51-77.

［11］ TSAI L W. Robot analysis and design：the mechanics of serial and parallel manipulators［M］. Wiley，1999.

［12］ HUNT K H. Structural kinematics of in-parallel-actuated robot-arms ［J］. Trans ASME J of Mechanisms Transmissions and Automation in Design，1983，105(4)：704-712.

［13］ CLAVEL R. A fast robot with parallel geometry［C］. Proc Int Symposium on Industrial Robots，1988.

［14］ STAMPER R E，TSAI L W，WALSH G C. Optimization of a three DOF translational platform for well-conditioned workspace［C］// IEEE International Conference on Robotics and Automation. IEEE，1997.

［15］ TSAI L W，WALSH G C，STAMPER R E. Kinematics of a novel three DOF translational platform［C］//IEEE International Conference on Robotics and Automation. IEEE，1996.

[16] GOSSELIN C，ST-PIERRE E，CLÉMENT M. On the development of the agile eye[J]. IEEE Robotics and Automation Magazine，1996，3(4)：29-37.

[17] HUANG Z，FANG Y F. Kinematic characteristics analysis of 3 DOF in-parallel actuated pyramid mechanisms[J]. Mechanism and Machine Theory，1996，31(8)：1009-1018.

[18] HERVÉ J M. The Lie group of rigid body displacements，a fundamental tool for mechanism design[J]. Mechanism and Machine Theory，1999，34(5)：719-730.

[19] 艾青林，黄伟锋，张洪涛，等. 并联机器人刚度与静力学研究现状与进展[J]. 力学进展，2012，42(5)：583-592.

[20] 刘善增，余跃庆，侣国宁，等. 3 自由度并联机器人的运动学与动力学分析[J]. 机械工程学报，2009，45(8)：11-17.

[21] 朱思俊. 少自由度并联机构运动学及五自由度并联机构的相关理论[D]. 秦皇岛：燕山大学，2007.

[22] ZHOU Z，MENG W，AI Q，et al. Practical velocity tracking control of a parallel robot based on fuzzy adaptive algorithm[J]. Advances in Mechanical Engineering，2013：323-335.

[23] LU R，LI Z，SU C Y，et al. Development and learning control of a human limb with a rehabilitation exoskeleton[J]. IEEE Transactions on Industrial Electronics，2014，61(7)：3776-3785.

[24] NEF T，MIHELJ M，KIEFER G，et al. ARMin - exoskeleton for arm therapy in stroke patients[C]//IEEE International Conference on Rehabilitation Robotics. IEEE，2007.

[25] 沈捷，刘成良，杨桂林，等. 5 自由度康复治疗机械手的设计与仿真[J]. 上海交通大学学报，2006，40(11)：1813-1817.

[26] LUM S P，LEHMAN S L，REINKENSMEYER D J. The bimanual lifting rehabilitator：an adaptive machine for therapy of stroke patients[J]. IEEE Transactions on Rehabilitation Engineering，1995，3(2)：166-174.

[27] ITO S，KAWASAKI H，ISHIGURE Y，et al. A design of fine motion assist equipment for disabled hand in robotic rehabilitation system[J]. Journal of the Franklin Institute，2011，348(1)：79-89.

[28] HUSSAIN S，XIE S Q，JAMWAL P K，et al. An intrinsically compliant robotic orthosis for treadmill training［J］. Medical Engineering and Physics，2012，34(10)：1448-1453.

[29] ZEILIG G，WEINGARDEN H，ZWECKER M，et al. Safety and tolerance of the ReWalk（TM）exoskeleton suit for ambulation by people with complete spinal cord injury：a pilot study［J］. Journal of Spinal Cord Medicine，2012，35(2)：96-101.

[30] SAGLIA J A，TSAGARAKIS N G，DAI J S，et al. A high-performance redundantly actuated parallel mechanism for ankle rehabilitation［J］. International Journal of Robotics Research，2009，28(9)：1216-1227.

[31] TSOI Y H，XIE S Q，MALLINSON G D. Joint force control of parallel robot for ankle rehabilitation［C］//IEEE International Conference on Control and Automation. IEEE，2010.

[32] XIE S Q，JAMWAL P K. An iterative fuzzy controller for pneumatic muscle driven rehabilitation robot［J］. Expert Systems with Applications，2011，38(7)：8128-8137.

[33] HARIB，K，SRINIVASAN K. Kinematic and dynamic analysis of Stewart platform-based machine tool structures［J］. ［s. n.］，2003，21(5)：541-554.

[34] TSAI L W. Solving the inverse dynamics of a Stewart-Gough manipulator by the principle of virtual work［J］. Journal of Mechanical Design，2000，122(1)：3-9.

[35] 隋立明，张立勋. 气动肌肉驱动步态康复训练外骨骼装置的研究［J］. 哈尔滨工程大学学报，2011，32(9)：1244-1248.

[36] MASCARO T B，SWANSON L E. Rehabilitation of the foot and ankle［J］. Orthopedic Clinics of North America，1994，25(1).

[37] MATTACOLA C G，DWYER M K. Rehabilitation of the ankle after acute sprain or chronic instability［J］. J Athl Train，2002，37(4)：413-429.

[38] SIEGLER S，CHEN J，SCHNECK C D. The three-dimensional kinematics and flexibility characteristics of the human ankle and subtalar joints Part I：kinematics［J］. Journal of Biomechanical Engineering，1988，110(4)：364-373.

[39] PARENTEAU C S, VIANO D C, PETIT P Y. Biomechanical properties of human cadaveric ankle-subtalar joints in quasi-static loading[J]. Journal of Biomechanical Engineering, 1998, 120(1): 104-111.

[40] 朱坚民, 黄春燕, 雷静桃, 等. 气动肌腱驱动的拮抗式仿生关节位置/刚度控制[J]. 机械工程学报, 2017, 53(13): 64-74.

[41] BEYL P, DAMME M V, HAM R V, et al. Design and control of a lower limb exoskeleton for robot-assisted gait training[J]. Applied Bionics and Biomechanics, 2009, 6(2): 229-243.

[42] DZAHIR M A M, YAMAMOTO S. Recent trends in lower-limb robotic rehabilitation orthosis: control scheme and strategy for pneumatic muscle actuated gait trainers[J]. Robotics, 2014, 3(2): 120-148.

[43] JAMWAL P K, XIE S Q, HUSSAIN S, et al. An adaptive wearable parallel robot for the treatment of ankle injuries[J]. IEEE/ASME Transactions on Mechatronics, 2014, 19(1): 64-75.

[44] SAWICKI G S, FERRIS D P. A pneumatically powered knee-ankle-foot orthosis (KAFO) with myoelectric activation and inhibition[J]. Journal of NeuroEngineering and Rehabilitation, 2009, 6(1): 1-16.

[45] PUSEY J, FATTAHA, AGRAWAL S, et al. Design and workspace analysis of a 6-6 cable-suspended parallel robot[C]. IEEE/RSJ International Conference on Intelligent Robots and Systems, 2004.

[46] YANG X L, WU H T, LI Y, et al. A dual quaternion solution to the forward kinematics of a class of six-DOF parallel robots with full or reductant actuation[J]. Mechanism and Machine Theory, 2017, 107: 25-36.

[47] YU Y Q, DU Z C, YANG J X, et al. An experimental study on the dynamics of a 3-RRR flexible parallel robot[J]. IEEE Transactions on Robotics, 2011, 27(5): 992-997.

第4章
下肢康复机器人的力反馈交互控制

前面介绍了六自由度并联下肢康复机器人的模型和运动控制方法,通过平稳的机器人轨迹跟踪控制,能够实现患者的被动式康复训练,这也是其他机器人辅助康复模式的基础。机器人的主动控制对于提高患者训练的积极性,提高康复效果至关重要。本章将进一步研究下肢康复机器人的人机交互控制理论与技术,为患者提供适应其运动能力和主动意图的主动训练模式,提高患者在训练中的主动参与程度。力控制是通过检测机器人末端接触力,并利用该力信号进行的控制。关于机器人的力/力矩控制,国内外学者一般采用力/位置混合控制或阻抗控制这两种实现方法。本章将就这两种典型方法在并联机器人控制中的设计与实现进行研究,为面向康复的机器人力控制技术提供一种应用实例。

4.1 下肢康复机器人力/位置混合控制

4.1.1 力/位置混合控制原理及结构

机器人的力/位置混合控制即通过雅可比矩阵、运动学逆解将作业空间任意方向的力和位置控制分配到各个关节控制器上,机器人以独立的形式同时控制力和位置[1]。具体实现时,机器人力/位置混合控制利用对角矩阵将整个任务空间分为两个子空间,接触曲面的法线方向为力控制子空间,只做力控制;接触曲面的切线方向为位置控制子空间,只做位置控制。机器人力/位置混合控制根据实现方式不同可分为直接力/位置混合控制和间接力/位置混合控制,在进行机器人力/位置混合控制器设计前,需描述、分析机器人末端的受约束情况。

并联机器人的力/位置混合控制原理框图如图 4-1 所示,控制系统由力控制和位置控制直接实现期望接触力和期望位置的跟踪控制。控制系统通过引入矩阵 S 和 $I-S$ 来根据给定的任务确定机器人各个自由度是采用位置控制还是力控制,S 为对角矩阵,对角线上的元素为 0 或 1。对于位置控制,S 中对应的元素为 1;对于力控制,S 中对应的元素为 0。矩阵 S 与 $I-S$ 相当于一个互锁开关,用于设定约束坐标系$\{C\}$中每一个自由度的控制模式。并联机器人的输出应为关节空间控制量,先计算工作空间控制输入力 f,再通过雅可比矩阵将其转换至关节空间控制量 τ。

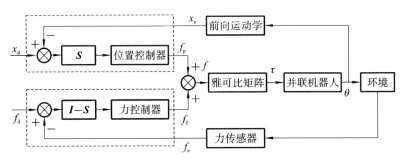

图 4-1 并联机器人的力/位置混合控制原理框图

该控制系统包含两个并列的闭环控制回路,上面一个为位置闭环控制,下面一个为力闭环控制。位置闭环控制主要是通过机器人关节编码器测量的关节角位移计算出机器人末端位移来实现;力闭环控制一般是通过用安装在机器人手腕位置的力/力矩传感器实时测量机器人末端受到的接触力,并与期望接触力比较来实现。在位置控制方向上,希望控制系统的反馈增益大,保证位置控制的高精度,而在力控制方向上则希望控制系统的反馈增益小,表现出一定的柔顺性。这里位置控制采用 PID(比例-积分-微分)控制,力控制采用 PI(比例-积分)控制,如图 4-2 所示。

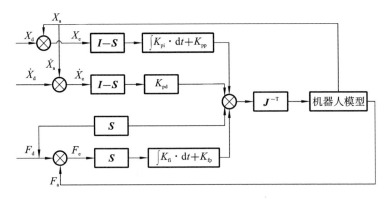

图 4-2 并联机器人模型的力/位置独立闭环控制结构

力/位置控制方法通过控制末端执行器在位置子空间的位置和在力子空间的力来实现顺应控制,这种方法的优点是可以直接控制末端执行器与环境间的相互作用力。为了实现六自由度并联机器人的力/位置混合控制,需要对工作空间的期望作用力和位置进行运动学与动力学推导转换,分别控制机器人各个关节的运动。根据六自由度并联机器人模型,建立其坐标系,如图 4-3 所示。力/位置混合控制的概念就是将工作空间的控制自由度分为两个部分——位置控制部分和力控制部分,并利用 6×6 的对角矩阵 $\boldsymbol{S}$ 来确定位置和力在工作空间控制的方向。力控制和位置控制分别在两个独立的闭环控制系统中实现。由于机器人与环境接触时,其力控制的目标输出与在某一方向上位置的变化可表示为某种动态关系,因此可通过选择矩阵来实现力控制,但需要分析六自由度并联机器人的力/位置混合控制模型的特点。

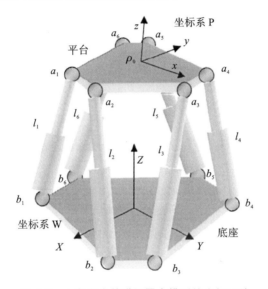

图 4-3　六自由度并联机器人模型的坐标系统

在六自由度并联机器人的力/位置仿真控制实验中,设定机器人动力学模型的工作空间力 $\boldsymbol{F}=[F_x, F_y, F_z, M_x, M_y, M_z]^{\mathrm{T}}$,关节空间力 $\boldsymbol{\tau}=[f_1, f_2, f_3, f_4, f_5, f_6]^{\mathrm{T}}$。由虚功原理,可得 $\boldsymbol{\tau}=\boldsymbol{J}^{\mathrm{T}} \cdot \boldsymbol{F}$。这里 $\boldsymbol{J}^{-1}=\boldsymbol{J}_1^{-1} \cdot \boldsymbol{J}_2^{-1}$ 为系统的逆雅可比矩阵。其中

$$\boldsymbol{J}_1^{-1}=\begin{pmatrix} \boldsymbol{n}_1^{\mathrm{T}} & ({}^{\mathrm{W}}\boldsymbol{R}_{\mathrm{P}} \cdot {}^{\mathrm{P}}a_1 \times \boldsymbol{n}_1)^{\mathrm{T}} \\ \vdots & \vdots \\ \boldsymbol{n}_6^{\mathrm{T}} & ({}^{\mathrm{W}}\boldsymbol{R}_{\mathrm{P}} \cdot {}^{\mathrm{P}}a_6 \times \boldsymbol{n}_6)^{\mathrm{T}} \end{pmatrix}, \boldsymbol{J}_2^{-1}=\begin{pmatrix} \boldsymbol{I}_{3\times3} & \boldsymbol{0}_{3\times3} \\ & 0 & \cos\phi & \sin\phi \cdot \sin\theta \\ \boldsymbol{0}_{3\times3} & 0 & \sin\phi & -\cos\phi \cdot \sin\theta \\ & 1 & 0 & \cos\theta \end{pmatrix} \tag{4-1}$$

$${}^{\mathrm{W}}\boldsymbol{R}_{\mathrm{P}}=\begin{bmatrix} c\theta c\phi & s\varphi s\theta c\phi - c\varphi s\phi & s\varphi s\phi + c\varphi s\theta c\phi \\ c\theta s\phi & c\varphi c\phi + s\varphi s\theta s\phi & c\varphi s\theta c\phi - s\varphi c\phi \\ -s\theta & s\varphi c\theta & c\varphi c\theta \end{bmatrix}$$

这里 $^W\boldsymbol{R}_P$ 表示相对于 W 坐标系的旋转矩阵,正弦函数符号简记为 s,余弦函数符号简记为 c。

力/位置控制的本质是通过选择矩阵,在某些方向上控制位置,而在另一些方向控制力。力控制方向的输出可与该方向的目标位置建立某种动态关系,通过选择矩阵 $\boldsymbol{I}-\boldsymbol{S}$,可作为位置控制量添加到位置闭环控制系统中,然后在接下来的控制中通过机器人的运动学逆解得到各个关节期望的控制量。这意味着力控制器不仅仅直接作用于机器人在该方向的力输出,而且通过修正位置的控制指令来间接实现期望力的跟踪。设计选择矩阵下的机器人控制模型框图如图 4-4 所示。

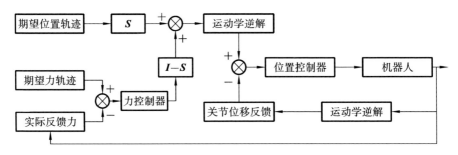

图 4-4 选择矩阵下的机器人控制模型框图

假设希望控制 $[x,0,0,\alpha,\beta,\gamma]$ 方向的位置,控制 $[0,F_y,F_z,0,0,0]$ 方向的力,则通过并联机器人位置空间的选择矩阵 $\boldsymbol{S}$ 和力空间的选择矩阵 $\boldsymbol{I}-\boldsymbol{S}$ 等价到工作空间上,位置控制量和力控制量之和为最终的机器人控制量输出。

$$\boldsymbol{S}=\begin{bmatrix}1&0&0&0&0&0\\0&0&0&0&0&0\\0&0&0&0&0&0\\0&0&0&1&0&0\\0&0&0&0&1&0\\0&0&0&0&0&1\end{bmatrix},\boldsymbol{u}=\boldsymbol{x}^{\mathrm{T}}\cdot\boldsymbol{S}+\boldsymbol{f}\cdot(\boldsymbol{I}-\boldsymbol{S})=\begin{bmatrix}x&0&0&0&0&0\\0&F_y&0&0&0&0\\0&0&F_z&0&0&0\\0&0&0&\alpha&0&0\\0&0&0&0&\beta&0\\0&0&0&0&0&\gamma\end{bmatrix}$$

$$(4\text{-}2)$$

4.1.2 力/位置混合控制仿真平台

在并联机器人力/位置控制策略研究的基础上,建立 MATLAB/SimMechanics 仿真环境下的实验模型,如图 4-5 所示。其中轨迹规划用于将上平台期望位置轨迹转化为六个关节的位移信息,期望力模块设置环境所受到的力度轨迹。位置控制器通过比较期望位置和实际位置来调整控制输出,驱动各关节到达定义的位置或输出规定的力矩。力控制器计算工作空间的期望力与实际力之间的误差,并将控制输出作为位置修正量反馈给轨迹规划模型,如图

4-6 所示。利用接触力和位置的正交原理,将机器人末端运动在笛卡儿坐标系下分解,在不受约束方向上采用位置控制,在受约束方向上采用力控制。所设计的力/位置混合控制器是按力偏差进行控制的,可控制机器人末端作用力跟随期望值变化。当机器人在受限不同的空间之间运动时,控制器的结构需要根据接触状态做出调整。

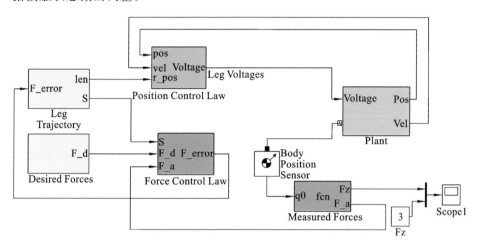

图 4-5　并联机器人的力/位置混合控制仿真实验模型

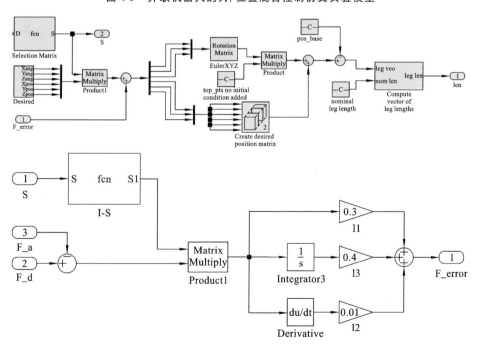

图 4-6　并联机器人混合控制仿真中力/位置规划和控制模型

位置传感器可记录反馈机器人上平台的位置、速度等信息。根据力/位置混合控制算法模型的需求,对平台的动态模型进行了相应的修正,如图 4-7 所示。为了模拟真实环境下的机器人受力模型,将机器人与患者下肢接触的环境简化为刚度和阻尼系统,建立接触力与平台运动变化之间的关系式如下:

$$F = k(x - x_0) - d(\dot{x} - \dot{x}_0) \qquad (4\text{-}3)$$

其中:k 和 d 分别为接触环境的模拟刚度和阻尼系数;$x - x_0$ 为机器人上平台在力控制方向的位置变化量;$\dot{x} - \dot{x}_0$ 为机器人上平台的运动速度变化量。

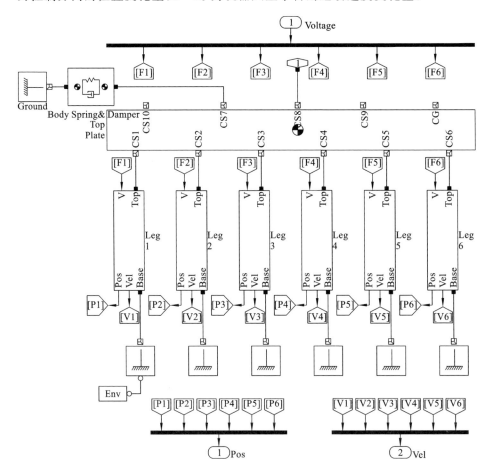

图 4-7　并联机器人混合控制仿真实验中环境修正动态模型

在仿真实验中,位置控制在 x、y 方向,力控制在 z 方向,力反映了在位置控制上的修正。实验中,力的大小通过胡克定律模拟计算。计算位置 (x, y, z) 与弹簧固定端之间的距离,减去弹簧初始长度,进而计算得到模拟力的值。六自由度并联机器人的力/位置混合控制仿真实验结果如图 4-8 所示。

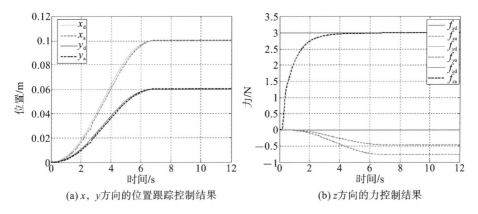

(a) x, y 方向的位置跟踪控制结果　　　　(b) z 方向的力控制结果

图 4-8　并联机器人的混合控制仿真实验结果

力/位置控制方法通过控制末端执行器在位置子空间的位置和在力子空间的力来实现顺应控制,可以直接控制末端执行器与环境间的相互作用力,在并联平台实际控制中易于实现。然而该方法的缺点是需要进行很多任务规划以及频繁在力控制和位置控制之间切换。阻抗控制是靠调节末端执行器的位置与接触力之间的动态关系来实现顺应控制的。它为避碰、有约束和无约束运动提供了一种统一的方法,能够实现系统从无约束到有约束运动的稳定转换。

4.1.3　基于力的机器人辅助康复训练策略

康复机器人能否采用不同的运动康复训练方法,决定了康复机器人能否有效地实现康复和治疗的功能,从而在某种意义上辅助或者代替治疗师工作。不同的康复训练方法可以通过制定有效的运动控制策略来实现,这同时也是康复训练机器人研究领域的热点和难点。力/位置混合控制是指对机器人的运动同时采取力控制和位置控制的控制方式。可以在患者康复的不同阶段采取不同的控制策略,提高患者的康复效果。本章参考文献[2]采用一个结合了模糊逻辑控制的力/位置混合控制器来限制运动中的方向,沿着运动方向保持恒定的力。本章参考文献[3]介绍了一个平面闭链机械手的位置和力控制,其中位置控制采用了 PID 控制,力控制采用了基于力的柔性控制。布雷西亚大学讨论了力/速度混合控制并将其应用在工业机械手臂对未知物体的轮廓跟踪上,其中速度控制采用了 PID 控制,力控制采用了 PI 控制[4]。本章参考文献[5]根据 6-UPS 并联机器人的动力学逆解模型,将虚功原理应用于机器人的运动学逆解,在位置控制中采用了正运动学方法,对力控制采用了 PI 控制,对位置控制采用了 PD 控制,在不同的方向分别采用位置和力控制。本章参考文献[6]采用准入控制策略实现了多种康复模式的康复训练。在分层结构的基础上,控制系统可以根据所需的训练配置(位置、力和阻抗)执行顺序开关控制法。

针对前述的力控制策略,通过力信号的采集与处理,设计针对六自由度康复平台的康复运动控制策略。

1. 对抗康复训练

由于环境变量一般是固定不变的量,因此对于康复训练,可以将阻抗控制应用于对抗训练中,即患者按照医生的要求,使下肢与并联机器人上平台接触,并保持在某一个固定的位置(即阻抗中心)。在阻抗控制策略中,设定一个期望的力,即 F_d,患者下肢作用于机器人的力为 F_m。患者所要做的就是,通过控制下肢与机器人的接触作用力,保持机器人上平台的位置不变。当 $F_d > F_m$ 时,机器人沿着期望力的方向运动,患者需要施加更大的力来保持机器人的平衡,使它回到平衡位置;当 $F_d < F_m$ 时,机器人沿着期望力的反方向运动,患者需要减小接触力,以保持机器人的平衡。因此,可以通过观察机器人的运动情况来判别患者下肢与机器人之间的作用力,使患者与机器人之间保持动态平衡,训练患者下肢对于力的控制能力。

2. 主动康复训练

在康复训练的初期主要采用的是被动控制训练,也称被动康复训练,即患者下肢跟随机器人运动,由机器人带动下肢进行肌肉的伸展和收缩。由于在训练过程中不考虑患者的运动意图和反应,因此患者的康复主动性很低。被动康复训练主要是为了避免肌肉失用性萎缩,保持关节处于活动的状态。经过最初的被动康复后,可以进行主动康复训练。主动康复训练可以提高患者在运动过程中的协调性和主动性,同时可以提高关节运动的独立性,抑制肌痉挛的发生。将力信号引入控制系统,患者可以通过力传感器主动控制机器人的运动。具体方法如下:在主动康复训练中,假如患者希望向某一个方向运动,可以通过下肢作用于力传感器,控制系统通过采集力信号,判断患者的运动意图,然后主动带动患者朝着期望的方向运动。患者需要持续对并联平台施加力,否则平台将停留在已经到达的位置。在这个过程中,根据患者不同的康复情况,可以设置不同的力检测阈值。当患者的下肢能够提供的力较小时,采用较小的阈值,机器人在检测到较小的力信号时便可以运动。当患者的下肢能够提供较大的力时,可以适当增大阈值;此时,患者需要提供比较大的力,才能够驱动机器人朝着期望的方向运动。

3. 复合康复训练

复合康复训练是主动康复训练与被动康复训练的结合,即在某些方向进行被动康复训练,同时在另外一些方向进行主动康复训练,这种训练模式能够更有效地提高康复治疗效果。根据前述的力/位置混合控制策略在多个方向同时控制康复机器人的运动,这样可以同时在几个自由度的空间中训练患者下肢。比如在 x、y、z 三个方向上采用力/位置混合控制策略,在 x、y 方向采用位置控制策略,在 z 方向采用力的阻抗控制策略。在 x、y 方向上,希望患者下肢按照圆形轨迹运动,同时希望在 z 方向施加一定的力。

4.1.4 机器人的力/位置混合控制实验

通过以上对并联康复平台力/位置混合控制策略的研究,在实际环境中建立并联康复机器人力/位置混合控制系统平台,利用安装在上平台上的力传感器,实时采集患者下肢施加于上平台的力信号,分析力信号,获得患者下肢的运动意图,采用阻抗控制策略或者力/位置混合控制策略,控制机器人的运动,同时结合不同的康复运动策略,实现对患者下肢的康复运动辅助控制。并联康复机器人的力控制系统结构如图 4-9 所示。

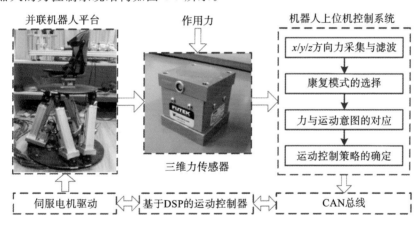

并联机器人平台　　作用力　　机器人上位机控制系统

三维力传感器

x/y/z方向力采集与滤波

康复模式的选择

力与运动意图的对应

运动控制策略的确定

伺服电机驱动　　基于DSP的运动控制器　　CAN总线

图 4-9　并联康复机器人的力控制系统结构

力控制系统中采用的力传感器的型号为 Futek MTA400,该传感器是一个三轴测力传感器。从图 4-9 可以看出,力传感器配置在并联机器人上平台与患者下肢之间,用来在康复训练过程中采集力信号。并联平台力控制系统功能主要包括力信号的采集、力信号的传输以及力信号的处理,这里主要是基于 Visual C♯ 开发的三维力处理软件以及基于 Visual C++ 开发的并联机器人上位机控制软件来实现。两个上位机软件同时在一台 PC 上运行,并使用 TCP/IP 进行通信,以保证力信号分析与机器人控制系统的独立性。力控制系统的流程图如图 4-10 所示。

力采集系统主要用来检测力信号,以及对信号进行预处理,通过 TCP 将力信号传给机器人控制系统。机器人控制系统通过康复模式的选择,决定是采用

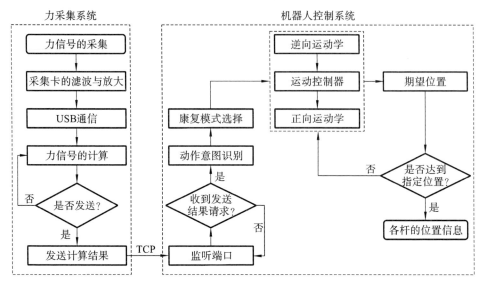

图 4-10　力控制系统的流程图

对抗康复训练、主动康复训练还是复合康复训练。可以根据不同的患者,采取对应的训练模式及控制方法,调用不同的控制程序。如在进行主动康复训练时,力采集系统通过传感器反馈的值,计算合力的方向,机器人将力信号反馈给控制器,控制器通过修正机器人的末端位置,使机器人沿着力的方向运动。

机器人可以采用两种方法来根据力信号识别患者的运动意图,一种是对不同的动作进行编码形成一个知识库,在之后的运动过程中,根据力信号在知识库中检索,符合条件的动作将会被执行;另一种方法是,分别对三维的力信号进行判断,并分别对三个方向的位置进行调整,之后进行叠加,经过运动学逆解求得各个杆长的运动规律。这两种方法在实验中都使用过,第一种方法比较简单但不够灵活,第二种方法相对复杂但具有更好的灵活性。

1. 主动康复训练

在主动康复训练中,患者可以根据自己的意愿,在机器人规定的范围内任意运动。采集力信号时首先进行了滤波处理,滤波的方法为均值滤波,如图4-11所示。

实验过程中,基于力的控制可实时修正并联机器人的末端位置,得到的机器人在各个方向的位置变化如图4-12所示。从图中可以看出末端位置在 x、y、z 方向同时变化,即可沿空间三个方向任意运动。由于该力传感器是三维力传感器,不测量力矩,因此 α、β、γ 三个方向的值为 0。在 x、y 和 z 方向上,预先设定了并联机器人的工作范围,当在某一个方向达到设定的最大值时,该方向上

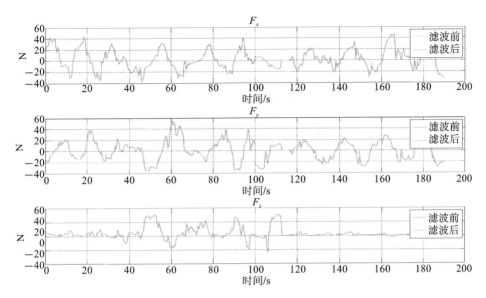

图 4-11　滤波前后的力信号

的位置将保持不变。如在 z 方向达到了最大值 150 mm，即使仍在 z 方向上用力，z 方向上的位置也保持不变。

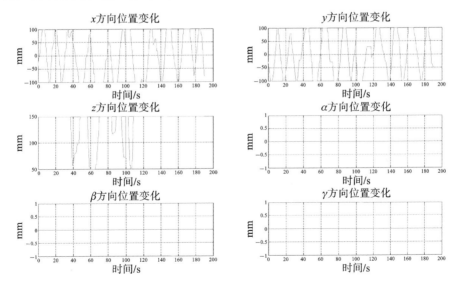

图 4-12　并联机器人末端位置变化

图 4-13 所示的是在运动过程中，六根杆的实际位置与期望位置的比较。从图中可以看出，在运动过程中，期望杆长总是大于实际杆长。这是因为在主动康复训练过程中，并联机器人并没有固定的期望位置，即期望位置是时刻变化

的。由于并联机器人的期望位置是根据力信号实时调整的,在实验中,当杆长向期望杆长逼近时,如果传感器检测到患者下肢在机器人上施加了一个力,控制系统将根据力信号修正并联机器人的期望位置,得到新的期望位置,此时六根杆将逼向新的期望位置,因此实际杆长会小于期望杆长,并且位置稍有滞后。

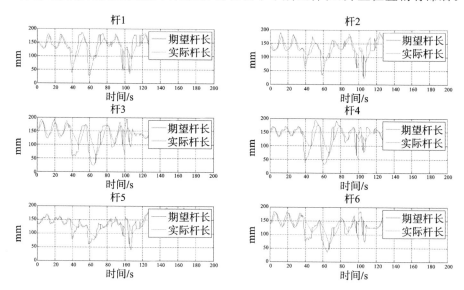

图 4-13　期望杆长与实际杆长

图 4-14 左边代表了并联机器人末端在 x、y、z 三个方向的位置变化,右边代表了对应时刻施加在 x、y、z 三个方向的力信号的变化。从图中可以看出,力信号的变化趋势与位置的变化趋势是一致的,机器人末端能够很好地根据力信号实时修正目标位置,即并联机器人可以在规定的范围内跟随力信号运动。

2. 复合康复训练

在复合康复训练中,在 x 和 y 方向采用位置控制,并联机器人将带动患者的下肢沿着圆形轨迹运动;在 z 方向采用力控制,并联机器人将根据力信号实时修正 z 方向的目标位置。图 4-15 所示为在实验过程中三个方向上的目标位置与正解位置。该图表明采用正向运动学能够很好地计算并联机器人的末端位置,有助于医生了解患者的实时运动轨迹。图 4-16 显示了在实验过程中,三个方向的期望位置与实际位置之间的误差。

在跟踪期望位置的过程中,六根杆的杆长误差如图 4-17 所示。

以上实验结果表明,根据光电编码器实时反馈的位置信息,同时根据第 3 章中介绍的并联机器人正向运动学,计算并联机器人上平台的位置信息,并将位置信息用于力/位置混合控制策略具有较好的控制效果。

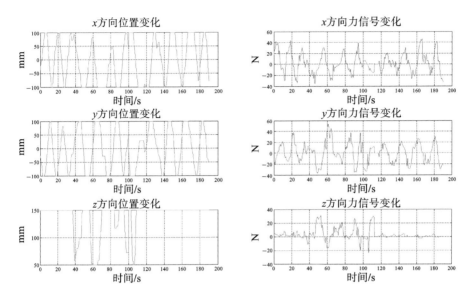

图 4-14　力与位置的对应关系

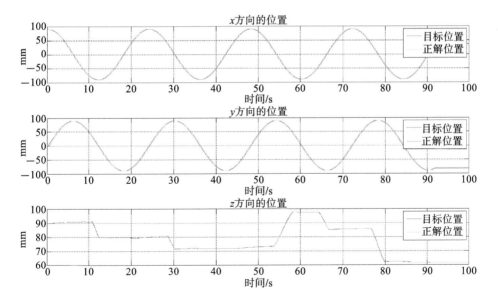

图 4-15　并联平台末端轨迹

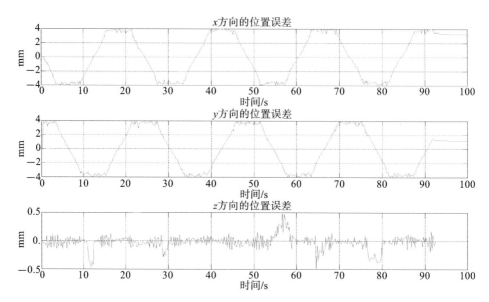

图 4-16　末端期望位置与实际位置的误差

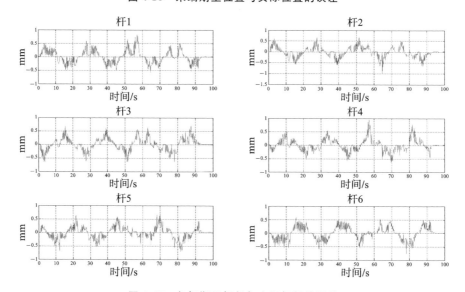

图 4-17　各杆期望杆长与实际杆长的误差

4.2　基于阻抗模型的康复机器人交互控制

　　为了激励患者主动参与机器人辅助的康复训练,越来越多的机器人设备使用阻抗控制或导纳控制来实现康复机器人的顺应性控制。阻抗控制通过调整机器人末端同环境之间的动态关系来实现位置和力的控制,通过牺牲一定的轨迹精度使机器人末端产生柔顺性。Riener 等在下肢康复机器人 Lokomat 上设计了阻抗控制器[7],根据患者主动作用力反馈修正机器人的运动轨迹。Veneman 等也在其开发的 LOPES 下肢康复机器人上实现了阻抗控制[8,9],在不同的训练模式下使机器人提供不同的阻抗水平。MIT-Manus 康复机器人在患者执行预定轨迹的主动运动时采用阻抗控制策略调节机器人柔顺性[10]。阻抗控制虽然提供了交互力与位置之间的关系,但是无法产生精确的运动轨迹;并且当患者根据交互力随意运动时,所产生的机器人轨迹可能会超出其生理运动范围,造成肢体的不适甚至二次损伤。因此,本节首先研究下肢康复机器人的阻抗控制模型,然后在此基础上提出一种基于阻抗调节的虚拟管道控制方法,在促进患者主动运动训练的同时保证其肢体运动轨迹在虚拟管道的安全范围内。

4.2.1 阻抗模型及阻抗控制原理

并联机器人阻抗控制是靠调节末端执行器的位置与接触力之间的动态关系来实现顺应控制的,通过控制机器人位移而达到控制末端作用力的目的,保证机器人在受约束方向保持期望的接触力[11]。并联机器人基于位置的阻抗控制原理框图如图 4-18 所示,由位置控制内环和阻抗控制外环组成,根据机器人与环境间的实际作用力以及期望的阻抗模型参数,由控制系统的外环产生位置修正量,将参考位置、位置的修正量和实际位置输入内环的位置控制器,使实际位置跟踪期望位置,从而实现机器人与环境接触作用模型为期望阻抗模型。

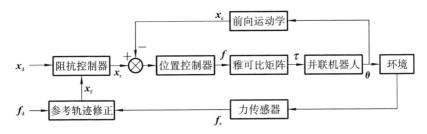

图 4-18 并联机器人基于位置的阻抗控制原理框图

基于位置的阻抗控制结构可划分为两个层次,其内部是常规的位置控制系统,通过运动学和动力学原理实现对机器人的闭环位置控制。其外部通过在机器人的末端安装一个力/力矩传感器来测量力信号,并通过外部的阻抗控制模型将力信号转变成机器人的位置调整量,再通过机器人高精度的位置控制器实现力控制。该方法在不改变机器人原有位置控制器的基础上引入了一个力的反馈环,如图 4-19 所示。在基于位置的阻抗控制中,由力/力矩传感器测量得到机器人与环境之间的接触力 $\boldsymbol{F}_e$，在位置闭环控制器的外侧，通过 $\boldsymbol{F}_e$ 与所预定的参考力 $\boldsymbol{F}_d$ 计算经过理想阻抗模型后的轨迹修正量 $\boldsymbol{X}_f$（即图中的 $\Delta\boldsymbol{X}$）。将 $\boldsymbol{X}_f$ 添加到机器人参考位移 $\boldsymbol{X}_d$ 中，得到新的机器人参考位置控制指令 $\boldsymbol{X}_r$，$\boldsymbol{X}_r = \boldsymbol{X}_d + \boldsymbol{X}_f$。当机器人末端与环境接触时，如果机器人受到的外界作用力与期望输出的参考力相等（即 $\boldsymbol{F}_e - \boldsymbol{F}_d = \boldsymbol{0}$），对应的位移修正量 $\boldsymbol{X}_f = \boldsymbol{0}$。此时机器人末端与环境接触的位置控制没有误差，即 $\boldsymbol{X}_r = \boldsymbol{X}_d$。

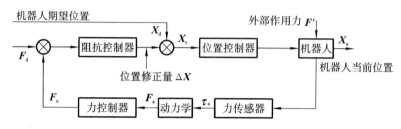

图 4-19　基于位置控制的力外环阻抗控制结构图

阻抗控制的实质是调节末端作用力和位置之间的动力学关系。目标阻抗模型通常采用二阶线性微分方程来描述，考虑如下目标阻抗模型：

$$\boldsymbol{M}_x(\boldsymbol{X})\ddot{\boldsymbol{X}} + \boldsymbol{C}_x(\boldsymbol{X},\dot{\boldsymbol{X}})\dot{\boldsymbol{X}} + \boldsymbol{G}_x(\boldsymbol{X}) = \boldsymbol{F} - \boldsymbol{F}_e \qquad (4\text{-}4)$$

其中：$\boldsymbol{M}_x$ 为惯性矩阵，$\boldsymbol{C}_x$ 为科氏力矩阵，$\boldsymbol{G}_x$ 为重力项，$\boldsymbol{F}$ 为输入力，$\boldsymbol{F}_e$ 为交互力。

$$\boldsymbol{M}_d(\ddot{\boldsymbol{X}} - \ddot{\boldsymbol{X}}_d) + \boldsymbol{B}_d(\dot{\boldsymbol{X}} - \dot{\boldsymbol{X}}_d) + \boldsymbol{K}_d(\boldsymbol{X} - \boldsymbol{X}_d) = \boldsymbol{F}_d - \boldsymbol{F}_e \qquad (4\text{-}5)$$

其中：$\boldsymbol{M}_d$、$\boldsymbol{B}_d$、$\boldsymbol{K}_d$ 分别为目标惯性、阻尼和刚度矩阵，常为 $n\times n$ 的对角矩阵（表示系统非耦合）；$\boldsymbol{X}$ 表示机器人末端的位移矢量；$\boldsymbol{F}_d$、$\boldsymbol{F}_e$ 分别为期望力和实际力。

通常加速度的期望值 $\ddot{\boldsymbol{X}}_d = \boldsymbol{0}$，因此式(4-5)又可写为

$$\boldsymbol{M}_d\ddot{\boldsymbol{X}} + \boldsymbol{B}_d(\dot{\boldsymbol{X}} - \dot{\boldsymbol{X}}_d) + \boldsymbol{K}_d(\boldsymbol{X} - \boldsymbol{X}_d) = \boldsymbol{F}_d - \boldsymbol{F}_e \qquad (4\text{-}6)$$

进一步，有

$$\ddot{\boldsymbol{X}} = \boldsymbol{M}_d^{-1}[\boldsymbol{F}_d - \boldsymbol{F}_e + \boldsymbol{B}_d(\dot{\boldsymbol{X}}_d - \dot{\boldsymbol{X}}) + \boldsymbol{K}_d(\boldsymbol{X}_d - \boldsymbol{X})] \qquad (4\text{-}7)$$

由 $\dot{\boldsymbol{X}} = \boldsymbol{J}\dot{\boldsymbol{\theta}}$ 可得 $\ddot{\boldsymbol{X}} = \dot{\boldsymbol{J}}\dot{\boldsymbol{\theta}} + \boldsymbol{J}\ddot{\boldsymbol{\theta}}$，即 $\ddot{\boldsymbol{\theta}} = \boldsymbol{J}^{-1}(\ddot{\boldsymbol{X}} - \dot{\boldsymbol{J}}\dot{\boldsymbol{\theta}})$。当机器人末端受外力作用时，机器人动力学方程可表示为

$$\boldsymbol{M}(\boldsymbol{\theta})\ddot{\boldsymbol{\theta}} + \boldsymbol{C}(\boldsymbol{\theta},\dot{\boldsymbol{\theta}})\dot{\boldsymbol{\theta}} + \boldsymbol{G}(\boldsymbol{\theta}) = \boldsymbol{\tau} - \boldsymbol{\tau}_e$$

通常令 $\boldsymbol{h}(\boldsymbol{\theta},\dot{\boldsymbol{\theta}}) = \boldsymbol{C}(\boldsymbol{\theta},\dot{\boldsymbol{\theta}})\dot{\boldsymbol{\theta}} + \boldsymbol{G}(\boldsymbol{\theta})$，则可得

$$\boldsymbol{\tau} = \boldsymbol{M}(\boldsymbol{\theta})\ddot{\boldsymbol{\theta}} + \boldsymbol{\tau}_e + \boldsymbol{h}(\boldsymbol{\theta},\dot{\boldsymbol{\theta}}) = \boldsymbol{M}(\boldsymbol{\theta})\ddot{\boldsymbol{\theta}} + \boldsymbol{J}^T\boldsymbol{F}_e + \boldsymbol{h}(\boldsymbol{\theta},\dot{\boldsymbol{\theta}}) \qquad (4\text{-}8)$$

这是基于动力学的六自由度并联机器人阻抗控制算法模型，这里的控制器输出为关节空间控制力矩 $\boldsymbol{\tau}$，将计算所得 $\ddot{\boldsymbol{\theta}} = \boldsymbol{J}^{-1}(\ddot{\boldsymbol{X}} - \dot{\boldsymbol{J}}\dot{\boldsymbol{\theta}})$ 代入式(4-8)可得

$$\boldsymbol{\tau} = \boldsymbol{M}(\boldsymbol{\theta})\boldsymbol{J}^{-1}(\ddot{\boldsymbol{X}} - \dot{\boldsymbol{J}}\dot{\boldsymbol{\theta}}) + \boldsymbol{J}^T\boldsymbol{F}_e + \boldsymbol{h}(\boldsymbol{\theta},\dot{\boldsymbol{\theta}})$$
$$= \boldsymbol{M}(\boldsymbol{\theta})\boldsymbol{J}^{-1}\{\boldsymbol{M}_d^{-1}[\boldsymbol{F}_d - \boldsymbol{F}_e + \boldsymbol{B}_d\dot{\boldsymbol{X}}_e + \boldsymbol{K}_d\boldsymbol{X}_e] - \dot{\boldsymbol{J}}\dot{\boldsymbol{\theta}}\} + \boldsymbol{J}^T\boldsymbol{F}_e + \boldsymbol{h}(\boldsymbol{\theta},\dot{\boldsymbol{\theta}})$$

$$= M(\boldsymbol{\theta})J^{-1}M_d^{-1}(B_d\dot{X}_e + K_dX_e + F_d - F_e) - M(\boldsymbol{\theta})J^{-1}\dot{J}\dot{\boldsymbol{\theta}} + J^T F_e + h(\boldsymbol{\theta},\dot{\boldsymbol{\theta}})$$

$$(4\text{-}9)$$

其中:$\dot{X}_e = \dot{X}_d - \dot{X}$,$X_e = X_d - X$。

基于动力学分析的机器人阻抗控制结构模型如图 4-20 所示。

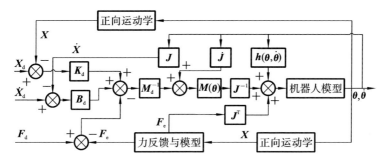

图 4-20 基于动力学分析的机器人阻抗控制结构模型

由于关节力与工作空间力的雅可比关系,式(4-10)所示的模型成立。

由机器人工作空间动力学模型 $M_x(X)\ddot{X} + C_x(X,\dot{X})\dot{X} + G_x(X) = F - F_e$ 得

$$\tau = J^T F = J^T[M_x(X)\ddot{X} + C_x(X,\dot{X})\dot{X} + G_x(X) + F_e] \qquad (4\text{-}10)$$

将计算的 $\ddot{X} = \ddot{X}_d + M_d^{-1}[B_d\dot{X}_e + K_dX_e + F_d - F_e]$ 代入得

$$\tau = J^T\{M_x(X)[\ddot{X}_d + M_d^{-1}(B_d\dot{X}_e + K_dX_e + F_d - F_e)] + C_x(X,\dot{X})\dot{X} + G_x(X) + F_e\}$$

$$(4\text{-}11)$$

由于力控制一般在低速环境下执行,可假设 $M_x = M_d$,且满足准静态条件,即 $\dot{X} \approx 0$,$\dot{\boldsymbol{\theta}} \approx 0$,此种情况下为刚度控制,机器人处于静态行为状态,则式(4-11)可简化为

$$\tau = J^T(B_d\dot{X}_e + K_dX_e) + J^T F_d + G(\boldsymbol{\theta}) \qquad (4\text{-}12)$$

4.2.2 康复机器人自适应阻抗控制

在机器人的力仿真控制和实际平台控制中,为了在一定程度上减小计算复杂度,使得整体的控制机制更加稳定,我们拟采用机器人的力反馈层级方式进行控制。内环采用位置控制,外环采用基于位置的阻抗控制模型进行力控制,将力和位置数据集成到运动反馈中。实现基于位置的阻抗控制的关键是通过控制系统和环境的特点,选用合适的阻抗控制参数来实现理想的目标阻抗。

首先需要分析阻抗系数对于整个控制系统的影响,其中 M_d 为机器人的理想目标惯性,对有较大加速度的高速运动或会产生冲力的运动影响较大;B_d 为机器人的理想目标阻尼,B_d 越大机器人响应越慢,产生的超调量越小;K_d 为机器人的理想目标刚度,对平衡状态附近的低速运动影响较大,K_d 值越小,力稳

态误差越小[12]。在力控制方向，M_d 应尽可能大，以限制末端的动能；K_d 应尽量小，以保持末端与环境间合适的接触力；B_d 要足够大以保证过渡状态的稳定性。

常规的固定目标阻抗系数的控制方法在阻抗控制中有其局限性，其产生的力柔顺控制效果明显小于随着环境变化而相应调整目标阻抗的方法的控制效果。因此，希望通过引入模糊推理技术来调整目标阻抗控制系数，进而提高整个控制系统的动态性能。设计模糊阻抗系数自适应调节控制器的输入分别为位置/速度误差和力误差，输出为目标刚度系数的修正量 ΔK_d 和目标阻尼系数的修正量 ΔB_d。这样在机器人所受外界作用力变化时，其刚度系数和阻尼系数也是不断变化的。通过刚度、阻尼系数的模糊自适应调节能够更好地实现机器人与环境接触时的柔顺力调节，如图 4-21 所示。

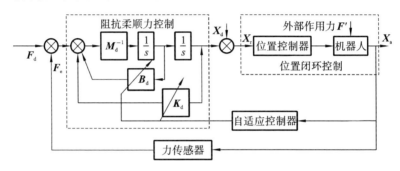

图 4-21　自适应阻抗柔顺力控制系统简化框图

在并联机器人阻抗控制算法模型研究的基础上，建立 SimMechanics 仿真实验平台，如图 4-22 所示。在位置控制内环的阻抗控制结构中，X_d 为轨迹规划生成的期望位置，末端所受外力 F_e 与期望的作用力 F_d 叠加后经过阻抗滤波器，产生位置修正量 X_f，与期望位置 X_d 相加得到广义坐标系的参考位置 X_r。

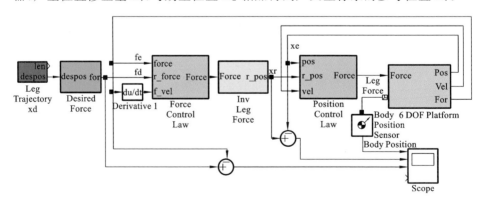

图 4-22　并联机器人的阻抗控制仿真实验模型

参考位置 $\boldsymbol{X}_{r}$ 经过运动学逆解后输入机器人位置控制内环,通过内环位置控制器控制机器人动作,到达实际位置 $\boldsymbol{X}$,并与环境作用产生相应的作用力 $\boldsymbol{F}_{e}$,通过环境接触力模型计算得到期望的作用力 $\boldsymbol{F}_{d}$,并与采集到的力信号 $\boldsymbol{F}_{e}$ 叠加进行闭环控制。

由力误差通过阻抗控制器得到修正位置:

$$\Delta\ddot{\boldsymbol{X}} = \ddot{\boldsymbol{X}} - \ddot{\boldsymbol{X}}_{d} = \boldsymbol{M}_{d}^{-1}[\boldsymbol{F}_{d} - \boldsymbol{F}_{e} - \boldsymbol{B}_{d}(\dot{\boldsymbol{X}} - \dot{\boldsymbol{X}}_{d}) - \boldsymbol{K}_{d}(\boldsymbol{X} - \boldsymbol{X}_{d})] \quad (4\text{-}13)$$

则位置的修正量 $\boldsymbol{X}_{f} = \Delta\boldsymbol{X} = \iint \Delta\ddot{\boldsymbol{X}}$,控制输入参考轨迹 $\boldsymbol{X}_{r} = \boldsymbol{X}_{d} + \boldsymbol{X}_{f}$。

根据机器人的目标阻抗,可由阻抗模型计算机器人参考轨迹对期望轨迹的修正量,即 $\boldsymbol{q}_{r} = \boldsymbol{q}_{d} + \Delta\boldsymbol{q}$,因此有 $\ddot{\boldsymbol{q}}_{r} = \ddot{\boldsymbol{q}}_{d} + \Delta\ddot{\boldsymbol{q}}$。写成机器人期望轨迹修正量与人机交互力的动态关系,有

$$\Delta\ddot{\boldsymbol{q}} = \boldsymbol{M}_{d}^{-1}[\boldsymbol{F}_{d} - \boldsymbol{F}_{a} + \boldsymbol{B}_{d}(\dot{\boldsymbol{q}}_{d} - \dot{\boldsymbol{q}}) + \boldsymbol{K}_{d}(\boldsymbol{q}_{d} - \boldsymbol{q})] \quad (4\text{-}14)$$

该仿真实验中,控制机器人在 x、y 方向做圆弧运动,在 z 方向按照期望的作用力轨迹进行跟踪,阻抗力的控制反映为位置控制上的修正。六自由度并联机器人的阻抗控制仿真实验结果如图 4-23 所示。

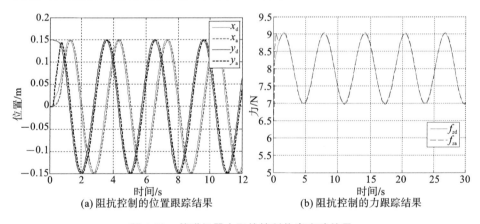

(a) 阻抗控制的位置跟踪结果　　　　(b) 阻抗控制的力跟踪结果

图 4-23　并联机器人阻抗控制仿真实验结果

常规的固定目标阻抗系数的控制方法的控制效果明显小于随着环境变化而相应调整目标阻抗的方法的控制效果。后期可通过引入模糊推理来调整目标阻抗控制系数,设计模糊变阻抗控制器来提高整个控制系统的动态性能。并联机器人的力/位置混合控制及阻抗控制策略在康复训练过程中将起到重要作用,可以利用力/位置混合控制器或阻抗控制器将各关节的人机交互力矩转化为相应的步态轨迹的位置、速度和加速度修正量,驱动机器人根据患者的主动运动意图不断地调整步态训练轨迹,以实现机器人为患者提供康复训练辅助力、阻抗力的目的。

4.2.3 基于阻抗的虚拟管道按需辅助

根据按需辅助的思想,机器人应当只在患者需要帮助的时候给予恰当的辅助。因此,判断患者何时需要帮助以及如何给予适当的辅助力是需要解决的两个关键问题。从上一节的基于阻抗模型的人机交互过程研究中可以看出,当患者具有一定主动参与能力时,其可能会对机器人的运动状态产生影响。此种影响可能是造成机器人运动偏离期望轨迹的影响,也可能是与期望运动轨迹方向一致的影响。因此,整个运动过程中患者的轨迹跟踪能力可以作为反映患者肢体灵活性和协调性的一项重要特征。换言之,可以认为当患者的轨迹跟踪误差较大时,其整体运动能力较弱,此时需要机器人加大辅助力;而当患者的轨迹跟踪误差在正常误差范围之内时,可以认为其运动能力较强,因而不需要太多的机器辅助。这里将采用自适应阻抗模型来调整机器人的辅助水平,以实现该控制方案。此外,由于患者的主动运动可能会造成机器人运动轨迹的偏移,而频繁地偏离预定生理期望轨迹会影响康复训练的效果,并且过量的偏移还有可能造成患者的运动损伤,因此,患者的主动偏移应当控制在一个合理的范围内,我们将利用"虚拟管道"实现对患者运动偏移的实时监督,从而保证康复运动的安全。

1. 基于轨迹修正的虚拟管道控制

在上一节建立的机器人阻抗模型基础上,研究促进患者主动康复和保证训练安全的机器人阻抗控制方法。由于在主动控制中,患者的任意努力可能会导致机器人的运动轨迹脱离实际生理意义范围,不利于患者的康复,因此考虑引入顺应的虚拟墙来使患者的肢体运动保持在一个期望轨迹的"管道"之内。此方法可称为虚拟管道控制,即基于阻抗模型根据患者主动交互力修正机器人运动,但在预定期望轨迹周围形成一定的空间引导,使得患者的运动一直在具有生理意义的合理范围内。这里以机器人末端的圆周运动轨迹为例,研究其基于阻抗控制的虚拟管道控制方法。设定机器人的预定期望轨迹为

$$\boldsymbol{q}_d = [r\cos(\omega t), r\sin(\omega t), h] \tag{4-15}$$

其中:r 为机器人末端圆周运动半径,ω 为运动角速度,h 为机器人平台高度,即 $x_0 = r\cos(\omega t), y_0 = r\sin(\omega t), z_0 = h$。机器人绕 z 轴做圆周运动,其他旋转角度保持不变。根据上一节建立的机器人阻抗控制模型,分析人机交互力对机器人运动轨迹的修正作用。当患者不主动施力,即 $\boldsymbol{F}_a = [0, 0, 0]$ 时,此时生成的轨迹修正量 Δq 为零,所以机器人仍沿着预定轨迹运动;当患者意图与机器人产生主动交互作用,即 $\boldsymbol{F}_a = [F_x, F_y, F_z]$ 时,可由式(4-14)所示的阻抗模型计算得到相应的机器人轨迹修正量 $\Delta q = [\Delta x, \Delta y, \Delta z]$。根据虚拟管道控制思想,这里将在

预定圆周轨迹周围形成一道同为圆周的虚拟墙,将机器人运动轨迹限制在安全范围内,如图 4-24 所示。为了使得修正后的运行轨迹平滑连续,将阻抗模型控制输出转化成对预定圆周轨迹参量的修订,这里用以修正圆周半径:

$$r_{\text{new}} = \sqrt{(x_0 + \Delta x)^2 + (y_0 + \Delta y)^2} \qquad (4\text{-}16)$$

$$x_1 = r_{\text{new}}\cos(\omega t), y_1 = r_{\text{new}}\sin(\omega)t \qquad (4\text{-}17)$$

其中:x_0 和 y_0 为机器人的预定期望运动轨迹;x_1 和 y_1 为修正后的机器人运动轨迹。若满足 $r_{\min} \leqslant r_{\text{new}} = \sqrt{x_1^2 + y_1^2} \leqslant r_{\max}$,则可保证其运动在分别以 $r_{\min}$ 和 $r_{\max}$ 为半径的圆弧所形成的虚拟管道之内,而虚拟管道的设定可参考理疗师的意见调整。

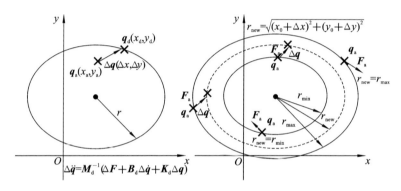

图 4-24　基于轨迹修正的机器人虚拟管道控制

2. 基于阻抗调节的虚拟管道控制

为了激发康复后期患者的最大自主努力,Cai 等通过在参考轨迹周围形成虚拟管道的形式实现了一种按需辅助控制策略[13],Keller 等也提出了一种类似虚拟管道的路径控制方法[14],在管道内受试者可以自由运动,在管道外机器人通过施加回复力将受试者拉回。然而此方法有一些明显的局限性,如在虚拟管道内时,允许患者自由运动,意味着机器人不提供任何辅助和限制,这样肢体容易产生随机运动并超出管道之外;而在虚拟管道外时,机器人仅将肢体运动拉回管道内,在此过程中患者处于完全被动状态。因此,本节将提出一种新的虚拟管道控制方法,根据当前轨迹与预定轨迹的偏离程度调节机器人阻抗水平,结合阻抗调节使患者在训练中保持最大努力以完成训练任务。

同样以预定期望轨迹为圆周运动为例,介绍本节提出的基于阻抗调节的虚拟管道控制方法,其示意图如图 4-25 所示。设机器人预定期望轨迹的起点为 T_a,目标终点为 T_b。与本章参考文献[14]中允许患者脱离虚拟管道然后通过回复力将其拉回的方法不同,本节提出的虚拟管道方法旨在保证患者一直运动在虚拟管道之内。在 T_a 与 T_b 之间的期望圆周轨迹周围建立半径为 R 的虚拟管道,可见 R 越大患者的自由运动范围越大,当 R 为零时患者处于被动状态。

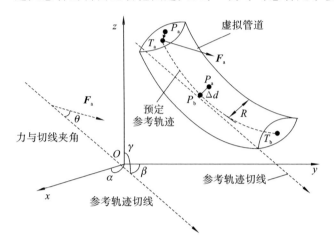

图 4-25 基于阻抗调节的虚拟管道示意图

将患者与机器人的主动交互力记为 $\boldsymbol{F}_a = [F_x, F_y, F_z]$,其与预定参考轨迹的切线的夹角 θ 用 $\theta_x, \theta_y, \theta_z$ 表示。另一个影响机器人阻抗水平的因素,是机器人当前轨迹与预定轨迹之间的偏离程度。假设机器人当前位置为 P_a,预定轨迹的轴心相应位置为 P_b,用 Δd 表示当前位置相对期望位置的偏离程度。当 T_a 与 T_b 的距离足够小时,可将其作为期望轨迹上的相应位置点,若 P_a 在 T_a 与 T_b 之间,则 $\Delta d = |P_a - T_b|$,否则 $\Delta d = |P_a - T_a|$。在此虚拟管道控制中机器人的速度变化较慢,因此可忽略其二阶速度项,得到简化的机器人阻抗模型:

$$B_d(\dot{\boldsymbol{q}} - \dot{\boldsymbol{q}}_d) + K_d(\boldsymbol{q} - \boldsymbol{q}_d) = \boldsymbol{F}_e \qquad (4\text{-}18)$$

此虚拟管道控制方法的主要目的是,在保证患者运动自由的同时促使其沿着期望预定轨迹施力,与期望轨迹相反或偏离期望轨迹的力受到限制。因此当患者施力 $\boldsymbol{F}_a$ 与预定轨迹切线的夹角 θ 较大时,机器人阻抗水平设置较高。为了促进患者沿着预定轨迹运动,机器人阻抗水平也应随着轨迹偏移量 Δd 调节。当 Δd 较大时,机器人提高其阻抗水平以限制患者进一步偏离期望轨迹;当 Δd 较小时,机器人降低其阻抗水平以促进患者的主动运动自由。基于此分析根据患者施力和机器人偏移量调节机器人阻抗水平如下:

$$B_d = B_0 - c_{B1}\cos\theta + c_{B2}\Delta d \qquad (4\text{-}19)$$

$$K_d = K_0 - c_{K1}\cos\theta + c_{K2}\Delta d \qquad (4\text{-}20)$$

其中:B_0, K_0 分别为机器人的初始阻尼和刚度参数;$c_{B1}, c_{B2}, c_{K1}, c_{K2}$ 分别为力夹角和轨迹偏移对阻尼和刚度影响的权重系数;B_d, K_d 分别为在线调节的目标阻尼和刚度参数,可见其随着力夹角和偏移量的增加而增大。基于上述分析,建立机器人的虚拟管道控制结构如图 4-26 所示,包括阻抗调节控制器和内环的位置控制器,其中交互力由力传感器反馈,机器人末端位置由正向运动学计算。

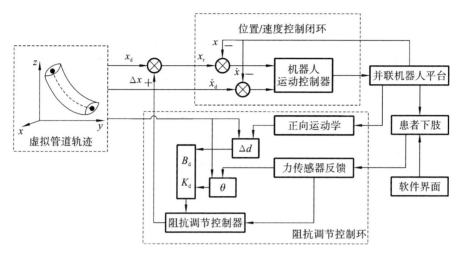

图 4-26 基于阻抗调节的虚拟管道控制结构

4.2.4 实验结果及分析

为了验证本节建立的机器人阻抗模型及基于此的阻抗控制方法,在实际环境中建立机器人人机交互控制系统。通过在机器人上平台与下肢矫形器套之间配置力传感器来感知人机交互作用,机器人系统及力传感器装配如图 4-27 所示。对于此控制系统,首先通过力传感器采集系统将人机交互数据反馈至上位机,然后基于上位机的阻抗模型生成机器人的运动修正量,再经由通信接口和运动控制器驱动机器人电机运动,实现基于人机交互的机器人阻抗控制。

本机器人中的力信号采集装置采用 FUTEK MTA400 三维力传感器,测量其在 x、y、z 方向的作用力 F_x、F_y、F_z,力传感器的输出信号经 10 针数据总线 ZCC930 采集,后经过三只信号放大器和滤波电路,传输至力传感信号采集卡 USB210,采集卡可提供 1 kHz 采样率,并提供外部通用的 USB 接口与上位机通信,可将 x、y、z 三路力传感信号发送至上位机进行分析或存储。

为验证机器人的阻抗控制模型,通过实验分析人机交互作用力对机器人预定轨迹的修正作用。这里为了实现由患者完全控制机器人产生运动的主动模式,设定机器人的初始运动轨迹为零,然后通过力传感器实时感知患者对机器人的作用力,控制机器人根据患肢施力产生运动。记录此过程中的力数据,如图 4-28(a)所示。为了降低力传感器的外界干扰和噪声,采用了均值滤波对信号进行预处理。获得力传感器数据后,控制系统通过阻抗模型生成机器人的轨迹修正量,控制各关节跟踪目标轨迹,如图 4-29 所示。最终阻抗控制下的机器

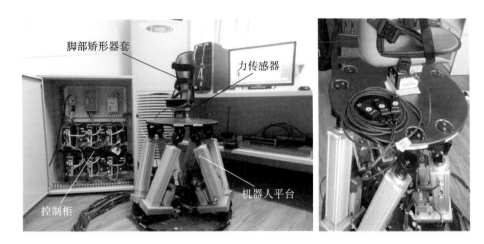

图 4-27　配置力传感器的机器人控制实验装配图

人实际运动轨迹如图 4-28(b)所示,这里机器人末端位置由运动学正解计算得到。

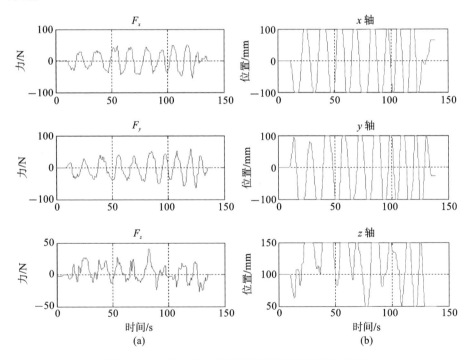

图 4-28　人机交互力及阻抗控制产生的机器人轨迹

　　阻抗模型能够建立人机交互作用力与机器人末端位置之间的动态关系,机器人末端位置能够根据力反馈信号实时修正,基于此可实现根据患者努力自由

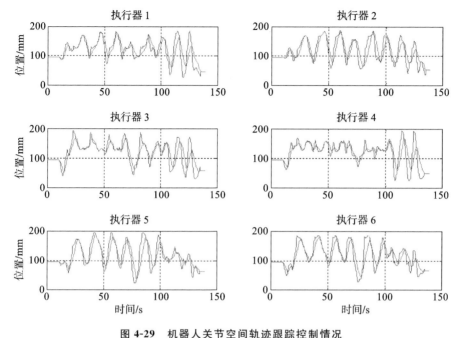

图 4-29　机器人关节空间轨迹跟踪控制情况

驱动机器人产生辅助作用的主动训练模式。在此阻抗控制中,设定了机器人在三个方向的安全运动范围,在安全范围内机器人可自由运动。由机器人关节空间轨迹跟踪结果,可见实际关节位移稍滞后于期望位移。由于在阻抗控制中机器人的末端期望轨迹是根据交互力实时调节的,因此关节期望轨迹也会随之调节,虽存在一定的滞后但也能保证较好的跟踪精度。

为验证本节提出的虚拟管道阻抗控制方法,以机器人上平台的期望圆周轨迹为例,分析虚拟管道控制下的机器人实际操作情况。首先分析基于轨迹修正的虚拟管道控制方法,设定机器人上平台预定期望轨迹如式(4-21)所示,其中预定轨迹的圆周半径为 $r = 90$ mm。在阻抗模型作用下利用式(4-16)和式(4-17)修正机器人运动轨迹 x_1、y_1 和圆周半径 r_{new},然后驱动机器人关节产生控制作用,得到的末端轨迹控制结果如图4-30所示,其在三维空间内的轨迹如图 4-31 所示。

$$\begin{bmatrix} x_0 \\ y_0 \\ z_0 \end{bmatrix} = \begin{bmatrix} 90 \\ 0 \\ 90 \end{bmatrix} - \begin{bmatrix} 1 & 0 & 0 \\ 0 & -1 & 0 \\ 0 & 0 & 1 \end{bmatrix} \begin{bmatrix} 90\cos\varphi \\ 90\sin\varphi \\ 0 \end{bmatrix} \tag{4-21}$$

图 4-30 中红线表示人机交互力对轨迹的修正作用,绿线表示通过阻抗模型新生成的机器人圆周运动半径,蓝线为相应的 x 轴和 y 轴实际运动轨迹。当患者不施加主动作用力时,机器人沿着预定圆周轨迹运动;当患者在 x,y,z 方向

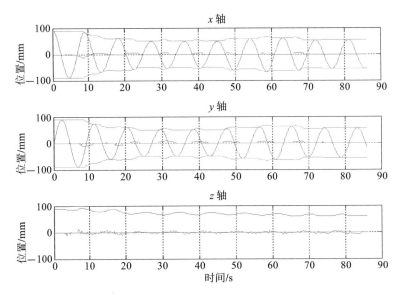

图 4-30　基于轨迹修正的虚拟管道控制结果

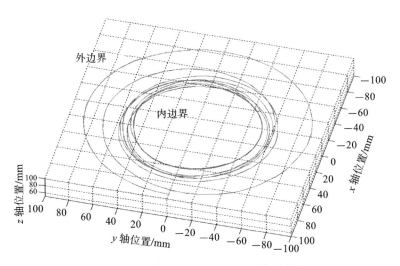

图 4-31　三维空间内的虚拟管道控制结果

上主动施加作用力时,机器人通过阻抗模型对相应方向上的位置进行修正,并基于此修正圆周运动半径 r_{new},生成新的机器人轨迹。从图 4-30 中可以看出,人机交互作用能够实时修正机器人末端运动轨迹,并能够保证其运动的平滑性和连续性。通过图 4-31 可明显看出,此方法可在空间内形成一个虚拟管道,使患者在管道空间内自由平滑运动,促使患者通过主动施力来修正机器人运动。

　　下面分析基于阻抗调节的虚拟管道控制方法。设定机器人参考轨迹为圆周运动,半径为 80 mm,虚拟管道的厚度为 30 mm,即 $R=30$ mm。设置机器人的初始阻抗模型参量分别为:$B_0=12$,$c_{B1}=6$,$c_{B2}=0.6$,$K_0=14$,$c_{K1}=7$,$c_{K2}=0.7$。这里分别以 x、y 轴平面内的虚拟管道运动为例,阐述其控制原理。图4-32(a)所示为 x 方向的阻抗调节和虚拟管道控制过程,图4-32(b)所示为 y 方向的结果,其中自上向下的图形分别表示阻抗水平 B_d、K_d,轨迹偏移量 Δd,交互力与期望轨迹切线夹角 θ,交互力反馈 F_a 和最终生成的机器人位置修正量 Δx、Δy。

基于阻抗调节的虚拟管道控制过程,首先通过力传感器获得人机交互作用力 F_a,根据当前点的预定参考轨迹切线,计算二者的夹角 θ,同时根据当前位置与期望位置的距离计算偏离程度 Δd,然后利用式(4-19)和式(4-20)调节机器人阻抗模型参数 B_d、K_d,最后利用阻抗模型计算轨迹修正量 Δx、Δy。图 4-32 中阻抗水平的蓝线为阻尼参数,红线为刚度参数。可见,当交互力夹角与轨迹偏移量变化时,机器人阻抗水平可随之调节,本次实验中最大的阻尼和刚度参数分别可达 20 N·s/mm 和 22 N/mm,最小则接近 5 N·s/mm 和 6 N/mm,能够在较大范围内调节机器人的阻抗水平。轨迹偏移量最大值约为 30 mm,小于虚拟管道厚度,可见机器人一直运动在虚拟管道范围内。交互力与参考轨迹切线间的夹角也可影响阻抗参数,如图4-32(a)中标注的 a1、a2 两个位置,交互力与机器人期望轨迹方向相反,此时机器人阻抗水平迅速增大,避免产生异常轨迹。此虚拟管道方法可促进患者沿着预定轨迹控制机器人运动,当患者施力与预定轨迹方向一致或轨迹偏移量较小时,机器人以较低的阻抗水平运动,否则机器人将提高其阻抗水平,以此保证机器人运动在期望轨迹的虚拟管道内。

机器人在平面内的实际运动轨迹如图 4-33 所示,其中红线为预定期望轨迹,绿线为虚拟管道内边界,黑线为虚拟管道外边界,蓝线为实际的机器人运动轨迹。可见,虽然机器人的实际运动轨迹不是标准的圆周,但可以保证在参考圆周轨迹的虚拟管道内,并且可以使患者在自由的情况下以最接近参考轨迹的形式运动。当机器人运动偏离参考轨迹或与主动力方向不一致时,机器人的阻抗水平会随之提高,在这种情况下,患者会修正其作用力方向,使机器人在接近参考轨迹时以最容易的方式运动。与传统的阻抗控制方法相比,我们所提方法融合了阻抗控制和虚拟管道方法,能够根据实际运动情况调节机器人的阻抗水平,促进患者在训练中的主动参与,并通过患者努力提高机器人跟踪参考轨迹的精度。所提出的虚拟管道控制方法,可促进患者产生正确的运动轨迹,抑制不正确的运动轨迹,通过重复训练患者能够逐渐自主控制机器人沿着参考轨迹运动。

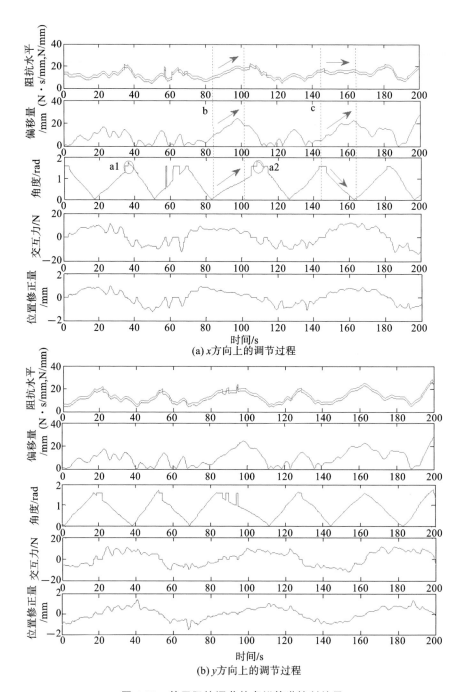

图 4-32 基于阻抗调节的虚拟管道控制结果

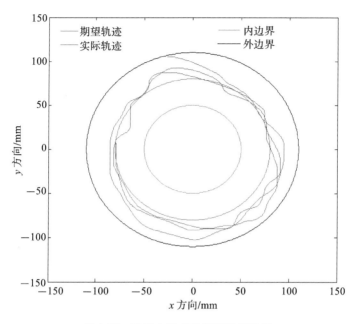

图 4-33　平面内的虚拟管道控制结果

4.3　本章小结

本章介绍了面向下肢康复训练的机器人交互控制方法,重点研究了力控制下的并联机器人动力学原理,建立了仿真环境下的力/位置混合控制和阻抗控制模型,同时讨论了不同的康复训练模式,实现了并联康复机器人的力控制方法。针对六自由度并联下肢康复机器人,建立了其阻抗控制模型,为机器人的交互控制奠定了基础。针对并联康复机器人,在正向运动学的基础上,结合力信号,根据不同的康复训练模式,实现了机器人辅助的康复训练。在阻抗模型的基础上提出了两种虚拟管道控制方法,分别通过调节机器人轨迹参数和阻抗参数实现了患者在虚拟管道内的运动自由,且通过实验验证了该方法可在保证训练安全的同时提高患者主动参与训练的积极性。最后通过受试者实验验证了本方法在促进患者主动参与康复训练方面的有效性。由实验可知,下肢并联康复机器人能够较好地完成主动康复训练和复合康复训练。这几种康复模式的实现,丰富了下肢康复机器人的辅助康复模式,对于患者后期的康复训练至关重要。

本章参考文献

[1] 李正义. 机器人与环境间力/位置控制技术研究与应用[D]. 武汉：华中科技大学，2011.

[2] JU M S，LIN C C K，LIN D H，et al. A rehabilitation robot with force-position hybrid fuzzy controller：hybrid fuzzy control of rehabilitation robot[J]. IEEE Transactions on Neural Systems and Rehabilitation Engineering，2005，13(3)：349-358.

[3] MADANI M，MOALLEM M. Hybrid position/force control of a flexible parallel manipulator[J]. Journal of the Franklin Institute，2011，348(6)：999-1012.

[4] JATTA F，LEGNANI G，VISIOLI A，et al. On the use of velocity feedback in hybrid force/velocity control of industrial manipulators[J]. Control Engineering Practice，2006，14(9)：1044-1055.

[5] DAUN Q J，DAUN B Y，DAUN X C. Dynamics modelling and hybrid control of the 6-UPS platform[C]//International Conference on Mechatronics and Automation. IEEE，2010.

[6] DENÈVE A，MOUGHAMIR S，AFILAL L，et al. Control system design of a 3-DOF upper limbs rehabilitation robot[J]. Comput Meth Prog Bio，2008，89(2)：202-214.

[7] RIENER R，LUNENBURGER L，JEZERNIK S，et al. Patient-cooperative strategies for robot-aided treadmill training：first experimental results[J]. IEEE Transactions on Neural Systems and Rehabilitation Engineering，2005，13(3)：380-394.

[8] VENEMAN J F，KRUIDHOF R，HEKMAN E E G，et al. Design and evaluation of the LOPES exoskeleton robot for interactive gait rehabilitation[J]. IEEE Transactions on Neural Systems and Rehabilitation Engineering，2007，15(3)：379-386.

[9] KOOPMAN B，VAN ASSELDONK E H F，VAN DER KOOIJ H. Selective control of gait subtasks in robotic gait training：foot clearance support in stroke survivors with a powered exoskeleton[J]. Journal of NeuroEngineering and Rehabilitation，2013，10(3).

[10] AGRAWAL S K，BANALA S K，FATTAH A，et al. Assessment of

motion of a swing leg and gait rehabilitation with a gravity balancing exoskeleton[J]. IEEE Transactions on Neural Systems and Rehabilitation Engineering，2007，15(3)：410-420.

[11] LOPES A M，ALMEIDA F G. Force-impedance control of a six-DOF parallel manipulator ［M］//Intelligent Engineering Systems and Computational Cybernetics. Berlin：Springer，2009：35-47.

[12] BAPTISTA L，SOUSA J，DA COSTA J S. Fuzzy predictive algorithms applied to real-time force control[J]. Control Engineering Practice，2001，9(4)：411-423.

[13] CAI L L，FONG A J，OTOSHI C K，et al. Implications of assist-as-needed robotic step training after a complete spinal cord injury on intrinsic strategies of motor learning[J]. J NeuroSci，2006，26(41)：10564-10568.

[14] KELLER U，RAUTER G，RIENGER R. Assist-as-needed path control for the PASCAL rehabilitation robot[C]//IEEE International Conference on Rehabilitation Robotics. IEEE，2013.

第5章
气动脚踝康复机器人的柔顺控制

充分利用气动肌肉具有良好柔顺性的特点,在机器人主动控制的基础上,增加人机交互的反馈,在保证整个康复训练安全的同时最大化激发患者的主动运动能力。本章首先针对气动肌肉内在的柔顺性进行建模,介绍气动肌肉工作原理与结构,建立气动肌肉的力-位移-气压模型,研究气动肌肉提供的拉力与内在气压之间的关系,同时利用气动肌肉的内在柔顺性建立变刚度模型,为满足不同患者的不同需求提供研究基础;然后采用拟合的方法建立脚踝主动运动的模型,同时结合机器人的导纳控制设计机器人末端的导纳控制器;最后充分考虑气动肌肉本身的柔顺性,提出一种包括关节空间柔顺特性和任务空间导纳特性的层级柔顺控制结构,通过对每根气动肌肉的刚度特性进行建模和控制,实现多自由度脚踝康复机器人的完全柔顺控制,同时根据患者的需求自适应调节机器人的辅助水平,实现一种患者主导的按需辅助控制方法。

5.1 气动肌肉的柔顺性建模

气动肌肉具有良好的柔顺性和较高的性价比,现在已经广泛应用于康复机器人领域,而对气动肌肉的柔顺性进行建模是其应用的基础,为之后整个机器人的控制提供了保障。

5.1.1 气动肌肉的结构与工作原理

气动肌肉一般由近似圆柱体的橡胶管(内部)和刚性的纤维编织网(外部)组成。当对橡胶管充气时,其体积会膨胀,产生轴向的收缩运动。放气时,由于橡胶管的弹性力,气动肌肉将逐步恢复到原来的体积与长度。气动肌肉收缩与伸长的过程中,如果有负载连接,就会产生收缩力带动负载运动。本脚踝康复机器人实验平台采用的气动肌肉是德国 FESTO 公司的 MAS 系列气动肌肉,如图 5-1 所示。该气动肌肉的纤维编织网预先与橡胶管进行了固化,并且在橡胶管的圆柱表面上呈螺线形分布。这种结构形式不仅避免了气动肌肉运动时橡胶管与外部纤维编织网之间的相互作用力,而且保证了气动肌肉的输出性能与运动行程。

气动肌肉的几何结构简图如图 5-2 所示,该图描述了气动肌肉运动时纵向截面积的变化情况。因为纤维编织网具有很高的强度,所以可以认为在运行的过程中,其长度保持不变。图 5-2 中,气动肌肉初始长度为 L_0,初始直径为 D_0,初始纤维编织角为 θ_0,实际长度为 L,实际直径为 D,单根纤维编织网长度为 l,缠绕圈数为 n,纤维编织角为 θ。

图 5-1 FESTO 的 MAS 系列气动肌肉

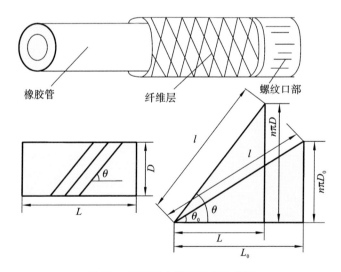

橡胶管　　　　纤维层　　　　螺纹口部

图 5-2 气动肌肉的几何结构简图

由图 5-2 可以看出,气动肌肉的各个参数存在如下函数关系:

$$L = l\cos\theta \tag{5-1}$$

$$n\pi D = l\sin\theta \tag{5-2}$$

$$\varepsilon = \frac{L_0 - L}{L_0} = \frac{\cos\theta_0 - \cos\theta}{\cos\theta_0} \tag{5-3}$$

式(5-3)中,ε 为气动肌肉的收缩率,对本章研究的气动肌肉而言,其最大收缩率约为 0.25。

5.1.2　气动肌肉力-位移-气压模型

模型的研究是控制的基础,由于气动肌肉具有强非线性、部分参数具有时变性,实际模型的建立十分复杂。为此,必须先建立气动肌肉的理想模型。气动肌肉理想模型的建立可以加深我们对气动肌肉工作特性的了解,是其研究与应用的基础。理想模型的建立一般利用能量守恒原理,建立过程中忽略了橡胶管管壁厚度、橡胶管自身弹力、橡胶管与纤维编织网之间的摩擦力以及能量转化过程中的耗损等因素。在此基础之上,建立气动肌肉的输出驱动力与长度、输入气压之间的关系。由能量守恒的观点来看,气动肌肉的运动过程就是压缩空气气压能与机械能之间的转化过程。气动肌肉充气时压缩空气气压能对气动肌肉内部橡胶管表面做功,可表示为

$$dW_{in} = \int_S P' dS \cdot dl = P' \int_S dS \cdot dl = P' dV \tag{5-4}$$

式中:P' 为气动肌肉橡胶管内外压力差,仅由输入气压决定,积分时可视为常量;S 为气动肌肉橡胶管内部表面积;dl 为橡胶管内部位移;dV 为橡胶管体积的改变量。

气动肌肉运动时对外部做的功可表示为

$$dW_{out} = - F dL \tag{5-5}$$

式中:F 为气动肌肉产生的驱动力,方向与气动肌肉运动方向相反;dL 为气动肌肉运动方向上的位移。

忽略上文提及的一些因素,由能量守恒原理可得

$$dW_{in} = dW_{out} \tag{5-6}$$

由式(5-4)和式(5-5)得

$$F = - \frac{P' dV}{dL} \tag{5-7}$$

根据式(5-1)和式(5-2)可知,气动肌肉内部的橡胶管(视为标准圆柱体)的体积可表示为

$$V = \frac{\pi D^2 L}{4} = \frac{l^3 \sin^2\theta \cos\theta}{4 n^2 \pi} \tag{5-8}$$

由式(5-3)、式(5-7)和式(5-8)得

$$F = - P' \frac{dV/d\theta}{dL/d\theta} = P'[a(1-\varepsilon)^2 - b] \tag{5-9}$$

式中:$a = \frac{3\pi D_0^2}{4\tan^2\theta_0}, b = \frac{\pi D_0^2}{4\sin^2\theta_0}$。

式(5-9)即为建立的气动肌肉理想模型。从该理想模型可以发现,当气动肌

肉的长度一定（ε 固定）时，气动肌肉的驱动力 F 与输入气压 P' 成正比；当气动肌肉的输入气压一定（P' 固定）时，气动肌肉的驱动力 F 随着气动肌肉收缩率 ε 的增大而减小，它们具有非线性的二次关系。

若令气动肌肉驱动力 $F=0$，则有

$$\varepsilon_{\max} = 1 - \frac{\sqrt{3}}{3\cos\theta_0} \tag{5-10}$$

此时，气动肌肉的收缩率达到最大。若引入气动肌肉的实际纤维编织角，计算可得，当气动肌肉收缩率达到最大时，有 $\cos\theta = \sqrt{3}/3$，此时，纤维编织网的编织角也达到了最大，为 $54.74°$。同时也可以看出，气动肌肉在整个充气收缩阶段，收缩力会不断地减小，这样气动肌肉就能够平稳地到达期望位置，气动肌肉的柔性正是这样展现出来的。

5.1.3　气动肌肉的变刚度模型

气动肌肉的刚度特性可通过改变其长度-输出力关系实现。由于气动肌肉具有很强的非线性与时变性，因此其柔顺性精确建模较为困难。这里参考本章参考文献[1]中的 Sarosi's 模型方法，该方法中的函数逼近算法很适合气动肌肉驱动的机器人建模。计算气动肌肉收缩产生的驱动拉力 F，该力由气动肌肉的内部气压 p 和收缩应变 ε 决定：

$$F(p,\varepsilon) = (p+a)e^{b\cdot\varepsilon} + c\cdot p\cdot\varepsilon + d\cdot p + e \tag{5-11}$$

式中：收缩应变 ε 是指收缩长度和原始长度的比值；参数 a,b,c,d,e 通过改变肌肉的长度后测量交互力和气压并经过数据拟合得到[2]。气动肌肉在膨胀和收缩过程中的柔顺性模型如下：

$$\begin{cases} F_{\inf} = (p+232.89)e^{-38.32\varepsilon} - 904.01p\varepsilon + 294.86p - 289.06 \\ F_{\det} = (p+272.70)e^{-32.58\varepsilon} - 905.24p\varepsilon + 298.83p - 262.85 \end{cases} \tag{5-12}$$

设定三根气动肌肉产生的驱动力为 $\boldsymbol{F}_{3\times1} = [F_1, F_2, F_3]$。根据式（5-11）和式（5-12）可知机器人的刚度和每根肌肉的气压有着密切的联系，因此机器人的柔顺性可通过改变气动肌肉的内部气压来实现。不同于传统拮抗肌肉对驱动的单自由度关节机器人，所研究的多自由度脚踝康复机器人由三根并行的气动肌肉驱动，意味着机器人末端柔顺性与气动肌肉内部气压的关系相较以往研究更为复杂。采用实验函数逼近法拟合机器人末端执行器产生的力矩与运动角度的关系，从而获得气动肌肉驱动机器人的刚度模型。基于此机器人的刚度可通过一个关于气压 p 的多项式函数拟合，如式（5-13）和式（5-14）所示。

$$\boldsymbol{K}_{\mathrm{rob}} = \frac{\partial\boldsymbol{\tau}_{\mathrm{rob}}}{\partial\boldsymbol{\theta}} = \frac{\partial\boldsymbol{J}_{(\boldsymbol{\theta})}^{\mathrm{T}}\boldsymbol{F}(p,\boldsymbol{\theta})}{\partial\boldsymbol{\theta}} \tag{5-13}$$

$$\begin{cases} K_{\mathrm{rob}}^{x}(p) = k_{p1}^{x} p^{3} + k_{p2}^{x} p^{2} + k_{p3}^{x} p + k_{p4}^{x} \\ K_{\mathrm{rob}}^{y}(p) = k_{p1}^{y} p^{3} + k_{p2}^{y} p^{2} + k_{p3}^{y} p + k_{p4}^{y} \end{cases} \tag{5-14}$$

其中：k_{pi}^{x}、$k_{pi}^{y}(i=1,2,3)$是系数，上标 x、y 分别代表垂直和水平方向。机器人的柔顺性 C_{rob} 可以通过 $C_{\mathrm{rob}} = K_{\mathrm{rob}}^{-1}$ 估算得到。

机器人的柔顺性建模及其自动求解过程如图 5-3 所示，通过不同气压下的三次重复性实验收集机器人产生的力矩 τ_{rob} 和机器人的运动角度 θ。通过测量得到的拉力 F 及雅可比矩阵可计算得到 τ_{rob}，然后根据式(5-13)可以计算刚度 K_{rob}。为了得到合适的三阶逼近函数来与刚度和气压曲线进行匹配，进行了七组实验并分别收集了气压 p 和刚度 K_{rob} 的数据。在实验中，机器人被设定为低速运动，以避免惯性力和惯性力矩的影响，从而得到一个比较精确的刚度。从图 5-4 中可以分别看到在 x 方向和 y 方向的实验结果[图中横坐标表示角度（rad），纵坐标表示力矩（N·m）]，通过角度与机器人力矩之间的函数拟合可得到该气压下的刚度参数分别约为 5.91 N·m/rad 和 7.51 N·m/rad。

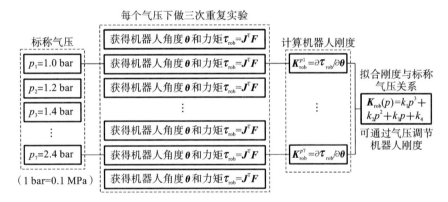

图 5-3　机器人柔顺性建模及其自适应求解过程

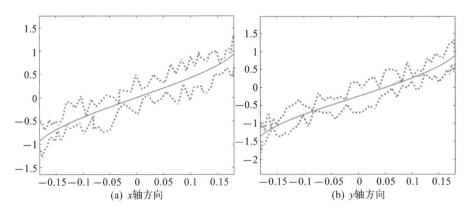

图 5-4　机器人本身的柔顺性

5.2　末端柔顺的脚踝康复机器人导纳控制

踝关节康复机器人在被动康复训练模式下,可以帮助患者沿着期望轨迹运动。在康复训练早期,这样可以在一定程度上提高患者的运动能力,达到一定的康复效果,但是整个康复训练都处于被动状态,没有考虑患者的主动参与能力。在康复训练的中后期,患者的运动状况有所改善之后,结合机器人力触觉反馈的导纳控制,能根据患者运动能力和任务执行情况实时在线调节机器人辅助输出,更能激发患者的主动运动能力,有效促进患者主动参与康复训练。

5.2.1　任务空间导纳控制原理及结构

导纳控制是一种常用的机器人力控制方法,其依据机器人末端与环境之间的交互力误差来调节末端执行器的期望轨迹,进而实现一个效果较好的机器人力控制,因此可通过基本的位置控制来实现机器人的导纳控制。其中导纳有两个层面的意思,其一是由机器人的结构决定的内在导纳,另一个则是导纳控制器产生的任务空间的导纳。内在导纳是一个定值,不发生改变,任务空间的导纳则是导纳控制目标,通过改变导纳控制的模型以及参数来实现。

本书中的导纳控制器主要包括位置控制单元与导纳控制单元两部分。作为控制对象的脚踝康复机器人具有 x 轴和 y 轴两个自由度,通过雅可比矩阵将动平台两个轴向力矩转化为三根气动肌肉的控制力矩,分别对机器人的驱动支路进行导纳控制,从而实现机器人辅助患者所需的输出力矩控制。式(5-15)为常用的机器人目标导纳模型,描述了机器人输出作用力与末端位置之间的关系。

$$\boldsymbol{M}_d(\ddot{\boldsymbol{X}} - \ddot{\boldsymbol{X}}_d) + \boldsymbol{B}_d(\dot{\boldsymbol{X}} - \dot{\boldsymbol{X}}_d) + \boldsymbol{K}_d(\boldsymbol{X} - \boldsymbol{X}_d) = \boldsymbol{F}_d - \boldsymbol{F}_e \tag{5-15}$$

本书对单根气动肌肉进行导纳控制时,由于只能进行单一轴向的收缩运动,因此可将该公式简化为一维形式,简化后的气动肌肉目标导纳模型为

$$m_d(\ddot{x} - \ddot{x}_d) + b_d(\dot{x} - \dot{x}_d) + k_d(x - x_d) = f_d - f_e \tag{5-16}$$

式中:m_d、b_d 与 k_d 分别为气动肌肉的惯性参数、阻尼参数与刚度参数;f_d、f_e 分别为气动肌肉的期望输出力和实际交互力;x、x_d 分别为气动肌肉的实际位移和期望位移。当气动肌肉在无负载条件下的自由空间运动时,其输出的交互力 f_e 为 0,则有

$$m_d(\ddot{x} - \ddot{x}_d) + b_d(\dot{x} - \dot{x}_d) + k_d(x - x_d) = f_d \tag{5-17}$$

此时,若 $f_d = 0$,当 $t \to \infty$ 时,有 $x - x_d \to 0$,则气动肌肉将会控制机器人进行位置跟踪,x 不断接近 x_d。如果气动肌肉未与外界环境进行交互,力控制将不

存在,只有位置控制。然而,当气动肌肉带动机器人运动时,必须考虑它与外界的交互力 f_e,而该力由机器人配置的拉力传感器获得。导纳模型的主要作用就是将力误差转换为轨迹修正量 x_f,实际转换过程中 x_f 满足如下公式:

$$m_d \ddot{x}_f + b_d \dot{x}_f + k_d x_f = f_d - f_e \tag{5-18}$$

将式(5-18)转化为频域表达式,则为

$$X_f(s) = \frac{F_d(s) - F_e(s)}{m_d s^2 + b_d s + k_d} \tag{5-19}$$

在目标导纳模型中,m_d、b_d 与 k_d 分别代表调节加速度、速度与位置的系数,可在实际控制中在线调节,合适的参数可以提高控制系统的响应速度和力跟踪效果。由于气动肌肉质量很轻,并且康复训练中的期望轨迹一般角度很小、速度很慢,因此惯性参数 m_d 影响很小,基本可以忽略。阻尼参数 b_d 主要与气动肌肉材料、摩擦力大小以及压缩空气的流体阻尼等因素有关。由于影响因素很多很复杂,这里采用实验方法确定其具体数值。刚度参数 k_d 是导纳控制中最重要的参数,有的研究中甚至将气动肌肉看作一条刚度可变的弹簧。气动肌肉的刚度参数主要与其输入气压有关,它们之间的关系可以表示为

$$k = \alpha_1 p + n \frac{\mathrm{d}p}{\mathrm{d}L} + \alpha_0 \tag{5-20}$$

式中:p 为气动肌肉的内部气压,由气压阀的输入电压控制;α_1、n、α_0 需要通过实验调整。其中,参数 α_1 对刚度的影响最大,所以首先对其进行调节,之后再对其他参数进行微调。气动肌肉的导纳控制原理框图如图 5-5 所示。

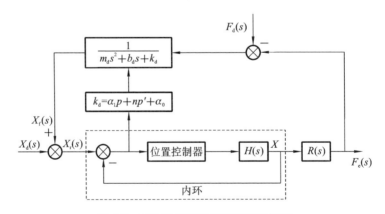

图 5-5　气动肌肉的导纳控制原理框图

位置控制只能让患者跟随动平台的预设轨迹进行被动的训练,而导纳控制能够根据患者的需要为其提供最合适的辅助力矩。在康复训练后期,导纳控制方法应用比较广泛,在脚踝恢复训练过程中,患者可通过自身的努力克服辅助力矩,进而达到康复恢复的目的。本章所设计的脚踝康复机器人中,三根气动

肌肉工作时采用对拉的方式带动平台运动,通过雅可比矩阵将动平台两个方向的力矩转化为三根气动肌肉的拉力,然后对每根气动肌肉进行导纳控制,可实现整个平台的柔顺导纳控制。因此,在控制过程中,首先需要确定动平台的输出矩,这个力矩的大小可根据脚踝的恢复程度来确定;在根据位姿计算机器人的雅可比矩阵之后,可得到三根气动肌肉的辅助输出力;然后根据气动肌肉导纳模型分别对这三个分量进行导纳控制,从而跟踪期望的输出力矩。

5.2.2 脚踝关节主动力矩模型

使用六轴力/力矩传感器来测量机器人和患者之间的交互力矩 τ_{mea},该力矩包括脚踝的主动力矩以及由重力惯性产生的被动力矩;主动力矩 τ_{act} 是由患者的主动运动产生的,而被动力矩 τ_{pas} 是由骨骼肌和柔性组织如韧带产生的。

$$\tau_{\text{mea}} = \tau_{\text{act}} + \tau_{\text{pas}} \tag{5-21}$$

为了得到患者的主动力矩,需要通过建模来计算患者脚踝的被动力矩。这里采用动态实验建模方法,考虑到测量的力矩与角度之间的关系,将其表示为

$$\begin{cases} \tau_{\text{pas}}^x(\theta) = k_1^x \theta_x^3 + k_2^x \theta_x^2 + k_3^x \theta_x + k_4^x \\ \tau_{\text{pas}}^y(\theta) = k_1^y \theta_y^3 + k_2^y \theta_y^2 + k_3^y \theta_y + k_4^y \end{cases} \tag{5-22}$$

其中:θ_x 和 θ_y 分别是脚踝在 DP(垂直)和 IE(水平)方向的旋转角度,而 k_i^x 和 k_i^y 分别是相对应的系数;τ_{pas}^x 和 τ_{pas}^y 是由脚踝被动运动产生的力矩。为了得到特定参与者的被动力矩,需要让参与者保持不发力状态。采用一个运动速度较慢的正弦轨迹作为参考轨迹,然后分别记录力矩和旋转角度。

为了消除被动力矩的影响,在三个不同的气压条件下做了三组实验,记录每组实验的关节力矩和旋转角度并绘制成图,然后通过重复实验中测量的被动力矩的值 τ_{pas} 计算其和角度的关系,如图 5-6 所示;计算实验中所有交互力矩和旋转角度的平均值,得到被动力矩的函数表达式。图 5-6 中的三条线分别显示了不同气压下被动力矩与旋转角度的函数关系,可以看出不同气压下测量得到的踝关节被动力矩相差不大,表明被动力矩和气动肌肉的气压基本无关。该实验结果也与假定情况一致,即被动力矩主要由人的肌肉和韧带来决定。此外,通过上述实验数据得到了一个三阶多项式函数拟合的被动力矩与旋转角度的函数关系,如图 5-6 中橙色的粗线所示。由图可知脚踝朝着不同方向运动时被动力矩也不同。当机器人带着脚踝朝着 x、y 轴的正方向运动时,被动力矩记为 τ_u;当朝着负方向运动时,被动力矩记为 τ_d。经过拟合,在 x 方向被动力矩为

$$\begin{cases} \tau_u^x(\theta) = 26.9142\theta_x^3 - 0.9247\theta_x^2 - 0.4477\theta_x - 0.8835 \\ \tau_d^x(\theta) = 2.8102\theta_y^3 + 1.4853\theta_y^2 + 0.3346\theta_y - 1.0579 \end{cases} \tag{5-23}$$

在 y 方向被动力矩为

$$\begin{cases} \tau_{\mathrm{u}}^{y}(\theta) = 2.7692\theta_x^3 - 2.3160\theta_x^2 - 1.5408\theta_x - 1.0779 \\ \tau_{\mathrm{d}}^{y}(\theta) = -1.2953\theta_y^3 + 1.3241\theta_y^2 - 1.1724\theta_y - 1.8086 \end{cases} \qquad (5\text{-}24)$$

为了解患者的主动运动能力,需要将被动力矩与主动力矩区分开。在机器人辅助的主动训练中,机器人应该对患者的主动运动有所响应,这就需要尽可能排除被动力矩的影响。脚踝的主动力矩 $\tau_{\mathrm{act}} = [\tau_{\mathrm{act}}^x, \tau_{\mathrm{act}}^y, \tau_{\mathrm{act}}^z]$ 可以通过测量机器人与患者的交互力矩 τ_{mea} 和被动力矩 τ_{pas} 得到。在 x 轴和 y 轴方向:

$$\begin{bmatrix} \tau_{\mathrm{act}}^x \\ \tau_{\mathrm{act}}^y \end{bmatrix} = \begin{bmatrix} \tau_{\mathrm{mea}}^x \\ \tau_{\mathrm{mea}}^y \end{bmatrix} - \begin{bmatrix} \tau_{\mathrm{pas}}^x \\ \tau_{\mathrm{pas}}^y \end{bmatrix} \qquad (5\text{-}25)$$

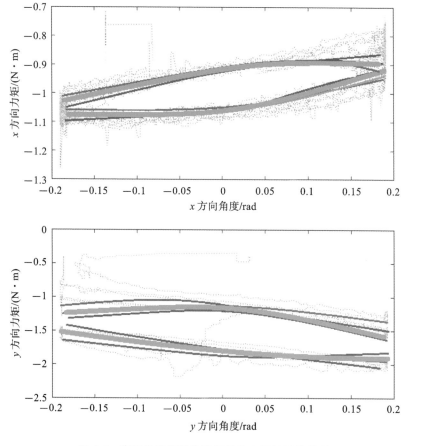

图 5-6　脚踝关节旋转角度与被动力矩的函数关系

5.2.3 机器人导纳控制器实现

针对处于康复早期的患者,机器人辅助的被动训练模式能帮助患者在重复轨迹训练中实现一定程度的康复效果;而针对处于康复中后期的患者,为了更大程度促进患者主动参与康复训练,需考虑患者与机器人的交互作用,从而实现一种人机协作控制。本节将针对所开发的气动肌肉驱动的脚踝康复机器人,研究其基于末端导纳控制器的交互控制训练方法,在机器人辅助患者康复训练过程中促进患者的主动参与并保证其安全性。导纳控制通过修正机器人末端执行器的运动轨迹来调节机器人提供的辅助力矩,动平台的导纳控制的控制律可用式(5-26)表示。令 $\Delta\theta(t) = \theta_r(t) - \theta_d(t)$,式(5-26)可改写为式(5-27)。当期望交互力矩 $\tau_d(t)$ 为 0 时,机器人的运动完全由患者主动作用力来控制;当患者主动施力时机器人会对预设轨迹进行实时在线调节,否则机器人继续沿当前轨迹运动,从而实现人机协作式的交互训练模式,如式(5-28)所示。

$$M_d\left[\ddot{\theta}_d(t) - \ddot{\theta}_r(t)\right] + B_d\left[\dot{\theta}_d(t) - \dot{\theta}_r(t)\right] + K_d\left[\theta_d(t) - \theta_r(t)\right] = \tau_a(t) - \tau_d(t) \tag{5-26}$$

$$M_d\Delta\ddot{\theta}(t) + B_d\Delta\dot{\theta}(t) + K_d\Delta\theta(t) = \tau_d(t) - \tau_a(t) \tag{5-27}$$

$$\tau_a(t) = -\left[M_d\Delta\ddot{\theta}(t) + B_d\Delta\dot{\theta}(t) + K_d\Delta\theta(t)\right] \tag{5-28}$$

康复机器人在为不同患者提供辅助时应具有不同的柔顺特征。对于脚踝被动刚度较大的脚踝损伤严重患者,机器人应保持较高的柔顺性以使患者易于改变机器人的运动。对于处于康复中后期的患者,其脚踝被动刚度较小并且具有一定的踝关节肌肉运动能力,机器人应降低柔顺性,使患者在机器人辅助康复训练的过程中受到阻碍,从而提高患者主动参与训练的程度与康复训练任务的难度。调节式(5-20)中与刚度有关的三个参数 α_1、n、α_0 就可增大机器人刚度。现有的机器人通常根据人机交互力或轨迹跟踪误差调节机器人的辅助输出,可体现患者对机器人柔顺程度的控制作用。通过这种自适应导纳控制方法,可在脚踝旋转角度较大或主动施力明显的情况下降低机器人刚度使其柔顺性更高,患者更易改变机器人的运动,从而避免患者遭受弯曲角度较大或交互力矩较大的康复运动带来的二次损伤,可保证康复训练的安全性、柔顺性与舒适性。

基于导纳调节的交互控制策略需考虑参与者的主动运动意图,可通过人机交互作用力矩来反映。导纳控制能够根据患者意图自主调节机器人末端的力和位置之间的关系,是实现主动康复训练的理想手段。为适应不同患者在不同康复阶段的运动能力,该机器人交互控制策略允许机器人的导纳水平进行实时在线调节。通过六轴力/力矩传感器测量交互力矩,结合实际控制情况调节机器人的刚度,可保证训练的有效性和安全性,有效促进患者在训练中的主动参与。

在气动肌肉驱动的康复机器人平台上进行导纳控制实验,根据机器人本身的结构参数以及康复训练中的经验,设定机器人导纳模型惯性参数 M_d、阻尼参数 B_d,而刚度参数 K_d 会根据控制系统的实际输出进行在线调整。在实际的实验中,为了保证参与者的训练安全,动平台的轨迹预设为一个较慢的匀速运动,即期望角加速度 $\ddot{\theta}_d$ 近似为 0,此时式(5-26)所示的导纳模型可写为

$$\ddot{\theta}_r = M_d^{-1}\left[\tau_d(t) - \tau_a(t) + K_d(\theta_d(t) - \theta_r(t)) + B_d(\dot{\theta}_d(t) - \dot{\theta}_r(t))\right]$$

$$(5\text{-}29)$$

通过实际力矩 τ_a、期望力矩 τ_d、实际角度 θ_r、期望角度 θ_d,可得到角加速度的修正量,经过两次积分即可得到角度修正量,结合预定轨迹进而得到修正后的轨迹。气动肌肉驱动的脚踝康复机器人有两个自由度,即两个方向的交互力矩 τ_x、τ_y 均需进行跟踪控制。动平台旋转的最大角度在 $10°$ 左右,设定期望力矩 τ_x、τ_y 都为 $1\,N\cdot m$。在患者经过一小段时间训练后,进行力矩跟踪的效果如图 5-7 所示,控制过程中气动肌肉和机器人末端的跟踪轨迹分别如图 5-8 和图 5-9 所示。图中横坐标表示机器人在运动过程中对气动肌肉位移的采样点数。

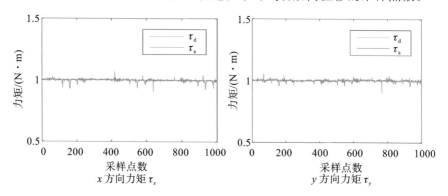

图 5-7 机器人力矩跟踪实验结果

由于三根气动肌肉的力矩输出均通过雅可比矩阵将动平台末端力矩转换后分别进行导纳控制,并且通过将力的误差转化为轨迹修正量来实现导纳控制,因此三根气动肌肉在导纳控制中的实际位移与参考位移之间存在一定程度的偏差。从图 5-8 中可以看出,三根气动肌肉的轨迹都产生了不同程度的偏差;并且从表 5-1 中可以看到,三根气动肌肉位移的平均误差在 $1.25\,mm$ 以内,最大误差在 $5\,mm$ 以内,动平台旋转角度的平均误差在 $0.025\,rad$ 左右,最大误差在 $0.07\,rad$ 左右,保证了机器人对患者脚踝康复治疗的辅助作用。在力矩稳定下来之前,有一个较长时间的波动阶段,为 $10\,s$ 左右,并且存在一定的波动偏差,力矩误差的范围在 $0.1\,N\cdot m$ 以内。这主要是因为在导纳控制的初始阶段,

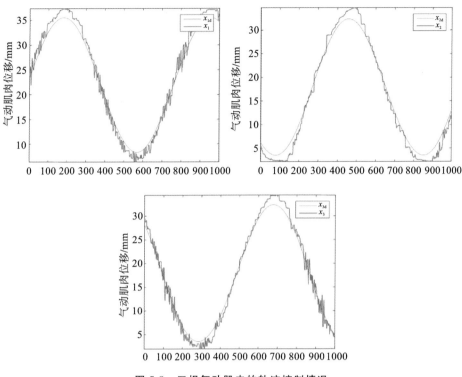

图 5-8　三根气动肌肉的轨迹控制情况

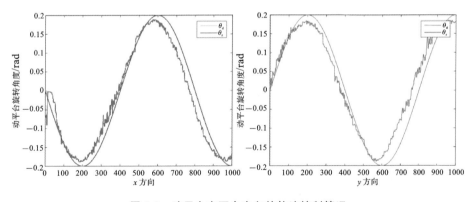

图 5-9　动平台在两个方向的轨迹控制情况

气动肌肉的输出力几乎为 0 且偏差较大，而导纳控制是通过将力矩误差转化为旋转角度修正量，进而达到实际输出力接近期望输出力的目的。这个过程需要的时间较长，会导致辅助输出力产生波动、响应时间较长。在实验过程中，对气动肌肉的刚度进行了动态在线调节，这样改善了动态力矩的跟踪效果，更加有利于机器人力控制的实现。

表 5-1　气动肌肉导纳控制结果统计分析

	气动肌肉位移/mm		动平台旋转角度/rad		交互力矩/(N·m)	
	平均误差	最大误差	平均误差	最大误差	平均误差	最大误差
x_1	1.1945	4.5364	—	—	—	—
x_2	1.2309	3.5579	—	—	—	—
x_3	1.0590	4.1474	—	—	—	—
x 方向	—	—	0.0233	0.0669	0.0069	0.0939
y 方向	—	—	0.0270	0.0823	0.0073	0.0938

为了观察导纳控制参数对患者主动控制作用的影响,改变刚度参数 K,在实验人员的参与下进行导纳控制实验,实验结果如图 5-10 所示,横坐标为采样点数。图中:x 为气动肌肉的实际轨迹,x_d 为气动肌肉的期望轨迹,x_m 为气动肌肉经过导纳模型修正过后的期望轨迹,T_x、T_y 分别为两个方向的人机交互力矩。选择三个刚度参数(分别设置为 20、50、70),在实验过程中指导受试者向不同的方向发力,可以看到在发力的时候实际轨迹 x 与修正的期望轨迹 x_m 偏离了期望轨迹 x_d,并且偏离程度与刚度参数有直接关系,即刚度参数越大机器人的导纳越大,机器人处于低阻抗状态,受试者有更多的自由运动空间,轨迹误差会增大。

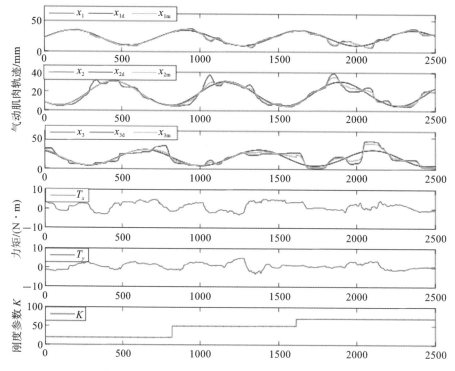

图 5-10　导纳控制参数对导纳控制实验结果的影响

5.3 柔性脚踝康复机器人层级柔顺控制

与刚性机器人不同的是,气动肌肉驱动器具有内在的柔顺性,但目前缺乏对柔性机器人的内在柔顺性调节和控制的研究和验证。本章将充分考虑气动肌肉本身的柔顺性,提出一种包括关节空间柔顺特性和任务空间阻抗特性的层级柔顺控制结构,通过对每根气动肌肉的刚度特性进行建模和控制,实现多自由度脚踝康复机器人的完全柔顺控制,可在人机交互过程中提供真正安全、柔顺、舒适的康复训练辅助[3]。

5.3.1 基于自适应调节的层级柔顺控制

机器人末端执行器与驱动器的刚度是影响其柔顺性的主要因素。在自适应柔顺控制中,当患者参与比较少时,机器人应处于低柔顺(高阻抗)状态,这样会增加机器人的辅助输出量。反之,如果患者参与度比较高,机器人应处于高柔顺(低阻抗)状态,此时患者将在康复训练中拥有较高的自由度。在训练中,可根据交互力和运动数据定量评估患者的运动能力恢复水平[4]。这里提出一种层级自适应柔顺控制策略,如图 5-11 所示,在关节空间和任务空间,机器人的柔顺性都是在线调整的。定义自适应控制器参数为 $v = [v_1, v_2]$,其中,v_1 是三根气动肌肉的标称气压,v_2 是机器人末端执行器的阻抗参数(即刚度)。

在控制过程中考虑患者的运动能力,自适应调节任务空间的阻抗水平。同时,关节空间的柔顺控制则是根据患者的主动参与程度调整气动肌肉的气压,进而调整机器人自身的柔顺水平,例如当患者主动参与增多时降低气动肌肉的标称气压,这时机器人的辅助输出 τ_{rob} 会逐步减小。根据式(5-13),机器人的刚度 K_{rob} 是由气动肌肉的气压决定的,辅助力矩与刚度大小成正相关关系,即气动肌肉在输入较高的气压时会产生较大刚度,机器人会对患者输出较大的辅助力矩,该过程可以表示为

$$p_{nomi} = \begin{cases} p_{min} & p_{nomi} < p_{min} \\ p_0 - k_p \cdot T_{act} & p_{min} \leqslant p_{nomi} \leqslant p_{max} \\ p_{max} & p_{nomi} > p_{max} \end{cases} \quad (5\text{-}30)$$

其中:p_0 是初始标称气压;k_p 是用来调节机器人辅助输出水平的系数;p_{nomi} 是气动肌肉内部气压,驱动器柔顺性最大时设为最小值 p_{min},当气动肌肉内部气压逐渐增大至最大值 p_{max} 时,驱动器刚度及机器人辅助会随之增大。$p_{min} \sim p_{max}$ 的饱和函数阈值可保证气动肌肉内部气压在一个合理范围内。参数通过实际的实验来确定,并且可以根据不同患者在特定康复阶段的训练需求进行相应调节。

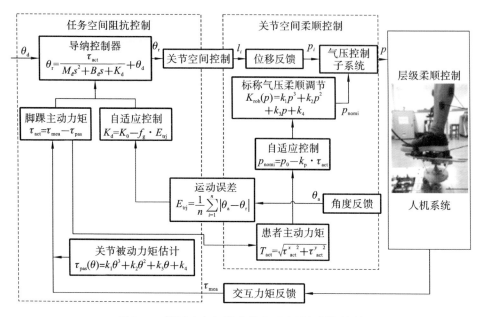

图 5-11　脚踝康复机器人的自适应层级柔顺控制

例如,对于一名健康人,初始标称气压 p_0 可设置为一个较小的值,以确保机器人的柔顺性;而对于一名患者,系数 k_p 就会设置为一个较大值以确保机器人可以快速响应并提供较大的辅助输出。为了消除柔性脚踝机器人辅助水平的限制,驱动器需要具有较好的柔顺性,但是太高或者太低的刚度都没办法保证整个系统的稳定性,因此气动肌肉的内部气压设置规律应该严格遵循公式(5-30)。当患者的主动力矩较大时,减小起辅助作用的气动肌肉内部气压,使得患者需要增加自己的主动努力去完成预定的任务动作。上述的控制方法考虑到了参与者的主动力矩 τ_{act} 和气动肌肉气压,其中 τ_{act} 反映了人在 DP 和 IE 两个方向的运动能力:

$$\tau_{act} = \sqrt{\tau_{act}^{x}{}^{2} + \tau_{act}^{y}{}^{2}} \tag{5-31}$$

上述关节空间的柔顺控制将直接调节机器人本身的柔顺性,因此设计上层阻抗控制器,在充分调动患者积极性的同时最小化机器人的辅助作用。根据患者的运动能力适当调节机器人的辅助力,允许患者在一定误差范围内进行自主运动。当患者的运动状况改善后,机器人的柔顺性将会提高,允许患者在更大的轨迹误差范围内运动,为此提出了一个基于轨迹误差的患者运动能力的评估策略:

$$K_{adm} = \begin{cases} K_{min} & K_{adm} < k_{min} \\ K_0 - f_g \cdot E_{trj} & K_{min} \leqslant K_{adm} \leqslant K_{max} \\ K_{max} & K_{adm} > K_{max} \end{cases} \tag{5-32}$$

其中：E_{trj} 是脚踝运动在前一段时间内的误差，可反映患者的运动能力，见式 (5-33)；K_0 是初始的导纳参数；f_g 是轨迹误差较大时用于减小误差的系数。这些参数的具体数值也通过实际实验确定，以保证整个机器人的稳定平滑运行。

$$E_{trj} = \frac{1}{n} \sum_{i=1}^{n} | \theta_a - \theta_r |$$ (5-33)

其中：n 是采样时间。根据该式可调节机器人的阻抗水平，即当轨迹误差较小时，允许患者在训练过程中具有更大的运动自由，避免患者对机器人过度依赖；反之，当轨迹误差较大时，机器人的导纳减小使之处于一个高阻抗状态，提供较大的辅助力来引导患者运动。因此，该自适应层级柔顺控制方法能为不同患者提供合适的辅助力，并根据患者的实际运动表现实时调节辅助力，以确保最大限度激发患者的主动运动意愿。

5.3.2　层级柔顺实验及结果分析

对提出的机器人自适应层级柔顺控制方法进行测试评估，实验环境如图 5-12所示。实验邀请两位健康参与者，分别记为受试者 S1（男，27 岁，身高 170 cm，体重 61 kg）和受试者 S2（男，31 岁，身高 178 cm，体重 75 kg）。受试者坐在高度可调的椅子上，脚部被固定于脚踝康复机器人末端执行器上，实验包括对关节空间气动肌肉气压调节以及任务空间阻抗模型自适应调节的评估。为确保与受试者进行直接交互的机器人系统评估实验的安全性，气压被控制在合适的范围内，机器人运动的幅度和速度也根据相关函数被限定在合理范围内。

图 5-12　对柔顺控制进行测试的人-脚踝机器人实验系统

在被动控制中，机器人引导受试者的脚踝沿着垂直和水平方向做圆周运动,参考轨迹是一个半径为 0.2 rad、运动周期为 80 s 的圆周,系统采样频率为 0.05 Hz。在两种不同气压条件下做了两组重复的实验(气压分别为 1.5 bar 和 3.0 bar,1 bar=0.1 MPa),以验证不同气压下机器人内在柔顺性的变化。图 5-13 展示了机器人在不同气压条件下的轨迹跟踪情况(实验对象为受试者 S1)。机器人的运动轨迹误差的平均值与均方根值可量化展示机器人的柔顺水平,若这两个误差值较大则机器人处于柔顺状态,反之则表示机器人刚度较大。从前文已知当气压增大时机器人的刚度增大、柔顺性减小,此时轨迹跟踪误差也会相应减小。从实验中可以看到,在不同气压条件下(这里气压由 1.5 bar 增大至 3.0 bar),机器人的柔顺性减小,轨迹误差由 0.005 rad 下降为 0.0038 rad,说明机器人提供了更多的辅助。该组实验只改变了机器人在关节空间的柔顺性,未在任务空间提供自适应控制。从实验结果中可发现,当患者从关节运动能力高度受损状态逐步恢复时,该方法难以充分激发患者的主动运动能力,无法让患者充分参与到康复训练中。

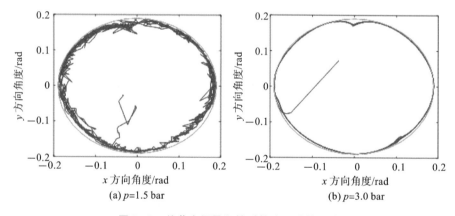

图 5-13　关节空间柔顺性对轨迹跟踪的影响

为了在任务空间激发患者的主动意愿,设计了一个促进患者运动的游戏,在游戏中脚踝康复机器人将引导患者在 DP 和 IE 方向运动。如图 5-14 所示,在游戏里屏幕的两边会随机出现地鼠,受试者必须控制自己的脚(相当于控制机器人的方向)去敲打目标,即图 5-14(a)中的地鼠(目标在 x、y 方向的位置均为 0.2 rad)。该游戏可鼓励患者在每次训练中尽自己最大努力敲打更多的目标地鼠。在游戏过程中,机器人的辅助输出力会尽量减小以鼓励患者主动参与康复训练。各个康复阶段中,受试者会有 200 s 的时间来敲打尽可能多的地鼠,此后有 5 min 休息时间。图 5-14(b)展示了受试者 S1 在机器人辅助下的动平台运动轨迹实验结果,可见在重力的影响下 y 方向会有更大的轨迹误差,相比于 x 方向的运动更难精准执行。

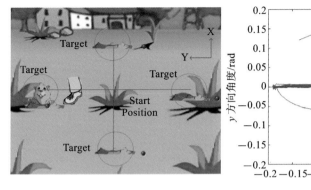
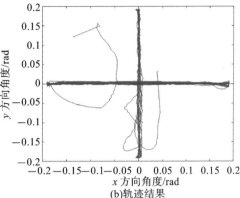

(a) 游戏界面　　　　　　　　(b)轨迹结果

图 5-14　任务空间基于阻抗控制的交互游戏

融合关节空间柔顺调节和任务空间阻抗控制,形成层级柔顺控制结构,通过两名受试者验证其能否根据患者的参与度与运动能力调整机器人的刚度。利用脚踝主动力矩来评估患者的参与度,而运动能力可由轨迹误差得到。测试评估每位受试者的运动能力,基于实验确定控制参数进而保证机器人可满足每位受试者的康复训练需求。控制中 p_0 和 k_0 是基础值,k_p 和 f_g 是加权值,用来调节人的主动运动对机器人柔顺性的影响。当受试者需要较大的辅助力时,p_0 的值较大。实验中受试者的参数被分别设置为:(S1)$p_0=2$,$k_p=0.045$,$k_0=0.2$,$f_g=0.3$;(S2)$p_0=1.8$,$k_p=0.03$,$k_0=0.1$,$f_g=0.3$。在一定范围内调节所有的参数用来保证整个系统的稳定性。受试者被要求每 100 s 增加一次他们的主动运动能力,实验进行 400 s,可分为四个阶段,分别为阶段 A(0~100 s)、阶段 B (101~200 s)、阶段 C (201~300 s)、阶段 D(301~400 s)。气压根据脚踝力矩进行在线调整,而阻抗参数则根据受试者的运动误差进行调节。

图 5-15 展示了受试者在自适应层级柔顺控制下的训练效果。图中展示了康复训练的四个阶段(阶段 A~D,横坐标为采样点数,采样频率为 30 Hz),受试者的主动参与程度逐渐增加;蓝、红线分别表示两位受试者 S1 与 S2 的实验结果。图 5-15(a)所示的是受试者主动力矩的改变,图 5-15(b)所示的是运动的误差,图 5-15(c)所示的是气动肌肉的气压,图 5-15(d)所示的是机器人在任务空间内的阻抗调节。在控制过程的阶段 A 中,两位受试者的主动运动意愿都较弱,运动误差较大,控制方法会调节机器人的柔顺性至一个较低值,确保机器人能引导受试者的脚踝沿着期望轨迹运动并提供充足的辅助力。从阶段 B 到阶段 C,受试者的运动误差均出现了明显变化,当受试者被要求做更多努力时主动力矩有很明显的增大。在阶段 D 中,受试者做了更多的努力,此时机器人的柔顺性也处于较高水平,即气压较低、导纳较高。这一系列变化规律说明提出

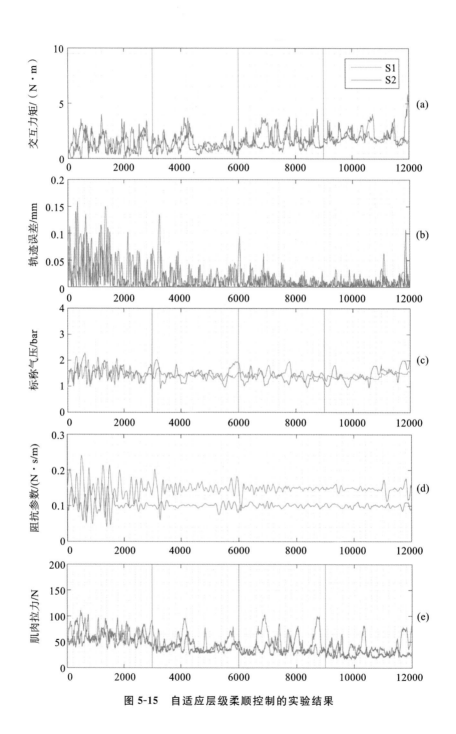

图 5-15 自适应层级柔顺控制的实验结果

的层级柔顺控制策略可以根据受试者的主动参与程度和运动能力改变机器人的柔顺性。图 5-15(e)展示了气动肌肉的平均收缩力大小，即机器人的辅助输出。表 5-2 给出了统计数据，可见两位受试者从阶段 A 到阶段 D 的主动参与度逐渐增加，运动误差逐渐减小。这表明患者运动能力逐渐提高时，机器人可逐渐降低辅助水平并提高柔顺性。

表 5-2　两位受试者在训练阶段 A～D 的统计结果

受试者		力矩/(N·m)	误差/rad	标称气压/bar	阻抗参数/(N·s/m)	输出力/N
S1	阶段 A	1.24±0.64	0.047±0.011	1.55±0.05	0.143±0.001	63.52±14.95
	阶段 B	1.44±0.34	0.021±0.002	1.45±0.07	0.146±0.003	45.02±6.37
	阶段 C	1.78±0.51	0.013±0.004	1.42±0.02	0.147±0.001	40.31±8.41
	阶段 D	2.05±0.52	0.011±0.003	1.39±0.01	0.148±0.001	34.71±7.63
S2	阶段 A	1.23±0.64	0.025±0.007	1.53±0.06	0.096±0.004	60.45±10.73
	阶段 B	1.41±0.38	0.017±0.005	1.47±0.06	0.097±0.005	43.20±7.82
	阶段 C	1.52±0.46	0.007±0.003	1.46±0.04	0.099±0.002	40.86±9.30
	阶段 D	2.94±0.35	0.006±0.003	1.34±0.01	0.100±0.003	31.11±5.91

图 5-16 显示了两位受试者在游戏训练中从被动阶段(阶段 A)到主动阶段(阶段 D)的运动表现。从两位受试者的各个阶段表现可以看到，机器人可为患者提供更加有效的康复辅助。表 5-2 中也记录了两位受试者的实验数据，其中主动力矩和运动误差(均值和标准差)显示了在各个阶段受试者的运动能力；而气压、阻抗参数、气动肌肉平均拉力(均值和标准差)则展示了机器人在每个阶段的输出。从表 5-2 可看出，受试者在阶段 A 的表现不活跃，比如 S1 的轨迹平均误差超过了 0.04 rad，机器人的辅助水平较高。而在阶段 D，受试者良好的运动表现(S1 的轨迹平均误差仅为 0.011 rad)使得机器人的辅助水平明显降低(表现为气动肌肉驱动力的减小)。虽然受试者被限制了主动参与能力，但是机器人通过调节自身的辅助水平及柔顺性取得了较好的康复效果。因此，机器人可根据受试者完成康复任务的需求调节其辅助输出水平，从而最大化受试者主动参与康复训练的运动意愿。

柔顺控制在康复领域非常重要，然而当前的大多数研究还是在传统刚性机器人上进行的[5]，最常用的控制方法是任务空间的阻抗控制[6]。Hussain 等[4]提出了一种基于患者主动运动能力调节机器人末端阻抗的自适应阻抗控制方法。Jamwal 等[7]也提出了一种类似的应用在气动肌肉驱动的机器人上的柔顺控制策略。当前大多数研究都只将注意力放在了任务空间而忽略了气动肌肉

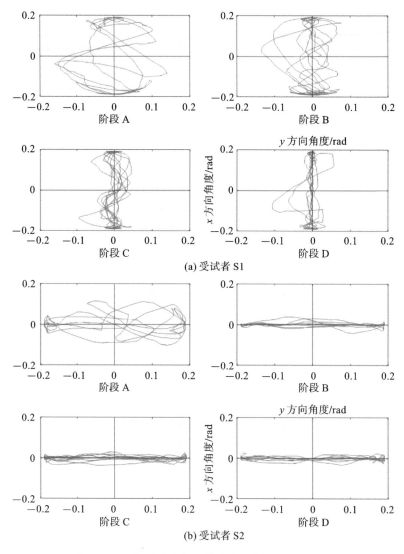

图 5-16　两位受试者参与游戏的运动轨迹实验结果

本身的柔顺性。Wilkening 等[8]为软肘训练器设计了一种自适应辅助控制器，直接控制气动弯曲关节的支撑压力，驱动器刚度受初始气压影响，但是没有研究二者的关系。Choi 等[9]提出了一种可分别控制机器人位置和柔顺性的方法。最近的研究指出康复机器人的辅助水平需要实时可变，才能实现按需辅助从而最大化康复效果[10]，而所提出的控制策略可鼓励患者主动参与。Meng 等提出了一种鲁棒迭代反馈控制，在机器人的迭代控制中实现了更好的轨迹跟踪效果[11]，然而该控制方法仅针对运动控制，没有考虑人的主动交互。Zhang 等提出了一种患者合作控制策略,然而该研究仅实现了任务空间内的自适应阻抗控制[12];没有考虑到气动肌肉驱动器本身的柔顺性;也没有考虑到机器人柔顺性与受试者主动运动行为之间的交互性。目前其他在柔性康复机器人上的研究也没有将任务空间和关节空间结合起来考虑,本书率先提出了一种层级柔顺控制结构,结合了任务空间的导纳控制和关节空间的柔顺控制。不同于常规的康复设备柔顺控制,本书的控制方法直接改变每根气动肌肉的气压从而改变机器人本身的柔顺性;针对柔性脚踝康复机器人提出了包含两种策略的层级柔顺控制方法,能根据受试者的主动参与情况和运动能力提供适当的机器人辅助。实验结果表明该新型层级柔顺自适应控制是一种在动态康复环境中有效的控制方法。

单一的关节空间柔顺控制难以激发患者的主动运动意愿;同样,单一的任务空间柔顺控制与普通的应用在刚性机器人上的控制方法并没有什么不同。在这种单一任务空间控制中,机器人的刚度和辅助输出由误差决定或保持不变。本书提出的层级柔顺控制方法加强了机器人辅助康复的柔顺性效果,其自适应能力使得机器人可根据主动力矩实时改变机器人的辅助水平并根据受试者的运动能力调节机器人的阻抗参数。在实验中所有受试者的动作误差都维持在一个较低水平,机器人的辅助水平也在随着气动肌肉气压的减小而降低,同时机器人的导纳水平升高。这表明本书提出的控制方法可根据受试者的主动参与能力和运动表现在任务空间和关节空间调节机器人的辅助水平。此外,为了避免受试者因对游戏的逐渐熟悉而掌握一些技巧从而影响对运动能力的正确评估,受试者在正式实验之前均会参与熟悉训练。

5.4　本章小结

本章提出了一种面向气动肌肉驱动的柔性脚踝康复机器人的新型层级柔顺自适应控制方法,通过对患者脚踝主动力矩和运动能力的在线估计,调节机器人关节空间的标称气压和任务空间的阻抗参数,实现了柔性康复机器人的层级柔顺控制。两名受试者参与了层级柔顺控制实验,结果显示该方法既可调节机器人的辅助水平,又可激励受试者更主动地完成任务动作。不同于传统阻抗控制引导受试者跟踪或修正轨迹的方法,本章所提方法从机器人本身和任务空间两个层次提高机器人的柔顺性,充分发挥了柔性机器人的交互能力,为柔性康复机器人的新型协作控制提供了参考,为后续的生物主导协作控制研究奠定了基础。

本章参考文献

[1] SAROSI J, BIRO I, NEMETH J, et al. Dynamic modeling of a pneumatic muscle actuator with two-direction motion[J]. Mechanism and Machine Theory, 2015, 85:24-34.

[2] ZHANG M, SHENG B, DAVIES T C, et al. Model based open-loop posture control of a parallel ankle assessment and rehabilitation robot [C]//Proceedings of the IEEE International Conference on Advanced Intelligent Mechatronics, 2015.

[3] 徐图. 气动肌肉驱动脚踝康复机器人控制方法研究[D]. 武汉:武汉理工大学, 2015.

[4] HUSSAIN S, XIE S Q, JAMWAL P K. Adaptive impedance control of a robotic orthosis for gait rehabilitation[J]. IEEE Transactions on Cybernetics, 2013, 43(3): 1024-1034.

[5] LIU Q, LIU A, MENG W, et al. Hierarchical compliance control of a soft ankle rehabilitation robot actuated by pneumatic muscles[J]. Frontiers in Neurorobotics, 2017, 11.

[6] LERNER Z F, DAMIANO D L, BULEA T C. A lower-extremity exoskeleton improves knee extension in children with crouch gait from cerebral palsy[J]. Science Translational Medicine, 2017, 9(404).

[7] JAMWAL P K, HUSSAIN S, GHAYESH M H, et al. Impedance control of an intrinsically compliant parallel ankle rehabilitation robot [J]. IEEE Transactions on Industrial Electronics, 2016, 63 (6): 13638-13647.

[8] WILKENING A, STOPPLER H, IVLEV O. Adaptive assistive control of a soft elbow trainer with self-alignment using pneumatic bending joint [C]//IEEE International Conference on Rehabilitation Robotics. IEEE, 2015.

[9] CHOI T Y, LEE J J. Control of manipulator using pneumatic muscles for enhanced safety[J]. IEEE Transactions on Industrial Electronics, 2010, 57(8): 2814-2825.

[10] AWAD L N, BAE J, O'DONNELL K, et al. A soft robotic exosuit improves walking in patients after stroke[J]. Science Translational

Medicine，2017，9(400).

［11］ MENG W，XIE S Q，LIU Q，et al. Robust iterative feedback tuning control of a compliant rehabilitation robot for repetitive ankle training ［J］. IEEE/ASME Transactions on Mechatronics，2017，22（1）：173-184.

［12］ ZHANG M，XIE S Q，LI X，et al. Adaptive patient-cooperative control of a compliant ankle rehabilitation robot （CARR） with enhanced training safety ［J］. IEEE Transactions on Industrial Electronics，2018,99.

第 6 章
基于生物信号的人机交互接口

6.1 基于肌电信号的运动意图识别

肌电信号(EMG)能够直接反映人的身体状态与运动意图,被广泛应用于康复医疗与智能仿生中。其中,sEMG 由于蕴含丰富信息,采集技术成熟且无创,成为最常用的运动意图识别信号源之一。但人体生理结构的复杂性以及患者 sEMG 的不稳定性使得单一 sEMG 信号源的识别效果并不理想。当前研究证明,将 sEMG 与其他类型的信号源相结合进行分析,能有效提高识别效果[1,2]。本章将介绍基于 sEMG 与其他类型信号结合的多源运动意图识别。

6.1.1 肌电信号预处理与特征提取

1. sEMG 信号预处理

sEMG 极易受到干扰,因此,需要对 sEMG 进行消噪处理。常用的消噪方法有经验模态分解和小波去噪。席旭刚等[3] 将两种方法相结合,利用经验模态自相关确定噪声含量,并对相应模态函数进行小波去噪,确定自适应阈值来对信号进行小波去噪,实验结果表明该方法行之有效[4,5]。

利用 sEMG 进行动作识别,必要时还需要检测动作的起始点,常用的方法是利用滑动窗口中的能量阈值判断肌肉的起始点[6,7]。A. Avila 等[8] 对肌电信号进行低通滤波,根据包络极值点确定起始点的判断阈值。T. Lorrain 等[9] 利用 Teager-Kaiser 能量算子来判断起始点,判断延时更小。

在预处理中,需要对信号进行加窗处理,随着窗口移动,不断地获取当前的实时信号段。常用的加窗方式包括无叠加和有叠加两种,叠加窗口可更充分利用信号中的信息。A. Phinyomark 等[10] 对不同的分析窗口长度和滑动距离组合进行了实验研究,当滑动步长为 125 ms,窗口长度从 125 ms 到 250 ms 逐步增加时,识别率提高,之后随着窗口长度增加识别率的增加变得平缓。窗口长度太大时需要考虑时延问题。

2. sEMG 特征提取

特征提取包括时域、频域、时频域以及非动力学分析等方法。特征值的选取对分类结果影响较大，在经过多次训练后，质朴的分类器方法和复杂的分类器算法并没有太大差别。

时域特征计算量小，维度低，是最常用的特征之一，包括过零点数、绝对平均值、绝对值积分、波形长度、符号改变率等特征。在使用时也常将几个时域特征进行联合，以包含更多的信息，这样往往可以提高系统识别率[11]。

自回归（auto regressive，AR）模型参数分析也是使用较为广泛的分析方法之一，该方法多采用频域信息。从本质来看，sEMG 是一种非平稳且非高斯信号，但短时间的活动段可看作准平稳过程，在此过程中可用一个线性滤波器来描述 sEMG。通常 6 阶的 AR 模型取得的分类效果较好。

时频域分析可以同时反映信号在时域和频域的信息，对非平稳随机信号的分析具备很大优势。目前针对 sEMG 分析最常用的方法是小波变换和希尔伯特-黄变换。T. Puttasakuf 等[12]以小波系数的均方根和倒谱系数作为特征；S. Mane 等[13]采用小波变换，取每层系数极值的最大值作为特征。然而，时频域分析法存在计算量大、特征维数高的问题。

本章参考文献[10]对近几年文献中常用的 50 多种特征值进行了比较，结果表明时域特征要优于频域特征。sEMG 采集通道数较多，选择时频域特征或者多个时域特征的组合会造成特征维数较大的问题，加大分类器的计算量，甚至损减识别效果。对此，可通过主成分分析（principal components analysis，PCA）、线性判别分析（linear discriminant analysis，LDA）等方法，对特征向量进行压缩转换。同时，H. Huang 等[14]利用蚁群算法从多种特征的组合中选出最优组合，在保证识别效果的同时有效地减少了特征的信息冗余。

6.1.2 下肢多源特征参数分析

本节针对 sEMG 与大腿加速度、角加速度融合而成的多源信号进行分析。

sEMG 和加速度信号都是非平稳随机信号，描述动作特性的信息隐匿其中。由于全部数据所包含的信息有非常大的耦合和同质性，若将全部数据输入分类器，结果往往是不理想的，而且原始特征数据量大，计算负荷大，因此在多源信号采集后，需要检测活动段，再从中分析出特性成分，以此进行分类、识别，即特征提取和特征选择。

1. 动作活动段检测

为了更精确地进行分类识别，需要将不同的动态动作从采集到的整段数据中提取出来，这样的处理称为活动段检测。常用方法有阈值法、移动平均方法、自组织人工神经网络等。

选择结合阈值的移动平均方法来进行活动段检测,具体步骤如下。

(1) 首先计算四通道肌电信号的平均瞬时能量序列 $E(t)$,如式(6-1)所示,其中 C 为肌电信号通道数量。

$$E(t) = \left[\frac{1}{C} \sum_{k=1}^{C} s_k(t) \right]^2 \tag{6-1}$$

(2) 对 $E(t)$ 用窗宽 $W = 64$ 的滑动窗进行移动平均,得到 $E_{\mathrm{MA}}(t)$,如式(6-2)所示。

$$E_{\mathrm{MA}}(t) = \frac{1}{W} \sum_{i=t-W+1}^{t} E(i) \quad t \geqslant W \tag{6-2}$$

(3) 根据 $E_{\mathrm{MA}}(t)$ 选择适当的阈值进行起止点提取。起点为 $E_{\mathrm{MA}}(t)$ 超过阈值且之后 64 个窗的 $E_{\mathrm{MA}}(t)$ 均超过阈值的第一个点,终点为 $E_{\mathrm{MA}}(t)$ 低于阈值且之后 64 个窗的 $E_{\mathrm{MA}}(t)$ 均低于阈值的第一个点。

(4) 起止点之间的数据段即为活动段。

根据实验,阈值一般为信号瞬时能量峰值的 2%。

坐下起立动作的多源动作活动段提取结果如图 6-1 所示,上方是 sEMG,下方是同步的角度信号,横坐标为采样点数。根据 sEMG 的活动段检测可以对相应多源信号进行活动段提取,分别对坐下、起立两个动作提取活动段,为进一步处理做准备。

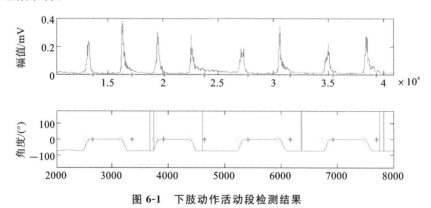

图 6-1　下肢动作活动段检测结果

2. 多源特性信息的特征参数提取

特征提取是从原始数据的高维样本空间所对应的低维样本特征空间中提取出最能区分不同动作的特征。特征提取的优劣将直接影响模式识别的正确率。

1) sEMG 特征参数提取

考虑到下肢动态动作识别所需的信息量大,因此采用无叠加窗口分析,尽可能地加大窗口长度,从而包含更多动作信息。将 sEMG 特征分析窗口长度设置为 300 个采样点,分析窗口提取 sEMG 不超过 300 ms,在保证信息量的同时使延时尽量短。

(1) Willison 幅值。

Willison 幅值(WAMP)特征样本可表示肌肉的收缩强度,如式(6-3)所示。

$$\text{WAMP} = \sum_{i=1}^{N-1} f(\mid x_i - x_{i+1} \mid) \tag{6-3}$$

其中:

$$f(x) = \begin{cases} 1, & x > \text{阈值} \\ 0, & \text{其他} \end{cases}$$

目前认为 $50 \sim 100~\mu\text{V}$ 是最合适的阈值范围[15]。五个不同动作模式的四通道 sEMG 的 Willison 幅值特征分布如图 6-2 所示。

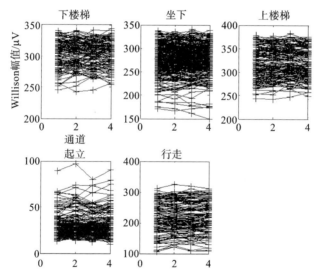

图 6-2　表面肌电信号 Willison 幅值特征分布

(2) 波形长度。

波形长度(wave length,WL)的数学表达式如式(6-4)所示,它是对某一分析窗中的波长的统计,可体现该样本的持续时间、幅值和频率。

$$\text{WL} = \frac{1}{N} \sum_{i=1}^{N-1} \mid x(i+1) - x(i) \mid \tag{6-4}$$

五种模式的 WL 的特征分布如图 6-3 所示,可看出坐下和行走两种动作的特征值域有重叠,此时就需要引入其他特征才能用于识别。

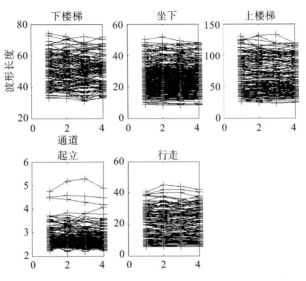

图 6-3　表面肌电信号 WL 特征提取结果

（3）AR 模型。

从四通道 sEMG 提取 AR 模型参数如式（6-5）所示。

$$e_k(n) = -\sum_{i=1}^{p} \alpha_{pi} e_k(n-i) + u(n) \qquad (6\text{-}5)$$

通过 Yule-Walker 方程对 AR 模型参数进行分析并使用 Burg 递推算法对其进行递推求解。为了得到更精确的估计系数，再结合 L-D 递推算法，计算得到 AR 模型低阶到高阶的参数作为特征值进行分类识别。

阶次选择对 AR 模型的性能有很大影响。阶次过高会出现分裂、振动，阶次过低，则会出现平滑、分辨率低的结果。同时，作为模式识别中的特征向量，特征维数也需要根据分类器综合考虑。使用最终预测误差（final prediction error, FPE）来对模型阶次进行衡量[16]。FPE 定义为

$$\text{FPE}(p) = \frac{N-1+p}{N-1-p}\sigma^2(p) \qquad (6\text{-}6)$$

其中：p 为 AR 模型的阶次；N 为采样点数；$\sigma^2(p)$ 为 p 阶 AR 模型估计方差。若 FPE 为极小值，则取得最佳阶次 p。

对于本节的四通道 sEMG，每个动作四个通道的各阶平均 FPE 值结果如表 6-1 所示。

表 6-1　四通道表面肌电信号的 AR 模型平均 FPE 值

p	2	3	4	5	6	7	8
动作 1	4.357	3.825	1.806	1.729	1.459	1.346	1.331

续表

p	2	3	4	5	6	7	8
动作 2	6.353	4.624	2.371	2.345	1.685	1.621	1.564
动作 3	2.518	1.817	1.565	1.512	1.124	1.069	0.913
动作 4	4.410	3.989	1.485	1.479	1.366	1.321	1.287
动作 5	3.286	2.166	1.397	1.358	1.236	1.187	1.055

由表 6-1 可知,当 $p > 4$ 时,FPE 值的减小幅度较小,即阶次增加不会对分类效果有明显改善。但阶次增大会增加运算量。相关研究表明,p 取 4~6 时,识别性能最强。综上,取 $p = 4$。

五种动作模式的 4 阶 AR 模型特征提取的特征矢量分布如图 6-4 所示。

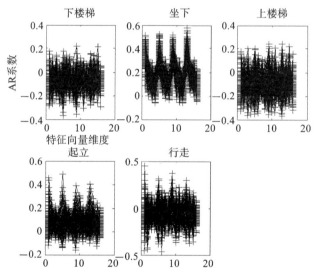

图 6-4　表面肌电信号 4 阶 AR 模型特征提取结果

(4)小波变换分析。

使用 sym4 母小波,对 sEMG 进行四级小波分解,并使用第四级分解系数的最大值作为特征向量,其特征向量空间分布如图 6-5 所示。

2)加速度特征参数提取

加速度信号与 sEMG 相似,其特征分析方法也基本类似。对加速度信号进行小波变换、AR 模型参数分析、WL 分析,通过 PCA 和蚁群优化,可以得出加速度的最优特征参数是小波变换系数。由于加速度的采样频率为 200 Hz,是肌电信号采集频率的 1/5,因此加速度和角度的分析窗口长度为 60 个采样点。使用 sym4 母小波,对加速度信号进行三级小波分解,取三级小波分解系数的最大

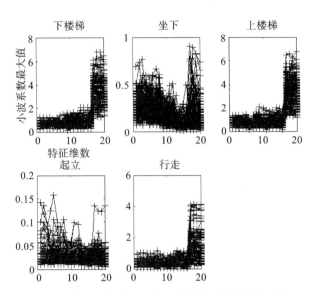

图 6-5　表面肌电信号四级小波变换系数最大值分布

值作为特征向量。其特征向量空间分布如图 6-6 所示。

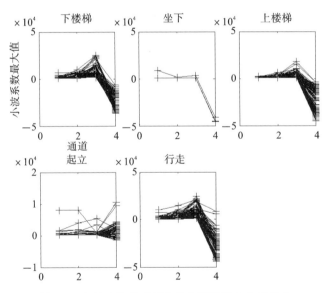

图 6-6　加速度信号三级小波变换系数最大值分布

3）角度特征参数——角度变化值

大腿角度最重要的信息是大小和变化趋势，所以使用角度变化值即窗末端的角度值减去窗开端的角度值来表征角度信息。角度变化特征的空间分布如图 6-7 所示，图中纵轴表示角度（°），横轴表示采样点数。

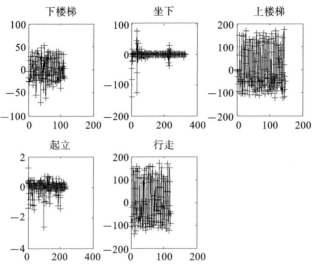

图 6-7　角度信号中角度变化特征空间分布

3. 基于蚁群优化的特征选择

多源信号的多个特征需要进行融合,但是特征维数过大会造成冗余并带来过大的计算量,且分类表述不够明显的特征也会增加分类器误判的可能,所以需要利用特征选择、数据归一化等方法构成最优的联合特征。为此提出一种优化的蚁群算法 ACS-mRMR 进行特征选择,使得特征更具可分性。

ACS-mRMR 特征选择方法应用于下肢动作模式分类的流程如图 6-8 所示。在特征选择部分,每个蚂蚁使用二进制向量编码表示一个特征子集。如果第 i 个特征被选中,对应的蚂蚁被编码为 1,否则编码为 0。每个蚂蚁构建一个包含 n 个特征的子集。此方法可寻找实现最低分类错误的最少数量的特征,主要有以下步骤[17]:

第一步:初始化蚁群优化算法的参数,包括信息素初始水平 τ_0,特征的启发式值 η_m,蚂蚁数量 m,最大迭代数量 I_{max} 和可调参数 α、β 和 q_0。

第二步:构造一个随机被选择的特征,并使用 mRMR 标准选择其余的 $n-1$ 个特征组成候选特征子集。

第三步:使用已训练的分类器验证测试样本的分类精确度。

第四步:全局更新规则应用于可产生最佳分类精确度的特征子集,局部更新规则应用于其他特征。

第五步:寻找能产生最高分类精确度的局部最佳特征子集。如果没有达到迭代数的最大值 I_{max},回到第二步,继续使用 mRMR 标准构造候选方案。如果达到迭代数的最大值 I_{max},则进行下一步。

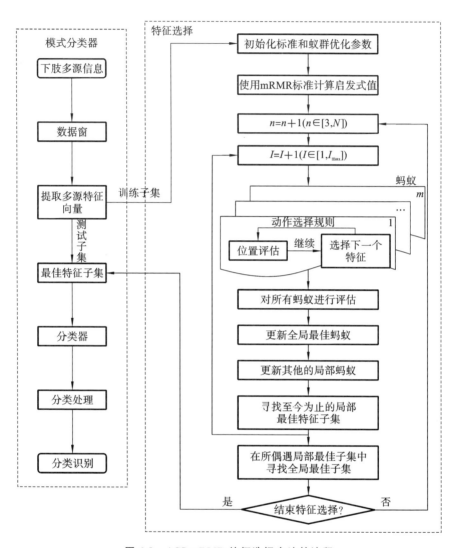

图 6-8 ACS-mRMR 特征选择方法的流程

第六步:在所有局部最佳特征子集中寻找产生最高分类精确度的全局最佳特征子集。

第七步:增加特征数量 $n \leftarrow n+1$,继续探寻,特征数量 $n \in [3, N]$。

第八步:通过两个标准来决定是否停止搜索。①使用最后三个最佳全局解决方案的分类精确度;② $n \leftarrow N$。

如果满足终止条件,输出产生最高分类精确度的全局最佳特征子集,并使用已训练的分类器对此特征子集进行分类;否则,回到第二步继续循环。

对四通道 sEMG 的 AR 模型参数(16 维,涉及 4 通道、4 阶系数)、WL(4 维)、

WAMP（4 维）、小波变换（WT，20 维，涉及 4 通道、四级小波分解＋母小波分解）进行提取，将其结合为一个 44 维联合特征矩阵 CF。采用径向基函数（radial base function，RBF）神经网络作为分类器进行蚁群优化评价和动作分类。

在 RBF 神经网络实现基于蚁群系统（ACS）的特征选择之前，可调参数的适当赋值是很重要的，不合适的参数值会影响蚁群优化的收敛时间。蚂蚁数和迭代次数应足以探索一切可能的解决方案，同时尽可能少地花费时间。

蚂蚁的初始数量设置为 4～12，以步长 2 增加。迭代次数初始值设置为 6～14，以步长 2 增加。不同蚂蚁数和迭代次数下 CF 的 RBF 神经网络分类精确度如图 6-9 所示。当蚂蚁数或迭代次数增加到一定的值后分类精确度降低了，这种现象与前人的研究结果一致。蚂蚁数和迭代次数的增加会造成计算复杂度增加，对肌电义肢的实时控制不利。权衡分类精确度和计算时间，设置蚂蚁数为 10，迭代次数为 8，$\alpha=0.8$，$\beta=2$，$q_0=0.8$。

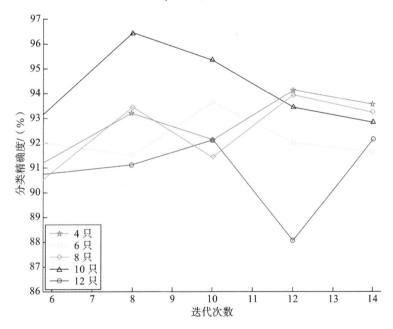

图 6-9　不同蚂蚁数和迭代次数下 CF 的 RBF 神经网络分类精确度

实验得到的最优特征空间分布如图 6-10 所示，蚁群优化联合特征样本按类群聚，同一动作状态下的空间分布密集，不同动作状态下的空间分布分散。此蚁群优化的联合特征能使得 RBF 分类器的分类准确率达到 96％以上。

4. 数据归一化处理

融合后的联合特征存在着量级尺度差别，导致识别过程复杂且识别难度增

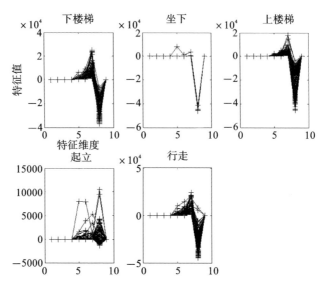

图 6-10   蚁群优化联合特征的空间分布

大,所以要对联合特征进行归一化处理。

将初始特征数据集 X_i 归一化到 $[Y_{\min}, Y_{\max}]$ 区间内,$[Y_{\min}, Y_{\max}]$ 一般取 $[0,1]$ 或 $[-1,1]$。归一化后,X_i 转化为 Y_i,同时归一化的映射模式会记录在算法中。

$$Y_i = Y_{\min} + (Y_{\max} - Y_{\min}) \times \frac{X_i - \min(X_i)}{\max(X_i) - \min(X_i)} \tag{6-7}$$

归一化后的蚁群优化联合特征矢量的空间分布如图 6-11 所示。由图可见,经过蚁群选择和归一化后,五个动作的联合特征矢量的空间分布有明显的区别,具备可分类性。

6.1.3   基于多源信息的运动意图识别

动作识别的关键是要设计合理的分类器,根据不同的特征空间分布特性,所选取的模式识别算法也是不同的。

本节提到的特征是经过特征选择和数据归一化的联合特征,对该特征的分析属于复杂的小样本数据分析。RBF 是一种有中心且以中心点径向对称呈辐射状衰减的非线性核函数,对高维数据分析能力强。经过对联合特征的分析,选择 RBF 神经网络和 RBF 核函数支持向量机(support vector machine, SVM)进行模式识别,并对分类器进行优化设计。

1. 基于高斯核函数的 RBF 径向基神经网络分类器

RBF 神经网络,是一种采用局部调节和重叠的接受域进行函数映射的局部

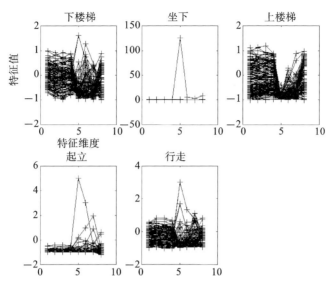

图 6-11　归一化后的蚁群优化联合特征矢量的空间分布

逼近网络。经过多次实验可得到 RBF 最优参数值,网络的期望误差为 0.01,径向基神经元的散布常数为 1,步数为 4,训练最大次数为 100。

　　经过最优参数 RBF 神经网络的训练,其识别结果为 95.95%,如图 6-12 和表 6-2 所示。该分类器对坐下、起立样本的识别率达到 100%,主要识别错误发生在对上、下楼梯两个动作的识别,上楼梯和下楼梯两个动作比较容易被混淆。

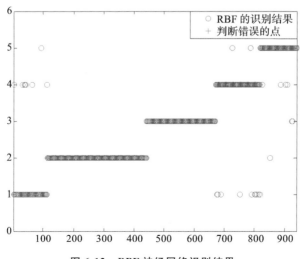

图 6-12　RBF 神经网络识别结果

多自由度并联康复机器人及其人机交互控制

表 6-2 RBF 神经网络的动作识别结果

动作	下楼梯	坐下	起立	上楼梯	行走	总识别率
下楼梯	104	0	0	10	0	
坐下	0	327	0	0	1	
起立	0	0	230	0	2	—
上楼梯	7	1	0	141	3	
行走	1	0	0	2	115	
识别率	92.86%	99.70%	100%	92.16%	95.04%	95.95%

2. 基于高斯核函数的 PSO-SVM

相比神经网络存在网络结构无标准的理论指导、维数灾难、非线性、欠学习以及极易陷入局部极小点等问题，SVM 具有相对完整的理论架构，具有高适应度和优化全局的能力，且其训练时间较短。对于非线性高维且样本信息有限的小样本，SVM 能够更好地平衡系统复杂性、学习能力和识别能力。

1）基于 PSO 的 SVM 分类

本小节提出基于 PSO（粒子群优化）的 SVM 系统，该系统的作用是通过自动求解 SVM 模型参数的最佳值来优化分类器的精确度[18]，其优化流程见图 6-13。

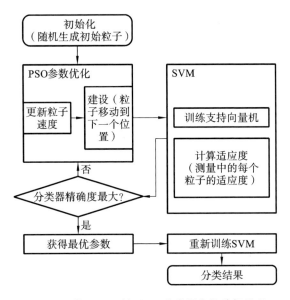

图 6-13 基于 PSO 的 SVM 分类器参数选择流程

每个粒子的位置看作 SVM 分类器的惩罚因子 C 和内核参数 γ。分类器精确度决定适应度函数,高分类精确度粒子的适应度高。为了确定适应度,训练集对每个粒子使用十倍交叉检验,其平均正确率作为适应度值[19]。

2）PSO-SVM 分类识别结果

对采样样本进行活动段提取、特征提取、优化、降维,得到多源特征信息的训练样本和测试样本。使用 PSO-SVM 分类器进行训练,得到更精确的肌电信号分类效果。基于 PSO 的 SVM 算法设置惩罚因子 C 的搜索范围为 0.1～100,γ 的搜索范围为 0.01～1000。PSO 算法对种群的规模依赖性不大,一般来说,种群规模为 30 即可,故本实验的种群规模选为 30。惯性权重 k 影响算法的全局和局部搜索能力,根据多次实验,k 值设定为 0.6。学习因子表示粒子的加速权值,c_1 和 c_2 分别表示全局和局部的加速权值,其取值范围一般为 0～2,最后确定 $c_1=1.6$,$c_2=1.5$。最大迭代进化次数需要凭多次实验和经验确定,根据实验确定最大迭代次数为 300。实验得到的适应度曲线如图 6-14 所示。

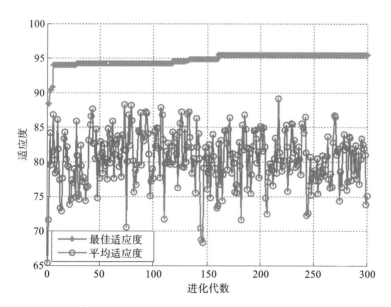

图 6-14　PSO-SVM 适应度随进化代数增加而变化的曲线

使用联合特征做训练样本和测试样本,经过 PSO-SVM 的训练,其识别结果为 96.31%,如图 6-15 和表 6-3 所示。该分类器系统对坐下、起立样本的识别率将近 100%,主要识别错误是在上、下楼梯两个动作之间的互相误识别。

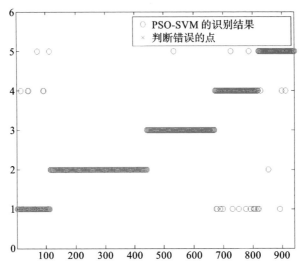

图 6-15　PSO-SVM 的动作识别结果

表 6-3　PSO-SVM 的动作识别结果

动作	下楼梯	坐下	起立	上楼梯	行走	总识别率
下楼梯	106	0	0	12	1	
坐下	0	327	0	0	0	
起立	0	0	230	0	0	—
上楼梯	6	0	0	134	3	
行走	0	1	0	2	117	
识别率	94.64%	99.70%	100%	90.54%	96.69%	96.31%

3. 不同分类器识别效果比较

对训练样本和测试样本用 FLD 分类器、BP 神经网络也进行了分类识别，这两种分类器的识别率分别只有 89.65% 和 92.08%，与优化的 RBF 和 PSO-SVM 两种分类器有很大差别，如图 6-16 所示。本节提出的两种方法在识别率和识别效果上有很大的优势，并且比 BP 神经网络的延迟时间短很多，更具备实时性，成为下一步主动控制的有利前提。吴剑锋等[20] 提出一种基于简约 SVM 多元分类的下肢动作识别算法，是一种利用迭代方法增大聚类半径，以简化支持向量的方法，表 6-4 所示为其方法的识别结果。

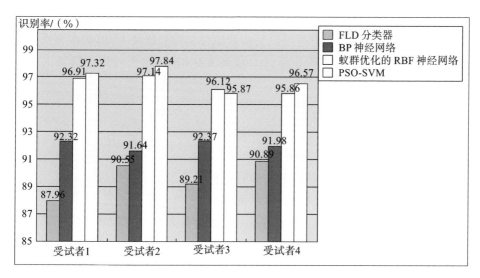

图 6-16 四种分类器分类结果比较

表 6-4 本章参考文献[20]中得到的动作识别结果

动作	上楼梯	起立	下楼梯	行走	总识别率
受试者 1	90	100	90	75	
受试者 2	85	90	85	85	
受试者 3	80	90	75	80	—
受试者 4	85	90	85	80	
受试者 5	90	80	80	90	
受试者 6	80	90	85	80	
识别率	85%	90%	83.33%	81.67%	85%

　　对比可见,本节所采用的 PSO-SVM 分类器及整体系统设计取得了更好的识别效果,且识别的动作种类更多。经过分析对比,本节设计的系统及算法的优势在于以相同高斯内核的支持向量机为基础,PSO-SVM 能够通过算法自动找到最优解,以进行分类识别,得到最优识别结果。而本章参考文献[20]中的简约支持向量机是利用算法计算差异阈值,简化迭代的方法,该算法可以简化支持向量,但无法找到最优分类结果。

6.2 神经肌肉模型及其控制接口

　　康复机器人是帮助患者进行物理治疗的重要工具,具有替代传统理疗师的巨大潜力,因为它具备提供重复而精确的康复活动并记录患者的状态信息的优势。对人体肌肉进行定量分析可以更精确地控制康复机器人,因此本节重点关注骨骼肌肉模型的建立方法和肌肉力预测方法,并将结果应用于机器人控制接口。

6.2.1 骨骼肌肉建模

1. 肌肉激活动力学模型

肌肉激活动力学模型主要实现从肌电信号到肌肉激活程度的转换。肌肉激活程度(用 $a(t)$ 表示)是一个取值范围为 $0\sim1$ 的无量纲参数,反映了肌肉的活动水平,其中 0 表示肌肉未被激活,而 1 表示肌肉被完全激活。由于肌肉的收缩受神经控制,因此肌肉激活程度能够在一定程度上反映出上层神经系统对肌肉收缩力大小的要求。从肌电信号中提取肌肉激活程度是后续评估肌肉收缩力的必要条件。通常情况下,由于肌电采集设备自身问题或运动过程中肢体表面肌电电极的移动,采集到的粗肌电信号会包含一些低频噪声。因此,肌电信号预处理的第一步是利用高通滤波器(截止频率通常在 $6\sim30\ \mathrm{Hz}$ 范围内)去除低频噪声干扰。由于采集到的肌电幅值有正有负,而肌肉激活程度是一个 $0\sim1$ 范围内的非负值,因此必须将经高通滤波处理后的肌电信号进行整流和归一化。归一化肌电信号采取如下公式:

$$EMG_{norm} = \frac{EMG_{rct} - EMG_{rest}}{EMG_{mvc} - EMG_{rest}} \tag{6-8}$$

其中:EMG_{mvc} 表示肌肉进行最大自主等长收缩时的肌电信号;EMG_{rest} 表示肌肉在休息时的肌电信号;EMG_{rct} 表示整流后的肌电信号;EMG_{norm} 表示归一化得到的肌电信号。

研究者发现即使通过肌肉的电信号中含有高频成分,最终产生的肌肉力信号也是低频的,肌肉表现出了低通滤波器的特性。造成这种现象的原因有许多,例如钙离子动力学、肌肉动作电位传输时间有限、肌肉和肌腱单元的黏滞性等。因此,为了模拟肌肉的低通特性,同时在频域内匹配肌电信号与肌肉收缩力的对应关系,需对上述获得的归一化肌电信号进行低通滤波处理(截止频率通常在 $3\sim10\ \mathrm{Hz}$ 范围内)。为了方便,本节将上述经低通滤波处理后的肌电信号用 $e(t)$ 表示。然而,此时得到的 $e(t)$ 并不能代表肌肉激活程度,因为肌电信号的产生往往先于肌肉收缩力的产生,两者之间存在一定的时间延迟,即 $e(t)$ 与 $a(t)$ 之间存在时间延迟。此外,当前肌肉激活程度还与其过去的幅值大小有关。最终,可以利用以下二阶差分方程来描述两者之间的动态关系:

$$a(t) = \gamma e(t-d) - \beta_1 a(t-1) - \beta_2 a(t-2) \tag{6-9}$$

其中：d 为延迟时间；γ、β_1 和 β_2 是二阶动态方程的比例系数。为了得到稳定的解，并且限制所得解的取值范围为 $0 \sim 1$（匹配肌肉激活程度的物理意义），这三个系数必须满足下列条件：

$$\beta_1 = c_1 + c_2, \beta_2 = c_1 \cdot c_2, \gamma - \beta_1 - \beta_2 = 1.0 \text{ 且 } |c_1| < 1, |c_2| < 1 \tag{6-10}$$

另外有研究发现，肌肉激活程度的大小对肌电信号与肌肉收缩力之间的关系存在影响。当肌肉激活程度幅值较小时，肌电信号与肌肉收缩力之间呈非线性关系。反之，当肌肉激活程度幅值较大时，肌电信号与肌肉收缩力之间呈线性关系。因此通常利用下式对上述所得 $a(t)$ 进行修正：

$$a'(t) = \frac{e^{Aa(t)} - 1}{e^A - 1} \tag{6-11}$$

其中：A 表示非线性形状因子，取值介于 $-3 \sim 0$ 之间。$A = -3$ 表示两者之间呈现高度的非线性关系，而 $A = 0$ 表示两者呈线性关系。

以上述研究为基础，本节将采集到的单块肌肉粗肌电信号输入肌肉激活动力学模型，最终得到肌肉激活程度，其中肌电信号的中间状态和最终输出结果如图 6-17 所示。从图 6-17 可以看出，整流归一化后的肌电信号幅值并不是都处在 $0 \sim 1$ 范围内，其中仍然存在由噪声干扰导致的肌电幅值突变。在经过低

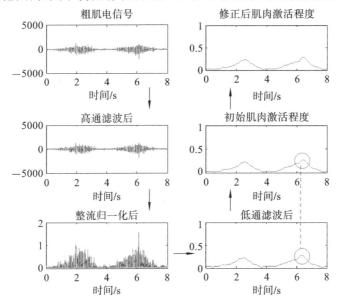

图 6-17 粗肌电信号到肌肉激活程度的转换过程

通滤波处理后,该噪声干扰才被消除。此外,还可以看出(红色实线圈出部分),低通滤波后的肌电信号与初始肌肉激活程度存在时间延迟,这与上述 $e(t)$ 与 $a(t)$ 之间的动态关系相符合。另外,通过对实际数据的分析处理也发现,形状因子 A 取值越小,修正后的肌肉激活程度与初始状态之间的非线性程度越高。而图中所示为 $A=-0.5$ 时的处理结果,可以发现两者的曲线变化趋势基本一致。最终,通过对比发现,本节得到的处理结果与本章参考文献[21]中的处理结果基本符合,这也证明了上述肌肉激活模型的正确性。

2. 肌肉收缩动力学模型

肌肉被激活后将进行收缩运动并产生肌肉收缩力。本节主要研究从肌肉激活到收缩的肌肉收缩动力学过程。在肌肉力学研究领域有两个具有代表性的肌肉模型:即 Hill 肌肉模型和 Huxley 肌肉模型[22]。Huxley 模型以肌丝滑动假说和横桥理论为基础,是一种从微观角度来描述肌肉收缩力学特性的模型。Huxley 等研究人员通过在显微环境下进行的一系列生理实验,提出了肌丝滑动假说,即较粗的肌球蛋白微丝和较细的肌动蛋白微丝之间的相对滑动是肌肉产生收缩运动的根本原因,且在整个相对运动过程中两者的长度不发生变化。基于该理论,Huxley 建立了肌肉收缩动力学模型,该模型提出肌球蛋白上存在与其弹性串联的横桥,用以实现与肌动蛋白相互结合。横桥与肌动蛋白微丝之间产生周期性的结合与分离作用,此种相互作用与横桥和肌球蛋白之间并联的弹性元件位置有关。最终,基于对横桥理论的分析,得到了肌肉收缩力的数学模型,其输入主要为肌肉收缩速度和肌肉纤维长度等参数。然而,基于横桥理论的 Huxley 模型参数非常复杂,很难进行评估。此外,Huxley 模型属于一维模型,与生理学意义上的肌肉模型差别较大。相比于 Hill 模型,Huxley 模型在进行运动力学分析时效果较差,因而其很少应用在骨骼肌肉建模中。因此,本章选取 Hill 模型作为研究肌肉收缩动力学的理论基础。

肌肉主要由肌肉纤维和肌腱组成,如图 6-18 所示,Hill 模型将肌肉纤维等效为一个被动元件与主动收缩元件并联的结构,将肌腱等效为非线性弹簧元件[23]。

从图 6-18 可以看出肌肉单元的长度 L_{mt} 与肌肉纤维的长度 L_m 和肌腱的长度 L_t 有关,三者之间的关系可以用式(6-12)描述,其中 α 表示羽状角。此外,由 Hill 模型可以看出,整体肌肉对外表现出的收缩力 F、肌腱端作用力 F_t、肌肉纤维收缩力 F_m 之间存在如式(6-13)所示关系,其中肌肉纤维两端的收缩力等于主动收缩元件和被动元件这两者的作用力之和,其具体计算如式(6-14)所示。

$$L_{mt} = L_m \cos\alpha + L_t \tag{6-12}$$

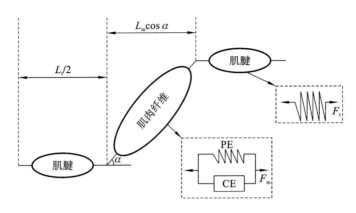

图 6-18　Hill 肌肉单元等效模型

$$F = F_t = F_m \cos\alpha \qquad (6\text{-}13)$$

$$F_m = F_m^{max}\left[\widetilde{F}_A(\widetilde{L}_m) \cdot \widetilde{F}_V(\widetilde{V}_m) \cdot a + \widetilde{F}_P(\widetilde{L}_m)\right] \qquad (6\text{-}14)$$

式(6-14)中:F_m^{max} 表示肌肉的最大等长收缩力;a 表示肌肉激活程度;$\widetilde{F}_A(\widetilde{L}_m)$ 表示主动收缩力与肌肉纤维长度的关系;$\widetilde{F}_V(\widetilde{V}_m)$ 表示主动收缩力与肌肉纤维收缩速度的关系;$\widetilde{F}_P(\widetilde{L}_m)$ 表示被动元件作用力与肌肉纤维长度的关系。这三个关系函数可以用下列公式描述:

$$\widetilde{F}_A(\widetilde{L}_m) = e^{-2(\widetilde{L}_m - 1)^2} \qquad (6\text{-}15)$$

$$\widetilde{F}_V(\widetilde{V}_m) = \begin{cases} \dfrac{1 + \widetilde{V}_m}{1 - 4\widetilde{V}_m}, & \widetilde{V}_m \leqslant 0 \\[3mm] \dfrac{0.8 + 18\widetilde{V}_m}{0.8 + 10\widetilde{V}_m}, & \widetilde{V}_m > 0 \end{cases} \qquad (6\text{-}16)$$

$$\widetilde{F}_P(\widetilde{L}_m) = \dfrac{e^{4(\widetilde{L}_m - 1)/0.6} - 1}{e^4 - 1} \qquad (6\text{-}17)$$

$\widetilde{L}_m = \dfrac{L_m}{L_m^0}$ 表示标准化后的肌肉纤维长度,$\widetilde{V}_m = \dfrac{V_m}{V_{max}}$ 表示标准化后的肌肉纤维收缩速度,L_m^0 表示产生最大等长收缩力时的肌肉长度,V_{max} 表示最大的肌肉纤维收缩速度,最终得到的收缩力也针对 F_m^{max} 进行了标准化。

　　根据上述分析,假设肌肉的生理参数 F_m^{max}、V_{max}、L_m^0 和 α 是可知的,由于在运动过程中这些参数基本保持固定,因此,在得到肌肉激活程度后,实时计算肌肉收缩力只需要计算当前的肌肉纤维长度 L_m 和肌肉纤维收缩速度 V_m。将这二者代入方程(6-14)可以得到 F_m,再根据式(6-13)可以得到最终的肌肉收缩力

F。然而,实时获取当前的肌肉纤维长度和收缩速度非常困难。临床医学上通常利用核磁共振成像系统或超声波扫描仪等医学设备对肌肉长度进行直接测量[24]。但是,此类医学设备非常昂贵,大多数实验人员都无法获得。此外,将这种方法用于辅助康复机器人控制方法实现时,需要实时并且长时间地进行肌肉长度测量,这容易对受试者身体造成不利影响。在解剖学领域,通过对尸体样本的解剖学测量[25,26],可以获得非常准确的数据,但是此种方法只适用于对肌肉参数的离线测量,不适用于对活体肌肉收缩状态进行实时跟踪。后文将提出一种可行且有效的肌肉长度评估方法,用以解决这一问题。此处假设肌肉长度L_{mt}是已知的,于是根据式(6-12)可以间接地计算出肌肉纤维长度,再将肌肉纤维长度对时间进行微分可得到其收缩速度。

根据式(6-12),在已知L_{mt}的情况下,必须先计算肌腱长度L_t,而肌腱长度可以根据肌腱端作用力与肌腱长度的关系计算:

$$\widetilde{F}_t(L_t) = \begin{cases} \dfrac{0.33}{e^3-1}\left(e^{\frac{3}{0.069\varepsilon}\cdot\frac{(L_t-L_t^S)}{L_t^S}}-1\right), & L_t \leqslant 0.609\varepsilon \cdot L_t^S + L_t^S \\ \dfrac{1.712}{\varepsilon}\left(\dfrac{L_t-L_t^S}{L_t^S}-0.609\varepsilon\right)+0.33, & 其他 \end{cases} \tag{6-18}$$

其中:ε表示肌腱张力系数;L_t^S表示肌腱静息长度。

最终,综合上述的分析过程可得到如图6-19所示的肌肉收缩动力学模型。整个模型以肌肉激活程度和肌肉长度为输入,以肌肉收缩力为输出。

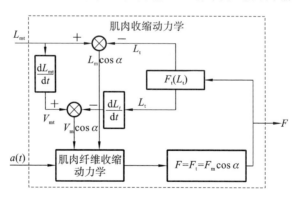

图 6-19　肌肉收缩动力学模型

6.2.2　参数辨识及模型验证

1. 模型参数辨识

通过上述讨论发现,整个骨骼肌肉模型中存在着许多具有个体差异且很难进行实际测量的模型参数。在肌肉激活动力学模型中,d、c_1、c_2 和 A 影响肌肉激活过程的动力学特性。在肌肉收缩动力学模型中,F_m^{max}、V_{max}、L_m^0、L_t^S 和 α 影响肌肉产生主动收缩力的能力。因此,针对不同的受试者,必须对所建立的骨骼肌肉模型进行模型参数辨识,以提高其预测准确度。通过对运动生理学和解剖学基础的研究以及对下肢肌肉群在膝关节运动中功能和状态的分析,选定 8 块肌肉(BFS、BFL、ST、SM、RF、VM、VL、VI)作为膝关节骨骼肌肉模型的主要组成部分。因此,整个模型需要对大量的参数进行辨识。为了降低参数辨识的复杂度,假设所有肌肉都具有相同的激活过程,即 d、c_1、c_2 和 A 对所有肌肉都一样。另外,由于 α 通常取值很小,对计算肌肉收缩力影响不大,而 V_{max} 通常也可以用 $10L_m^0$ 代替,因此只需对肌肉收缩动力学模型中每块肌肉的 F_m^{max}、L_m^0 和 L_t^S 进行辨识。最终,需要进行辨识的参数为 4 个肌肉激活动力学模型参数和 24 个肌肉收缩动力学模型参数。

基于对生物力学中正向动力学和逆向动力学的分析,可以得到如图 6-20 所示的参数辨识路线图,即以运动学数据为输入进行逆向动力学分析得到的关节力矩,应该与通过骨骼肌肉模型进行正向计算得到的关节力矩一致。

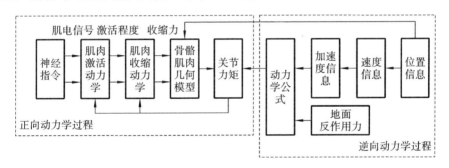

图 6-20 模型参数辨识路线图

从正向动力学角度看,令输出的关节净力矩为 M_{net},则有

$$M_{net} = M_{mus} - M_{pass} - M_{gra} \tag{6-19}$$

$$M_{mus} = \sum_i ma_i \times F_i \tag{6-20}$$

其中:M_{gra} 为重力力矩;M_{pass} 为关节被动力矩;M_{mus} 为所有涉及的肌肉对关节的力矩。

由于膝关节的组成成分和结构非常复杂,因此一般很难对其被动力矩进行评估。也有研究发现当关节角度处于 $-50°\sim80°$ 范围内时,关节被动力矩非常小。只有当关节运动接近最大活动范围时,被动力矩才会突然大幅度增加。就下肢的康复训练而言,运动的范围一般适中,基本处于 $-50°\sim80°$ 范围内,所以

为了简便,本节不考虑关节的被动力矩。此外,从逆向动力学过程分析,关节净力矩还可以通过下式求得:

$$M_{net} = J \cdot \ddot{\theta}_k \qquad (6\text{-}21)$$

其中:J 表示小腿的转动惯量;$\ddot{\theta}_k$ 表示膝关节的角加速度。

结合式(6-19)和式(6-21),最终可以得到参数辨识的基本依据:

$$M_{mus} = M_{gra} + J \cdot \ddot{\theta}_k \qquad (6\text{-}22)$$

2. 模型验证

本节选取 6 个健康受试者进行了实验研究,以探究所建立的骨骼肌肉模型的可行性和有效性。除此之外,验证实验还有另外一个目的:验证所提个性化骨骼肌肉几何学模型是否能够提高整体模型对力矩评估的准确度。

实验过程中,受试者坐在高度能使双脚保持与地面不接触的椅子上进行膝关节的屈伸运动。整个运动过程可以忽略地面对下肢的作用力影响,从而可以简化逆动力学分析过程。在进行验证实验前,每个受试者都必须进行最大等长收缩运动,以获取最大肌电信号幅值,实现对粗肌电信号的归一化。实验过程中受试者处于坐立状态,其膝关节运动范围处在 $-50° \sim 80°$ 之间。当受试者进行屈膝运动时,膝关节角度 θ_k 为负值;而当其休息时,膝关节角度为 $0°$。运动过程中,利用肌电采集仪实时采集下肢相关肌肉的肌电信号。同时,利用角度传感器同步采集关节角度信息。

图 6-21 所示为采集下肢肌电信号时肌电电极片的贴片位置。需要说明的是:假设股二头肌短头 BFS 与股二头肌长头 BFL 的肌肉激活程度相等,半腱肌 ST 的肌肉激活程度与半膜肌 SM 的肌肉激活程度相等,而股中间肌 VI 的肌肉激活程度等于股外肌 VL 与股内肌 VM 的肌肉激活程度的均值[27]。为了防止肌肉疲劳对肌电信号幅值的影响,每次实验过后受试者都会休息一段时间。为了实现上述两个目的,对采集到的数据进行了两组不同的离线参数辨识处理。第一组利用所提个性化骨骼肌肉几何学模型计算肌肉长度和力臂;第二组利用平均骨骼肌肉几何学模型进行同样的计算。将采集到的肌电信号和角度信号以前文所述参数辨识准则为基础,按照如图 6-22 所示方案,对参数进行优化调整。为了使最终得到的参数符合生理实际,同时提高优化性能,以本章参考文献[25]中对尸体样本进行测量得到的数值为参数优化的初始值,并且将其限制在一定范围内。整个离线参数辨识过程在 MATLAB 上进行,利用非线性最小二乘法调整模型参数,使得预测的关节力矩与参考力矩相匹配。

3. 结果验证及分析

选取两个受试者的实验结果作为代表进行曲线绘制。图 6-23 为采集到的

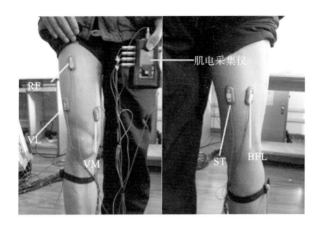

图 6-21　肌电电极片贴片位置

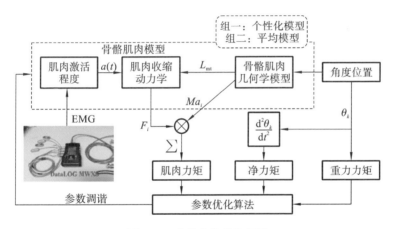

图 6-22　离线参数优化框图

五通道粗肌电信号,其中蓝色实线表示伸肌的肌电信号,红色实线表示屈肌的
肌电信号。图 6-24 对比了利用骨骼肌肉模型预测得到的膝关节力矩与参考力
矩,其中绿色虚线表示第一组的力矩预测结果,蓝色虚线表示第二组的力矩预
测结果,红色实线表示参考力矩。从图 6-23 可以看出,不同受试者即使在进行
同类动作时,肌肉的激活程度也不同。例如,从受试者 4 下肢采集到的股直肌
RF 的肌电信号幅值明显比从受试者 6 下肢采集到的小。但是,不同受试者的
肌肉激活模式基本类似。例如,肌肉 RF、VL、VI 和 VM 主要实现伸膝运动,而
肌肉 BFL、BFS、ST 和 SM 主要促成屈膝运动。并且在进行伸膝运动时,屈肌
的激活程度很低,反之亦然。另外从图 6-23 中还可以看出,当进行屈/伸膝运动
时,尽管最终的激活程度不一致,但其主要驱动肌肉总是被同时激活。这种不

同肌肉的共同收缩现象称作肌肉协同。肌肉协同是人体神经系统控制肌肉收缩完成各种不同复杂动作的有效机制。结合图 6-23 与图 6-24 可以看出,当肌电信号幅值增加时,模型输出的关节力矩也随之增加,这与公式(6-9)对计算肌肉收缩力的描述一致,即肌肉收缩力正比于肌肉激活程度。

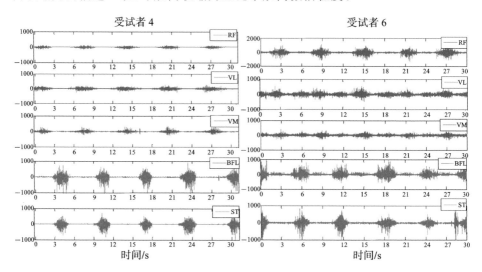

图 6-23 五通道原始肌电信号

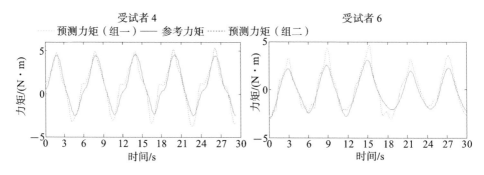

图 6-24 模型预测力矩与参考力矩对比

从图 6-24 可以看出,利用所提的骨骼肌肉模型(第一组)评估得到的力矩不管在幅值还是在曲线变化趋势上都能够很好地与期望的力矩保持一致。由于在实验过程中忽略了地面反作用力的影响,因此预测力矩近似等于重力力矩,而重力力矩在运动过程中呈正弦曲线变化,所以最终得到的预测力矩也呈正弦变化趋势。对实验数据进行数理统计分析(结果如表 6-5 所示),针对所有受试者,本章所建立模型的预测效果都很好,其中判定系数 R^2 的最小值为 0.916,最大值为 0.949,均值为 0.934;此外,模型预测的误差也处在可接受范围内,其中最大力矩

偏差 $\Delta M=(1.25\pm0.187)$ N·m,标准化均方根误差 $\mathrm{RMSE}'=11.58\%\pm1.44\%$。
这些数据都充分证明了所提骨骼肌肉模型的可行性和有效性。

表 6-5 模型预测效果统计分析

受试者	组别	判定系数 R^2	最大力矩偏差 $\Delta M/(\mathrm{N\cdot m})$	标准化均方根误差 RMSE'
S1	G1	0.935	1.50	10.68%
	G2	0.905	1.62	14.46%
S2	G1	0.923	1.40	11.20%
	G2	0.911	1.42	12.60%
S3	G1	0.949	1.20	10.78%
	G2	0.925	2.09	13.35%
S4	G1	0.946	1.06	10.49%
	G2	0.886	2.24	16.46%
S5	G1	0.936	1.31	12.03%
	G2	0.893	2.06	17.38%
S6	G1	0.916	1.03	14.30%
	G2	0.884	1.82	19.20%
平均值	G1	0.934	1.250	11.58%
	G2	0.900	1.875	15.57%
标准差	G1	0.013	0.187	1.44%
	G2	0.016	0.313	2.54%

说明:标准化的均方根误差 $\mathrm{RMSE}'=\dfrac{\mathrm{RMSE}}{\Delta M}$,G1 表示第一组,G2 表示第二组。

根据之前的实验设计方案,第二组采用平均骨骼肌肉几何学模型进行参数
辨识处理。从图 6-24 可以看出,第一组的模型评估效果要好于第二组的效果。
从表 6-5 中更详细的统计数据可以看出,当用一般的骨骼肌肉几何学模型代替
个性化的模型时,模型的预测效果明显变差,其中判定系数从 0.934 下降到
0.900,而标准化均方根误差从 11.58% 上升到 15.57%。另外,整个过程中最
大的力矩偏差也明显增大。这些实验结果都证明所提的骨骼肌肉模型与受试
者的生理实际更加符合,因而能够更加准确地评估受试者的关节力矩。

从表 6-6 所示的优化后的骨骼肌肉模型参数可以看出,不同受试者的肌肉
生理参数各不相同,并且所得的参数与文献公布的实际测量数据之间也存在一
定差异。这充分说明肌肉生理参数因人而异,不同个体之间有明显差异。为了
验证是否可以利用已发表的数据进行关节力矩的评估,本章对实验中采集到的

肌电信号进行了二次计算。最终发现计算得到的力矩与参考力矩之间存在很大的差异,其中判定系数仅为 0.21,而标准化均方根误差高达 142%。因此,对不同的个体,必须进行模型参数辨识以提高其准确度。

表 6-6　优化后的骨骼肌肉模型参数

肌肉		受试者						
		S1	S2	S3	S4	S5	S6	Delp
RF	$F_{\mathrm{m}}^{\max}/\mathrm{N}$	789	688	800	793	815	821	780
	$L_{\mathrm{t}}^{\mathrm{S}}/\mathrm{m}$	0.286	0.297	0.275	0.268	0.273	0.283	0.346
	$L_{\mathrm{m}}^{0}/\mathrm{m}$	0.076	0.082	0.084	0.083	0.084	0.095	0.084
BFS	$F_{\mathrm{m}}^{\max}/\mathrm{N}$	259	400	272	141	156	384	431
	$L_{\mathrm{t}}^{\mathrm{S}}/\mathrm{m}$	0.077	0.127	0.056	0.091	0.089	0.119	0.100
	$L_{\mathrm{m}}^{0}/\mathrm{m}$	0.175	0.181	0.175	0.171	0.168	0.186	0.173
VL	$F_{\mathrm{m}}^{\max}/\mathrm{N}$	798	696	727	704	754	657	1870
	$L_{\mathrm{t}}^{\mathrm{S}}/\mathrm{m}$	0.146	0.208	0.176	0.120	0.1655	0.192	0.157
	$L_{\mathrm{m}}^{0}/\mathrm{m}$	0.08	0.101	0.082	0.072	0.083	0.094	0.082
BFL	$F_{\mathrm{m}}^{\max}/\mathrm{N}$	339	343	251	281	242	388	720
	$L_{\mathrm{t}}^{\mathrm{S}}/\mathrm{m}$	0.279	0.313	0.268	0.268	0.273	0.306	0.341
	$L_{\mathrm{m}}^{0}/\mathrm{m}$	0.113	0.124	0.086	0.099	0.099	0.114	0.109
VM	$F_{\mathrm{m}}^{\max}/\mathrm{N}$	1095	687	1299	611	1100	758	1295
	$L_{\mathrm{t}}^{\mathrm{S}}/\mathrm{m}$	0.094	0.110	0.146	0.108	0.137	0.104	0.126
	$L_{\mathrm{m}}^{0}/\mathrm{m}$	0.072	0.129	0.05	0.072	0.069	0.101	0.089
ST	$F_{\mathrm{m}}^{\max}/\mathrm{N}$	139	182	133	146	111	282	330
	$L_{\mathrm{t}}^{\mathrm{S}}/\mathrm{m}$	0.259	0.287	0.263	0.260	0.257	0.249	0.262
	$L_{\mathrm{m}}^{0}/\mathrm{m}$	0.225	0.249	0.198	0.201	0.205	0.210	0.201
VI	$F_{\mathrm{m}}^{\max}/\mathrm{N}$	502	364	800	414	525	321	1235
	$L_{\mathrm{t}}^{\mathrm{S}}/\mathrm{m}$	0.145	0.165	0.155	0.116	0.137	0.155	0.136
	$L_{\mathrm{m}}^{0}/\mathrm{m}$	0.075	0.104	0.051	0.077	0.087	0.117	0.087
SM	$F_{\mathrm{m}}^{\max}/\mathrm{N}$	420	564	349	356	344	303	1030
	$L_{\mathrm{t}}^{\mathrm{S}}/\mathrm{m}$	0.256	0.308	0.257	0.325	0.262	0.311	0.359
	$L_{\mathrm{m}}^{0}/\mathrm{m}$	0.080	0.113	0.082	0.078	0.092	0.109	0.080

说明:Delp 表示 Delp 等人公布的通过对尸体样本进行测量而得到的平均数据。

　　所提的个性化骨骼肌肉模型与现有模型或其他力矩评估方法相比存在一

定的优点。首先,从生物力学的角度建立了肌电信号与关节力矩之间的映射关系,因此,所得到的模型不仅能够准确地评估关节的力矩,同时还能够监测患者的肌肉状态(见图 6-23 和图 6-24)。其次,与基于样本训练的评估方法不同,利用骨骼肌肉模型进行评估更加准确也更加符合生理意义。因为大部分基于样本训练的评估方法通常只涉及与关节运动相关的少量肌肉,而骨骼肌肉模型将绝大多数运动相关的肌肉都纳入模型之内,并且进行了相应的生理学建模。

骨骼肌肉模型包含个性化的骨骼肌肉几何学子模型,能够更加准确地评估肌肉长度和肌肉收缩力力臂。上述实验结果证明,采取平均的骨骼肌肉几何模型会降低整体模型的评估精度。由于肌肉附着在骨骼上,以人体骨性形态学参数为依据对肌肉路径进行评估符合一定生理实际。并且该建模方法不需要核磁共振成像系统之类的昂贵医疗检测设备,也不需要动作捕捉系统之类的运动学测量设备,对于绝大多数研究团队都是可利用的。最终的实验验证也证明了本章所提个性化骨骼肌肉几何学模型的可行性和有效性。其中的对比实验(第二组)还证明了准确的骨骼肌肉几何学模型对整体力矩评估的必要性和重要性。

6.2.3 肌电驱动的机械臂自主控制

1. 基于骨骼肌肉模型的人机接口

人机接口是连接操作者与机器设备的桥梁,是帮助机器设备理解用户意图的平台。在机器人辅助康复领域,人机接口的好坏直接影响着运动康复过程的舒适性、有效性和安全性。本节基于对骨骼肌肉模型的研究,建立了肌电信号驱动的人机接口。

首先,利用肌电采集仪和角度传感器实时采集人体下肢的肌电信号和运动学数据,将这两种信息同时输入已在上位机编程实现的骨骼肌肉模型中,以实时计算受试者的关节力矩。在实时计算出关节力矩后,受试者的运动意图可以通过正向动力学求解得到。由于关节力矩是定量评价受试者物理运动能力的标准,因此在进行正向动力学求解过程中可以人为对受试者的物理运动能力进行增强或削弱,进而实现多种不同的运动控制模式。综合上述讨论可以得到如图 6-25 所示的基于骨骼肌肉模型的人机接口原理结构框图。

为了验证上述基于骨骼肌肉模型的人机接口的可行性和有效性,本节在实际环境下进行了机器人控制实验研究。依照上述讨论,实验选取了 3 个不同的辅助水平因子,分别为 -0.5、0 和 0.5。实验过程中受试者处于坐姿状态,通过不断地摆动小腿实现对机器人转动角度的控制。由于本实验采用的机器人平台转动角度范围小于人体下肢膝关节转动范围,在进行控制过程中对人体的摆动角度进行了相应的成比例缩小。最终得到的实时机器人控制结果如图 6-26 所示,其中绿色实线表示机器人的运动轨迹,蓝色实线表示受试者的运动轨迹。从图 6-26(a)中可以看出,当设定人机接口为自由模式时,机器人能够很好地跟踪受试者的运动轨迹。通过对实验数据进行数学分析得到平均的均方根值为 4.11°。从图 6-26(b)中可以看出,当设定人机接口为辅助模式时,虽然受试者自身的运动范围基本保持不变,但是机器人的运动范围却有了大幅增加,比受试者的运动范围明显要大。这说明受试者可以用较小的主动努力去控制机器人达到一个较大的运动范围,机器人放大了受试者自身的运动能力。当设定人机接口为阻力模式时,机器人的运动控制情况恰好与辅助模式的相反。此种情况下,受试者需要付出更多的主动努力去控制机器人运动到期望的范围,或者说该模式下受试者的主动努力被人为削弱了。

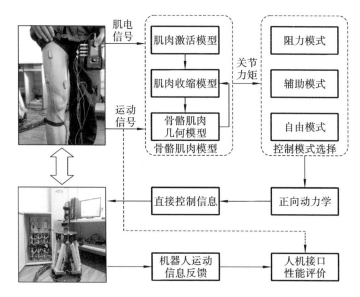

图 6-25　基于骨骼肌肉模型的人机接口原理结构框图

2. 基于 sEMG 的简易机械臂实时角度控制

以非肌肉疲劳状态下的正常人作为试受人员,在受试者的肱二头肌、肱三头肌、上部肘肌等地方采集肌电信号。首先受试者在固定时间内屈伸肘部,点击"确认样本采集",采集受试者在 0°、30°、60°、90° 和 120° 的肌电信号样本信息以及对应的肘关节角度样本信息,进行数据处理、特征提取、模式识别,建立肘关节角度与肌电信号的定量模型。贴片电极位置及角度传感器位置如图 6-27 所示。

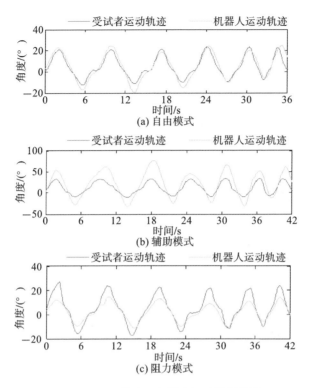

图 6-26 不同模式下机器人运动控制结果

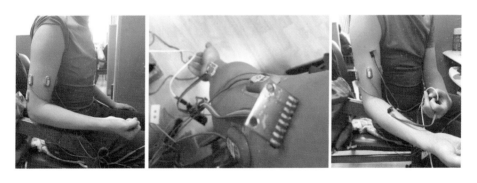

图 6-27 贴片电极位置及角度传感器位置图

然后取消肘关节角度的采集,点击上位机模式识别控制按钮,让受试者上臂再次做出屈伸动作,采集上臂表面肌电信号,通过上位机识别到的模型给机械臂发送控制信号,使机械臂进行相应的上臂屈伸运动,参考受试者肘关节角度进行验证。图 6-28 所示为机械臂的角度识别实验。

从实验结果可以看到,当受试者分别做出不同弯曲角度的上肢肘关节屈伸

图 6-28　角度识别实验

运动时,机械臂可以较好地模拟出相应的动作。在实验过程中,在受试者做出 $0°$、$30°$、$60°$ 的肘关节屈伸运动时,机械臂可以完美模拟对应运动,但受试者在做 $90°$ 肘关节屈伸运动时,机械臂是先运动至 $120°$,后纠正至 $90°$。而在 $120°$ 位置的实验中,机械臂也有几次出错的经历,但在总体效果上还是比较符合预期的,在小角度范围内的识别率非常高,但在大角度范围内的识别率则有少许偏差。由上述实验结果可以看出,利用表面肌电信号的特征提取和模式识别可以实现机械臂的肘关节运动控制,效果很好,可以验证前文通过离线分析建立的角度与肌电信号的数学模型的可行性与正确性。

6.3　脑电信号及其识别

人类脑电信号(EEG)是通过电极记录下来的,反映了脑细胞群的带有自发性和节律性的电活动[27]。这种现象伴随着人类生命的始终,一旦死亡,电现象就会随之消失。我们通常所说的脑电图是指头皮脑电图,实际上就是头皮各测量点电位差与时间之间的关系图。脑电信号是大脑神经细胞的总体活动表现,包括大脑细胞的离子交换、新陈代谢等综合外在表现[28],深入地研究脑电信号

的特性将推进人类对自身大脑的探索研究进程。以下分别针对 P300 信号和
SSVEP 信号进行介绍。

6.3.1　P300/SSVEP 信号及特征提取

1. P300 信号

P300 信号是事件相关电位中的一种,它是主要体现被试者的心理性成分
的一种事件相关电位。一般情况下,P300 可以理解为被试者在受到对应靶刺
激后的 300 ms 出现对应的波峰值。且对于不同的人,其峰值出现的时间点也
不一样,但是基本上都在 300 ms 以后。目前产生 P300 信号较为经典的诱发范
式为 Oddball 范式[29],如图 6-29 所示。

图 6-29　传统 Oddball P300 诱发范式

Oddball 范式的主要特征:该范式有两种不同的刺激作用,分别称为靶刺激
和非靶刺激。其中靶刺激的发生概率较小,发生概率越小产生的 P300 信号越
明显,非靶刺激的发生概率较大,两者发生概率之和为 1。此外靶刺激和非靶刺
激的发生顺序是随机的,这样在测试的过程中能够保证小概率事件刺激的偶然
性,确保被试者产生较好的 P300 信号。被试者注视 Oddball 范式,当目标字符
闪烁时被试者心中默数次数,从而诱发 P300 信号[30]。图 6-30 所示为 P300 电
位在靶刺激和非靶刺激下的响应。

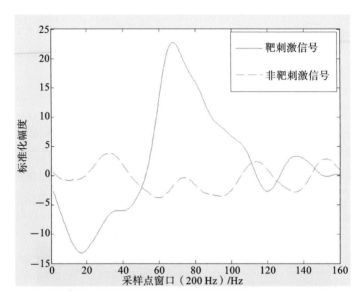

图 6-30　P300 电位在靶刺激和非靶刺激下的响应

P300 信号的特点总结如下：

（1）P300 信号属于事件相关电位的一种，属于内源性成分，不受刺激的物理特性影响，视觉、听觉、触觉都能够通过合适的刺激诱发产生 P300 信号。

（2）大脑对 P300 信号的认知过程一般都存在延迟情况，这与靶刺激的辨认难易程度正相关，也就是说辨认难度越大，大脑认知过程越长，从而导致 P300 信号出现的延迟也越长。这就要求在设计刺激范式的时候考虑靶刺激的辨识难度。

（3）根据 P300 信号的特性可知，其诱发原理只与小概率的靶刺激有关，且靶刺激概率越低，诱发的 P300 信号越明显，波幅也越高，所以在刺激范式设计时要重点考虑靶刺激的概率。

（4）被试者的年龄与 P300 信号的延时和信号强弱有一定关系，一般定义为 15 岁以前，随着年龄增长，P300 信号反应时间越短，信号越强，这种效果在 20 岁时达到最优表现。

对于 P300 脑电信号的特征提取，常用的方法有主成分分析法[31]、小波变换法[32]和独立成分分析法[33,34]等。

主成分分析法在数据压缩、特征提取等领域有着十分重要的作用。由于 P300 信号的时域特征明显，主成分分析法可以有效地对其进行特征提取，且它的处理速度快，操作简单，因此该方法被广泛运用于 BCI 系统。小波变换由 J.

Morlet 于 1984 年第一次提出来。小波分析能够使信号在时域和频域上同时得到较好的分辨率。

2. SSVEP 信号

1966 年,Regan 等人研究发现,通过长时间、多次视觉刺激,可以在大脑皮层处提取到较小幅度的视觉诱发电位(VEP)[35]。稳态视觉诱发电位(SSVEP)是由连续视觉刺激造成两个刺激所诱发的电位重叠而产生的,有周期性的特点,其主要出现于大脑皮层枕区[36]。

研究表明,SSVEP 信号的幅值与外界刺激频率的变化程度相关,且产生 SSVEP 信号的外界刺激频率范围为 4～90 Hz,其信号峰值一般都出现在 20 Hz 以下。图 6-31 所示为外界刺激频率为 10 Hz 时测得的 SSVEP 信号频谱,其在 10 Hz 和 20 Hz 处都产生了峰值,但是 10 Hz 处峰值最大。

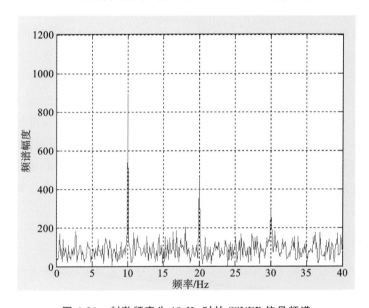

图 6-31 刺激频率为 10 Hz 时的 SSVEP 信号频谱

除了对刺激频率敏感以外,SSVEP 对刺激的颜色、形状、空间频率等物理特性也表现出不同的敏感性,说明刺激能够引起功能分离、空间重叠的功能脑网络。SSVEP 信号的特点归结如下:

(1) SSVEP 是视觉皮层对一定频率视觉刺激的一种生物反馈,没有认知任务的参与,其频率特征明显,抗干扰能力强,采集方式较简便,但同时也具有信噪比低的特点。

(2)由固定频率(大于 4 Hz)诱发的 SSVEP 信号,会包含固定频率信号成分及其谐波频率成分,其中固定频率幅度最为明显,谐波部分依次减弱。

（3）SSVEP 信号的响应受诱发频率影响较大,有效频率由 4 Hz 直至 90 Hz,在低频段幅度明显,随着诱发频率增加,其幅度呈下降趋势。

（4）SSVEP 信号也受刺激物的物理特性影响,如颜色、形状、空间频率等。

对于 SSVEP 脑电信号的特征提取,由于 SSVEP 信号在对应刺激源频率处具有最大功率值,在对应倍频处功率值依次减小,因此大多特征提取方法集中于频率特征,功率谱估计便是目前使用最为广泛的分析方法,其中最为常用的有快速傅里叶变换（FFT）[37]、短时傅里叶变换（STFT）算法。

除了功率谱估计的方法,典型相关分析（canonical correlation analysis, CCA）及其改进型算法[38,39]的使用也很广泛,在 SSVEP 信号的特征提取上其效果优于基于 FFT 的功率谱分析方法。CCA 主要用于两组有潜在相关性的数据的处理,是一种多变量统计方法。用 CCA 进行特征提取的思想是,找寻一对线性组合使得数据中的两组典型变量的相关性最大,再找寻第二组线性组合;第二组线性组合要与第一组线性组合不相关,但是允许两组典型变量的相关性仅次于第一组;按照这个流程一直找寻,直到典型变量正确的数量和较小变量组合相同。其改进型算法基于核典型相关分析（kernel canonical correlation analysis, KCCA）算法的特征提取原理是,利用相关的核函数在高维空间中获得相对更好的线性相关性。目前,针对 SSVEP 信号中相位特征研究较少的问题,基于相位调制的 CCA 算法[40,41]被提出,该算法通过融合 SSVEP 信号的相位特征和频率特征来实现单一频率多次使用,改善了目前 SSVEP 信号刺激源频率数量有限的问题。

6.3.2　P300/SSVEP 意图信号的识别

对于 P300 信号和 SSVEP 信号,在进行特征提取之后,需要通过信号特征确定原始信号与刺激目标的对应关系,这个过程即特征分类。特征分类的最终目的是将不同刺激下产生的响应转化为输出控制指令。

对于 P300 信号的特征分类,支持向量机算法、共空域模式（common spatial patterns, CSP）算法、线性判别分析（Fisher linear discriminant analysis, FLDA）算法、近似熵算法[42]以及人工神经网络（artificial neural network, ANN）相继被学者提出。

支持向量机算法和线性判别分析算法[43]都是相对较早提出的对 P300 信号进行特征分类的方法,其中支持向量机算法是 Corinna Cortes 和 Vapnik 等在 1995 年首先提出的,而线性判别分析算法是 Fisher 于 1936 年首先提出的。

同时,支持向量机算法和线性判别分析算法分别是从非线性角度和线性角度来设计的两类算法[44]。人工神经网络是一种用计算机模拟生物机制的方法,具有较强的分布存储和学习能力[45]。共空域模式算法是一种对于多通道脑电信号普遍适用的空域滤波器方法。用它进行特征分类的原理是,运用少量的空域滤波器来对两类信号中一类信号的方差进行最大化处理,同时对另一类信号的方差进行最小化处理,以此获得对比值求解。近似熵算法能够较好地反映出混合信号中随机性成分的程度,对此有较好的识别能力。它主要的功能就是度量各种信号的复杂程度和量化统计混合信号中的非线性动力学参数。

目前,多通道 SSVEP 信号的特征分类方法可以概括为两大类基本的方法,即比较法和分类器法。比较法相对简单,易于实现。对于比较法,尤其是在异步的脑机接口(BCI)系统中,通常需要和阈值或保持时间一起使用,以减小假阳性(false positive)概率。当特征量的值高于某一个特定的值,或者出现几个连续相同的判别结果时,最终的目标频率才被识别。阈值或者保持时间通常需要通过一定的训练时间获得。然而,这个过程会增加系统的时间消耗。其他的类似线性 Fisher 分类器等,也可用于特征分类。通过训练数据的离线分析,获得适当的分类器参数,之后用于在线数据分析。相对比较法而言,分类器法比较复杂,需要对离线数据进行训练,然而,不需要通过阈值来识别空闲状态。

比较法和分类器法的基本特点可以概括为表 6-7 所示的内容。除了处理方法以外,还有一些客观的因素也会影响 SSVEP 信号识别的结果,如刺激源的频率范围、刺激源类型、谐波次数等。此外,一种基于字典驱动的 SSVEP 应用——拼写器,可以获得更高的信息传输速率[46]。还有文献证实,SSVEP 信号幅度对于不同的个体强度不一样,这种差异性也不可忽略。

表 6-7　两类特征分类方法的特点

方　　法	比　　较　　法	分 类 器 法
定义	提取的特征量对应着不同的刺激源频率,通过比较这些特征量的最大值或最小值来确定目标频率	通过具体的分类器(Fisher 分类器、SVM 等)来实现
特点	相对简单,通常需要和阈值或保持时间一起使用	比较复杂,需要对离线数据进行训练,不需要通过阈值来识别空闲状态

6.3.3　基于 SSVEP/P300 的脑机接口

脑机接口(BCI)系统作为一种不依赖于外周神经和肌肉等人体正常输出通

道的通信系统,通过脑电信号在人体大脑和计算机或者外部设备之间建立一条输出通路[47],并将采集的脑电信号转化为特定指令,实现与计算机的通信或者对外部设备的控制[48]。BCI 系统的一个重要用途是为能够进行正常的思维活动却失去部分或者全部运动能力的人提供与他人进行简单的交流和控制周围环境的新方式。越来越多的 BCI 系统被用于控制外部设备,如通信系统、义肢、计算机鼠标/键盘、轮椅、开关等[49]。以下分别针对 SSVEP 信号和 P300 信号的 BCI 系统进行介绍。

1. 基于 SSVEP 信号的虚拟键盘控制系统

在该系统中,应用到了 5 个刺激源频率,分别对应方向键上、下、左、右和一个"确定"按钮。虚拟键盘的操作界面如图 6-32 所示,其中图(a)~(f)反映的是拼写单词"BRAIN"的过程。

从图 6-32 中可以看到,上、下、左、右 4 个箭头对应着 4 个方向,主要是在程序调试时用到。在实际应用时,这 4 个按钮由 4 个以不同频率闪烁的 LED 灯代替。左上角的方块用来显示前一个被选中的字符。界面下方的矩形区域用来显示由所有被选择的字符形成的单词或句子。

图 6-32 中除了 26 个英文字母以外,还有句号、逗号、连字符、删除、清零和空格,一共 32 个字符组成虚拟键盘。该键盘并没有按照传统的"QWERTY"形式排列字符,而是根据资料统计中得出的字符使用频率排列的[50]。较常使用的字符排列在键盘中间,较少使用的字符排列在键盘周围。这样可以保证选择常用字符时需要的步径比较短。在选择字符的过程中,焦点移到某一个字符上时,该字符的背景颜色变成红色。

以图 6-32(a)为例说明每一个字符的选择过程:开始阶段,焦点落在字符"E"上,以红色高亮显示;接着向下移动了一个步径,所以字符"R"以红色高亮显示,同时,在虚拟键盘的左上角显示字母"R",表示当前焦点所在的位置;接着焦点继续向右移动一个步径,落在字符"B"上,此时"B"被高亮显示,同时,屏幕左上角显示字母"B";直到用户选择了"确定"按钮,焦点才又移动到起始位置"E"上,此时,屏幕左上角显示字母"B",同时,如图 6-32(b)所示,主界面下方的文本框中显示字母"B"。同样地,用户选择下一个字母"R"后,屏幕下方的文本框显示"BR",即图 6-32(c)所示的界面。其他字母的选择过程类似,最终文本框输出为"BRAIN",焦点复位到字母"E"上,如图 6-32(f)所示。

实验中让不同的受试者完成了不同单词的拼写,并统计了完成相关操作所消耗的时间,如表 6-8 所示。

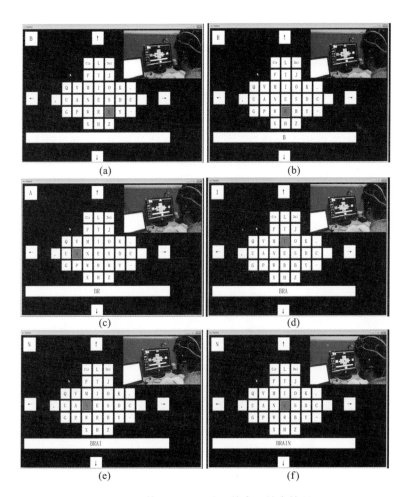

图 6-32　基于 SSVEP 信号的虚拟键盘控制

表 6-8　不同受试者使用虚拟键盘拼写单词所需要的时间

受试者	拼写内容	时间/s
CHEN XP	BRAIN	58
CHEN K	BRAIN	68
ZHANG Y	BCI TEST	120
SONG C	BCI TEST	127
WU XH	BRAIN	85

　　5 个不同的受试者使用虚拟键盘分别完成了单词"BRAIN"或者词组"BCI TEST"的拼写。从表 6-8 中可以看到,不同的受试者完成拼写所需要的时间有

比较大的差异,即使拼写的是同样长度的单词。对于"BRAIN",平均 11.6 ～ 17 s 拼写一个字母;对于"BCI TEST"(中间有一个字符为空格),平均 15 ～ 15.88 s 拼写一个字母。

2. 基于 SSVEP 与 P300 信号的混合 BCI 系统

由于 P300 信号识别周期较长,SSVEP 信号可识别频率有限,因此限制了 BCI 系统的识别速率和指令数量。本节介绍一种基于 P300 和 SSVEP 信号的混合脑电信号字符输入系统,可提高脑机接口的识别准确率和传输速率。该 BCI 系统主要分为信号采集模块、信号处理模块和字符输入软件三个部分。其中混合脑电信号通过 UE-16B 脑电采集仪采集,其他操作均在 PC 上实现,系统硬件组成如图 6-33 所示。

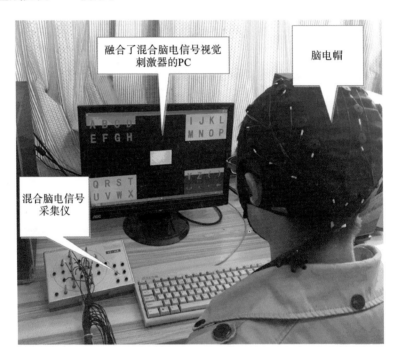

图 6-33 字符输入系统的硬件组成

混合脑电信号区域范式的设计界面中包含 32 个字符,这 32 个字符按照 8 个字符一组分别在 4 个对应区域内有序排列,页面中间白色方框为输入框,同时也作为伪键开关,也可以看作第 5 个区域,控制整个系统的开始和停止。混合脑电信号区域范式的 5 个区域中以不同的固定频率闪烁诱发 SSVEP 信号,同时还存在基于 P300 信号区域范式二级刺激类似的闪烁刺激,每个区域内的 8

个字符按照随机序列闪烁诱发,当受试者注视目标字符时,目标字符闪烁一次,受试者心里默念加一,以此诱发 P300 信号,如图 6-34(a)所示。5 个区域按照 4 个特定频率闪烁的设计如图 6-34(b)所示,范式中的每个区域都按照不同的特定频率闪烁,当受试者集中注意力在目标字符上时,区域上的固定频率的刺激诱发受试者产生与此对应的 SSVEP 信号。

5 个区域频率分别选取为 6.66 Hz、7.50 Hz、8.57 Hz、10.00 Hz、12.00 Hz。4 个区域内的字符各自按照同一个随机序列闪烁,减少相互之间的干扰。通过诱发 P300 信号来确定受试者所注视的目标字符。在整个过程中,受试者只需一直注视目标字符,此时两种不同的闪烁刺激同时开始呈现,通过识别 SSVEP 信号来确定目标区域,通过识别 P300 信号来确定目标字符对应的位置,两者结合即可确定受试者所注视的目标字符,这即构成了本节所提出的基于 P300 和 SSVEP 信号的混合型区域范式,如图 6-34(c)所示。

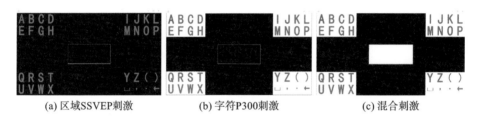

| (a) 区域SSVEP刺激 | (b) 字符P300刺激 | (c) 混合刺激 |

图 6-34　基于 P300 和 SSVEP 的混合脑电信号区域范式界面

基于混合脑电信号的字符输入系统的测试在 PC 上进行,以在字符输入框内输入的字符作为系统输出的计数字符,图 6-35 显示的是输入"WH"两个字符时的测试过程。当受试者注视"W"字符时,字符"W"位于刺激范式第 3 个区域中的第 7 个字符,字符输入系统将采集到的 P300 信号转化为控制指令"7",将采集到的 SSVEP 信号转化为控制指令"3",结合两个信号采集到的控制指令,输入框内会直接显示结果"W",如图 6-35(a)所示。以同样的方式,受试者注视字符"H",在一定识别周期后,字符输入框内会直接显示结果"H",如图 6-35(b)所示。在整个实验过程中,受试者只需一直注视目标字符,心中默数目标字符闪烁的次数就可以完成字符输入,操作简单,易于接受。

在上述实验场景下,选择 5 名受试者参与本次实验,其中女生 2 名男生 3 名,受试者年龄均在 22~25 岁之间,且身体健康,大脑功能正常,视力或矫正视力正常。5 名受试者分别利用本节设计的基于混合脑电信号的字符输入系统输入英文字符"WHUT",测试前受试者均没有接受适应性训练。在实验测试过程中记录受试者输入字符所需时间以及输入单个字符平均所需时间,计算受试

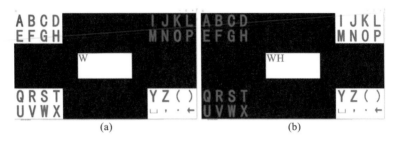

(a)   (b)

图 6-35　字符输入系统测试场景

者输入字符的准确率和信息传输速率。输入字符的准确率和信息传输速率是衡量基于混合脑电信号的字符输入系统性能的两个重要指标。脑机接口的最终目的也是在保证输入字符有较高准确率的同时尽可能地提高信息传输速率。

信息传输速率(ITR)是衡量系统实施效果的一个重要指标,信息传输速率越高,系统实时性能越好。ITR 的计算公式可定义为

$$B = \log_2 N + P\log_2 P + (1 - P)\log_2\left(\frac{1 - P}{N - 1}\right) \tag{6-23}$$

$$\mathrm{ITR} = B \cdot \frac{60}{\mathrm{CTI}} \tag{6-24}$$

式中:N 是可以识别的目标数目;P 是识别准确率;CTI 是指令转换间隔,即输入每个指令平均所需时间。字符输入系统测试结果如表 6-9 和表 6-10 所示。

表 6-9　基于混合脑电信号的字符输入系统测试结果

受试者	输入内容	时间/s	P	CTI/s	ITR/(bit/min)
A01	WHUT	72.96	0.917	9.12	27.47
A02	WHUT	75.68	0.884	9.46	24.78
A03	WUHT	73.28	0.962	9.16	29.99
A04	WHUT	74.48	0.887	9.31	25.34
A05	WHUT	72.48	0.917	9.05	27.66
平均值		73.78	0.9134	9.22	27.05

表 6-10　基于 P300 信号的字符输入系统测试结果

受试者	输入内容	时间/s	P	CTI/s	ITR/(bit/min)
A01	WHUT	105.76	0.897	13.22	18.21
A02	WHUT	106.80	0.883	13.35	17.53
A03	WUHT	106.48	0.916	13.31	18.79

续表

受试者	输入内容	时间/s	P	CTI/s	ITR/(bit/min)
A04	WHUT	105.52	0.897	13.19	18.25
A05	WHUT	107.60	0.925	13.45	18.93
平均值		106.43	0.9036	13.31	18.34

实验结果表明,本节设计的基于混合脑电信号的字符输入系统的平均正确率达到 91.34%,平均信息传输速率为 27.05 bit/min,高于传统的基于 P300 信号的字符输入系统。实验结果证明,结合了 P300 和 SSVEP 两种信号的特性运用并行处理方式节省了单个字符的识别时间,提高了信息传输速率。

6.4 本章小结

本章系统分析了康复机器人交互过程中所涉及的常见人体生物信号的交互方式,提供了鲁棒性好、可行性高的交互接口。通过对肌电信号的处理分析,提出基于 PSO-SVM 分类器的系统设计,取得了良好的识别效果;进一步利用肌电信号建立骨骼肌肉模型,基于此模型实现了机械臂的多角度灵活控制,实现了肌肉信号与机械臂动作的映射。此外,通过对脑电信号的事件相关电位的分析,分别提出 SSVEP、P300 以及两者混合的脑电信息处理解码方法,并且借助字符输入系统进行了实际验证,实验获得了良好效果,证明了混合脑电信号输入模式准确率最高。对人机交互中的多种生物信号的分析建模,为康复机器人未来以患者为中心的智能按需辅助提供了良好的基础。

本章参考文献

[1] MILLER J D, BEAZER M S, HAHN M E. Myoelectric walking mode classification for transtibial amputees [J]. IEEE Transactions on Biomedical Engineering,2013, 60(10):2744-2750.

[2] 席旭刚,武昊,左静,等.基于 sEMG 与足底压力信号融合的跌倒检测研究[J].仪器仪表学报, 2015, 36(9):2044-2049.

[3] 席旭刚,武昊,罗志增.基于 EMD 自相关的表面肌电信号消噪方法[J].仪器仪表学报, 2014(11).

[4] 娄智,邓浩,陈香,等.基于自适应阈值处理的表面肌电信号小波去噪研

究[J].生物医学工程学杂志，2014(4):723-728.

[5] GHAPANCHIZADEH H, AHMAD S A, ISHAK A J. Investigate the transcendent adapted of wavelet threshold algorithmsfor elbow movement by surface EMG signal[C]//IEEE Conference on Biomedical Engineering and Sciences (IECBES). IEEE, 2014: 551-554.

[6] 成娟. 基于表面肌电和加速度信号融合的动作识别和人体行为分析研究[D]. 合肥:中国科学技术大学,2013.

[7] 李文,赵丽娜,李腾飞,等. 表面肌电信号在脑卒中患者上肢运动功能康复中的应用[J]. 中国康复医学杂志,2013,28(2):163-165.

[8] AVILA A, CHANG J Y. EMG onset detection and upper limb movements identification algorithm [J]. Microsystem Technologies, 2014, 20(8-9): 1634-1640.

[9] LORRAIN T, JIANG N, FARINA D. Influence of the training set on the accuracy of surface EMG classification in dynamic contractions for the control of multifunction prostheses[J]. Journal of NeuroEngineering and Rehabilitation, 2011, 8(1).

[10] PHINYOMARK A, QUAINE F, CHARBONNIER S, et al. EMG feature evaluation for improving myoelectric pattern recognition robustness[J]. Expert Systems with Applications, 2013, 40(12): 4832-4840.

[11] HARGROVE L J, SIMON A M, LIPSCHUTZ R, et al. Non-weight-bearing neural control of a powered transfemoral prosthesis[J]. Journal of NeuroEngineering and Rehabilitation, 2013, 10(1).

[12] PUTTASAKUF T, SANGWORASIL M, MATSUURA T. Feature extraction of wavelet transform coefficients for sEMG classification [C]//Biomedical Engineering International Conference (BMEiCON). IEEE, 2014: 1-4.

[13] MANE S M, KAMBLI R A, KAZI F S, et al. Hand motion recognition from single channel surface EMG using wavelet & artificial neural network[J]. Procedia Computer Science, 2015, 49: 58-65.

[14] HUANG H, XIE H B, GUO J Y. Ant colony optimization-based feature selection method for surface electromyography signals classification[J]. Computers in Biology and Medicine, 2012, 42 (1):

30-38.

[15] WU S K, WAYCASTER G, SHEN X. Electromyography-based control of active above-knee prostheses [J]. Control Engineering Practice，2011，19(8):874-882.

[16] 李庆玲. 基于 sEMG 信号的外骨骼式机器人上肢康复系统研究[D]. 哈尔滨:哈尔滨工业大学,2009.

[17] 李擎,张超,陈鹏,等.一种基于粒子群参数优化的改进蚁群算法[J].控制与决策,2013,28(6):873-878.

[18] MELGANI F, BAZI Y. Classification of electrocardiogram signals with support vector machines and particle swarm optimization [J]. IEEE Transactions on Information Technology in Biomedicine, 2008, 12(5): 667-677.

[19] GUO X C, YANG J H, WU C G, et al. A novel LS-SVMs hyper-parameter selection based on particle swarm optimization [J]. Neurocomputing, 2008, 71(16-18): 3211-3215.

[20] 吴剑锋，吴群，孙守迁. 简约支持向量机分类算法在下肢动作识别中的应用研究[J]. 中国机械工程, 2011, 22(4): 433-438.

[21] BUCHANAN T S, LLOYD D G, MANAL K, et al. Neuromusculoskeletal modeling: estimation of muscle forces and joint moments and movements from measurements of neural command[J]. Journal of Applied Biomechanics, 2004, 20(4): 365-395.

[22] VAN CAMPEN A. Identification of subject-specific parameters of a Hill-type muscle-tendon model for simulations of human motion[D]. Aalborg:Aalborg University, 2014.

[23] THELEN D G. Adjustment of muscle mechanics model parameters to simulate dynamic contractions in older adults [J]. Journal of Biomechanical Engineering-Transactions of the ASME, 2003, 125(1): 70-77.

[24] TSAI L C, COLLETTI P M, POWERS C M. Magnetic resonance imaging-measured muscle parameters improved knee moment prediction of an EMG-driven model [J]. Medicine and Science in Sports and Exercise, 2012, 44(2): 304-312.

[25] DELP S L, LOAN J P. A graphics-based software system to develop

and analyze models of musculoskeletal structures[J]. Computers in Biology and Medicine, 1995, 25 (1): 21-34.

[26] DELP S L, ANDERSON F C, ARNOLD A S, et al. OpenSim: open-source software to create and analyze dynamic simulations of movement [J]. IEEE Transactions on Biomedical Engineering, 2007, 54 (11): 1940-1950.

[27] LUO Y. A course in cognitive neuroscience[M]. Beijing: Peking University Press, 2006.

[28] WANG X. 500 questions of mental illness[M]. Beijing: People's Military Medical Publishing House, 1998:3-50.

[29] WANG M. Fusion BCI induction paradigm research based on P300 and SSVEP [D]. Shanghai: East China University of Science and Technology, 2014.

[30] LIU H. Research on hybrid signal processing and application of P300 and SSVEP oriented to brain computer interfaces[D]. Wuhan: Wuhan University of Technology, 2016.

[31] LIU Q, CHEN K, AI Q, et al. Review: recent development of signal processing algorithms for SSVEP-based brain computer interfaces[J]. Journal of Medical and Biological Engineering, 2014, 34(4):299-309.

[32] KEWATE P, SURYAWANSHI P. Brain machine interface automation system:a review[J]. International Journal of Scientific and Technology, Research, 2014, 3(3): 64-67.

[33] CHEN Y F, ATAL K, XIE S Q, et al. A new multivariate empirical mode decomposition method for improving the performance of SSVEP-based brain computer interface[J]. Journal of Neural Engineering, 2017.

[34] LIU Q, CHEN Y F, FAN S Z, et al. Quasi-periodicities detection using phase-rectified signal averaging in EEG signals as a depth of anesthesia monitor[J]. IEEE Transactions on Neural Systems and Rehabilitation Engineering, 2017(99).

[35] WANG M, DALY I, ALLISON B Z, et al. A new hybrid BCI paradigm based on P300 and SSVEP [J]. Journal of Neuroscience Methods, 2015, 244:16-25.

[36] GERGONDET P, KHEDDAR A. SSVEP stimuli design for object-

centric BCI[J]. Brain-Computer Interfaces，2015，2(1)：11-28.

[37] WANG H J, LIM J H, JUNG Y J, et al. Development of an SSVEP-based BCI spelling system adopting a QWERTY-style LED keyboard [J]. Journal of Neuroscience Methods，2012,208(1)：59-65.

[38] ZHANG Y, ZHOU G, JIN J, et al. Frequencyrecognition in SSVEP-based BCI using multiset canonical correlation analysis[J]. International Journal of Neural Systems，2013，24(4).

[39] 张玉霞. 基于 P300 和 SSVEP 的混合型脑机接口的分析与研究[D]. 烟台：山东大学,2015.

[40] KALUNGA E K, CHEVALLIER S, QUENTIN BARTHÉLEMY. Online SSVEP-based BCI using Riemannian geometry[J]. Neurocomputing，2015，191.

[41] SORIANI M-H, GUY V, BRUNO M，et al. Interface cerveau-ordinateur (BCI)：un moyen de communication alternative dans la SLA [J]. Revue Neurologique,2016,172：A52-A53.

[42] CHE W F C, MANSOR W, KHUAN L Y, et al. Short-time fourier transform analysis of EEG signal from writing[C]//Proceedings of the 8th International IEEE Colloquium on Signal Processing and Its Applications (CSPA),2012：524-527.

[43] QINGSHAN S, YULIANG M, MING M, et al. Multiclass posterior probability twin SVM for motor imagery EEG classification[J]. Computational Intelligence and Neuroscience,2015：1-9.

[44] CHANG M H, LEE J S, HEO J, et al. Eliciting dual-frequency SSVEP using a hybrid SSVEP-P300 BCI[J]. Journal of Neuroscience Methods，2016，258:104-113.

[45] PAN J, GAO X, DUAN F, et al. Enhancing the classification accuracy of steady-state visual evoked potential-based brain-computer interfaces using phase constrained canonical correlation analysis[J]. Journal of Neural Engineering，2011，8(3).

[46] ZHU D, BIEGER J, MOLINA G G, et al. A survey of stimulation methods used in SSVEP-based BCIs[J]. Computational Intelligence and Neuroscience,2010：1-12.

[47] VOLOSYAK I, MOOR A, GRÄSER A. A dictionary-driven SSVEP

speller with a modified graphical user interface[C]//Advances in Computational Intelligence—11th International Work-Conference on Artificial Neural Networks. Berlin:Springer，2011：353-361.

[48] LEOW R S，IBRAHIM F，MOGHAVVEMI M. Development of a steady state visual evoked potential(SSVEP)-based brain computer interface (BCI) system[J]. International Conference on Intelligent and Advanced Systems，2007，321-324.

[49] PRUECKL R，GUGER C. A brain-computer interface based on steady state visual evoked potentials for controlling a robot[C]//Bio-inspired Systems： Computational and Ambient Intelligence，2009，5517：690-697.

[50] BIRBAUMER N. Breaking the silence：brain-computer interfaces (BCI) for communication and motor control[J]. Psychophysiology，2006，43(6)：515-532.

第 7 章
下肢康复机器人的肌电自主控制

基于患者主导的下肢康复机器人交互控制理论与技术,可以为患者提供适应其运动能力和主动运动意图的主动训练模式,提高患者在训练中的主动参与程度。患者的主动运动意图和能力可通过人机交互作用力或肌肉活动状态分析得到,本章首先分析下肢运动相关肌肉的 sEMG 信号,识别下肢运动意图及其肌肉的收缩力等活动状态,提出一种基于 sEMG 信号分析的康复机器人主动控制方法;结合肌肉状态评估和阻抗模型,在患者主动驱动机器人产生辅助运动的过程中,实时评估患者的下肢肌肉收缩力及活动水平,自适应调节机器人辅助的阻抗水平和柔顺程度,实现康复机器人基于患者状态的变阻抗控制方法。然后对踝关节的运动疲劳进行评估,提取敏感有效的运动疲劳特征,构建合适的运动疲劳评估模型,区分患者的非疲劳状态和疲劳状态;建立自适应阻抗模型,利用运动疲劳信息设计疲劳避免的自适应阻抗控制方法。最后结合基于肌肉协同分析的意图识别方法和疲劳特征提取方法实现患者主导的人-肌-机协作控制。

7.1 基于肌体状态的下肢康复机器人变阻抗控制

在患者通过主动努力激发机器人辅助运动的过程中,需要实时评估患者的康复状态和肌肉活动情况,自适应调节机器人控制器,实时修正康复机器人的轨迹速度等,以体现患者对机器人的主动控制能力,实现机器人主动辅助和交互控制的无缝对接。

7.1.1 肌肉活动状态和肌力分析

为进一步了解患者下肢的康复状态,可通过 sEMG 信号评估其肌肉活动水平。由于不同患者或不同康复阶段的 sEMG 信号变化较大,因此考虑相应肌肉在某一动作中的归一化权重系数。下肢动作识别可分为训练阶段和在线识别阶段。在训练阶段,患者在特定时间内保持某一动作,以便采集该状态下的

sEMG 信号来训练支持向量机（SVM）分类器；训练阶段中采集的 sEMG 信号作为在线识别阶段的参考，因此训练阶段的 sEMG 信号也可作为归一化肌肉活动水平时的参考指标。为了获得某个动作中相应肌肉的权重系数，在训练阶段计算相应 sEMG 信号的均方根（root mean square，RMS）值，通过式（7-1）计算其权重系数。

$$\text{RMS} = \sqrt{\frac{1}{N}\sum_{i=1}^{N}v_i^2}, w_i = \frac{\overline{\text{RMS}_i(n)}}{\sum \overline{\text{RMS}_i(n)}}, i = 1,2,3,4 \tag{7-1}$$

其中：$\overline{\text{RMS}_i(n)}$ 为第 i 个通道在某一动作下的 sEMG 信号 RMS 平均值；$\sum \text{RMS}_i(n)$ 为某一动作下四通道 sEMG 信号 RMS 值的和，因此 w_i 则为第 i 块肌肉在这一动作中所占的权重系数[1]。在完成权重计算之后，通过权重系数与相应肌肉的归一化 RMS 值，可在基于 sEMG 信号的主动控制中实时评估肌肉活动水平：

$$\text{mal}(n) = \sum_{i=1}^{N} w_i \cdot \frac{\text{RMS}_i(n)}{\text{init}(\text{RMS}_i)}, i = 1,2,3,4 \tag{7-2}$$

其中：w_i 为当前动作模式下第 i 块肌肉的权重系数；$\text{RMS}_i(n)$ 为第 i 块肌肉的第 n 个采样时刻的 RMS 值；$\text{init}(\text{RMS}_i)$ 为第 i 块肌肉在训练阶段的 RMS 平均值，即 $\overline{\text{RMS}_i(n)}$。基于此，可实现患者下肢肌肉活动水平的在线评估。

基于 sEMG 信号的动作识别及肌肉活动评估方法如图 7-1 所示。此过程分为两个阶段：在训练阶段，采集特定动作下的 sEMG 信号，计算相应肌肉在该动作下的权重系数，并通过提取 AR 模型特征训练 SVM 分类器的支持向量；在主动控制阶段，实时采集下肢肌肉的 sEMG 信号，提取其 AR 模型系数特征，作为输入向量映射到 SVM 分类器和核函数以识别当前动作模式，同时根据训练阶段计算的肌肉权重系数计算当前动作模式下的肌肉活动水平。

采用 Hill 肌肉肌腱模型估计每块肌肉的活动度和可能产生的肌肉收缩力。首先采集下肢相关肌肉的 sEMG 信号 $e(t)$，计算肌肉神经响应特征 $u(t)$，如式（7-3）所示。其中 γ、β_1、β_2 分别为肌肉神经响应特征方程的比例系数，d 为延迟时间。然后，利用肌肉神经响应特征 $u(t)$ 计算肌肉激活程度特征 $a(t)$，如式（7-4）所示。其中 A 为非线性形状因子且满足 $-3 < A < 0$，e 为自然常数。

$$u(t) = \gamma e(t-d) - \beta_1 u(t-1) - \beta_2 u(t-2) \tag{7-3}$$

$$a(t) = \frac{e^{Au(t)} - 1}{e^A - 1} \tag{7-4}$$

利用肌肉神经响应特征 $u(t)$、肌肉激活程度特征 $a(t)$ 和 Hill 肌肉肌腱模型可计算肌肉纤维力 F_{mf} 和肌腱力 F_{mt}，并由此计算肌肉收缩力 F_{mus}，如式（7-5）所示。其中 L_t^s 是肌腱静息长度，该长度下肌肉纤维收缩力转移，肌腱表现出非线

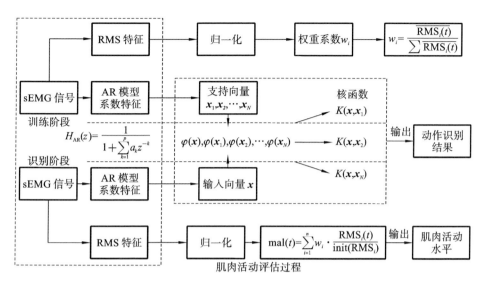

图 7-1　基于 sEMG 信号的动作识别及肌肉活动评估方法

性弹簧特性。ε 是肌腱张力系数，一般取值 0.033。

$$F_{mt} = \widetilde{F}_{mt}(L_{t0}) = \begin{cases} \dfrac{0.33}{e^3-1}\left(e^{\frac{3}{0.069\varepsilon}\cdot\frac{L_{t0}-L_t^S}{L_t^S}}-1\right), & L_{t0} \leqslant 0.609\varepsilon \cdot L_t^S + L_t^S \\[3mm] \dfrac{1.712}{\varepsilon}\left(\dfrac{L_{t0}-L_t^S}{L_t^S}-0.609\varepsilon\right)+0.33, & \text{其他} \end{cases}$$

$$(7\text{-}5)$$

7.1.2　适应肌体活动的变阻抗控制

在完成动作识别之后，根据患者运动意图激发机器人运动，为使机器人在辅助患者运动的过程中仍保持交互作用，需考虑患者与机器人间的柔顺性阻抗控制。患者的运动能力和康复水平是不断变化的，阻抗控制的选择需匹配患者的运动能力和康复水平。结合 sEMG 动作识别和肌肉评估方法，在激发机器人运动中实时评估患者的肌肉活动水平，自适应调节机器人的阻抗模型参数，根据不同肌体活动能力提供不同辅助模式，提高整个控制系统的动态性能。在基于 sEMG 识别的机器人辅助下肢康复中，末端加速度变化缓慢，因此认为加速度项 $\ddot{\boldsymbol{q}} - \ddot{\boldsymbol{q}}_d$ 可以忽略[2]。简化后的机器人阻抗模型如式(7-6)所示。

$$\boldsymbol{B}_d(\dot{\boldsymbol{q}} - \dot{\boldsymbol{q}}_d) + \boldsymbol{K}_d(\boldsymbol{q} - \boldsymbol{q}_d) = \boldsymbol{F}_{int} \qquad (7\text{-}6)$$

其中：$\boldsymbol{B}_d$、$\boldsymbol{K}_d$ 分别为目标阻尼矩阵和刚度矩阵；$\boldsymbol{q}_d$ 为机器人初始期望位置；$\boldsymbol{q}$ 为修正后的位置；$\boldsymbol{F}_{int}$ 为患者向机器人施加的力。

为了使机器人的柔顺性适应患者的肌肉活动能力，采用调节机器人阻抗模型参数的方法。对预定轨迹的任意修正可能会导致机器人运动异常,这里不改变机器人的预定轨迹,仅通过调节机器人的运动速度来体现患者的主动作用。阻尼参数是阻抗控制中影响机器人的力和速度的最重要的因素[3],本章参考文献[4,5]等也验证了阻尼与机器人速度控制的关系。本方法的阻抗模型中,刚度参数的设置考虑系统稳定性,阻尼参数则根据患者肌肉活动状态调节,如式(7-7)所示,以体现不同康复阶段中患者对机器人不同操作的柔顺性。同时,机器人的运动速度可根据患者与机器人的交互力和阻抗模型调节,如式(7-8)所示,以在机器人辅助运动过程中体现患者对机器人的主动控制作用。

$$B_{\mathrm{d}} = B_0 + c_{\mathrm{m}} B_{\mathrm{m}} \tag{7-7}$$

$$\dot{\boldsymbol{q}} = \dot{\boldsymbol{q}}_{\mathrm{d}} + \boldsymbol{B}_{\mathrm{d}}^{-1} \left[\boldsymbol{F}_{\mathrm{int}} + \boldsymbol{K}_{\mathrm{d}} (\boldsymbol{q}_{\mathrm{d}} - \boldsymbol{q}) \right] \tag{7-8}$$

其中:B_0 为机器人初始阻尼参数;B_{m} 为肌肉活动度;c_{m} 表示肌肉活动度对机器人阻尼水平的影响权重。综合前面对患者肌肉活动水平和肌肉收缩力的评估,肌肉活动度 B_{m} 可由式(7-9)表示,其中 c_1 为肌肉活动水平所占的权重系数,c_2 为肌肉收缩力所占的权重系数。肌肉活动水平采用式(7-2)所示的方法计算,其中 w_i 表示第 i 块肌肉在特定动作中所占的比重,合计为全部肌肉活动水平。肌肉收缩力采用式(7-5)所示的方法计算,$F_{\mathrm{mus}i}$ 表示第 i 块肌肉的收缩力,ω_i 表示权重系数,合计为全部肌肉收缩力。w_i 和 ω_i 采用式(7-10)计算。

$$B_{\mathrm{m}} = c_1 \sum_{i=1}^{n} w_i \frac{\overline{\mathrm{RMS}_i}}{\mathrm{init}(\mathrm{RMS}_i)} + c_2 \sum_{i=1}^{n} \omega_i \mid F_{\mathrm{mus}i} \mid \tag{7-9}$$

$$w_i = \frac{\overline{\mathrm{RMS}_i}}{\sum \mathrm{RMS}_i}, \omega_i = \frac{F_{\mathrm{mus}i}}{\sum F_{\mathrm{mus}i}}, i = 1,2,3,4 \tag{7-10}$$

基于上述阻抗调节方法,当患者肌肉活动度较高时,机器人的阻尼水平随之增加,使得患者操作机器人更具挑战性,提高其肌肉训练效果;反之,当患者肌肉活动度较低时,表示患者处于康复早期阶段或产生了肌肉疲劳,机器人的阻尼水平会随之减小,以保证患者能够较容易地修正机器人的运动,提高患者参与训练的积极性。基于上述分析,建立如图 7-2 所示的自适应阻抗控制方法,外环是阻抗调节控制环,内环是位置/速度控制环。根据肌肉活动度调节机器人的阻抗模型,使其针对不同患者具有相适应的柔顺程度,并通过患者的主动施力修正机器人的运动速度,提高患者对机器人的实际控制感。

结合 sEMG 动作识别和肌肉活动评估及自适应阻抗控制方法,提出下肢康复机器人的主动交互控制策略,其工作流程如图 7-3 所示。主要包括如下步骤:

(1)主动部分:采集下肢相关肌肉的 sEMG 信号,识别患者运动意图并激发机器人运动,通过提取 sEMG 信号的 AR 模型系数特征和 SVM 分类器识别下肢动作模式。

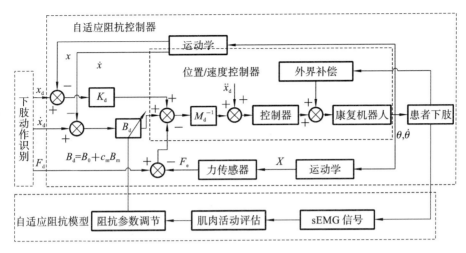

图 7-2　基于肌肉活动评估的自适应阻抗控制方法

（2）交互部分：采集患者下肢主动施力信号，结合阻抗模型实现患者对机器人的交互控制，通过 sEMG 信号分析肌肉活动度，基于此调节机器人的阻尼水平以适应不同患者，并通过速度修正体现人机交互作用。

（3）控制部分：根据主动交互部分生成的轨迹和速度，控制机器人带动患者下肢产生相应运动，可实现机器人主动辅助与患者交互训练的无缝对接。

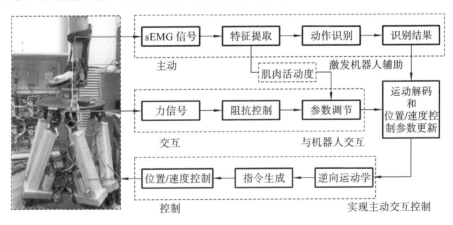

图 7-3　基于自适应阻抗方法的主动交互控制流程

7.1.3　实验结果及分析

基于上述人机交互控制系统结构，配置实际环境下的康复机器人实验系统，如图 7-4 所示。硬件系统主要包括康复机器人及控制柜、sEMG 信号采集设备、力信号采集设备和上位机等。

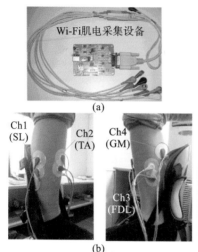
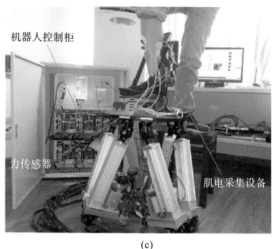

图 7-4　康复机器人交互控制实验配置

实验系统的工作过程为：首先由 Wi-Fi 肌电采集卡完成 sEMG 信号的采集和传输，通过上位机软件识别动作模式和肌肉活动状态；然后通过力传感器完成人机交互作用力的采集和传输，由上位机根据阻抗模型计算机器人的运动轨迹和速度指令；最后控制机器人带动患者下肢产生相应运动。康复机器人主控制部分提供通用的 TCP 通信接口，以获得 sEMG 信号及力反馈处理软件的识别结果，提供在线轨迹规划及运动学逆解，然后实时控制各关节驱动器运动，实现机器人对患者的交互控制和辅助训练。

在完成基本的实验环境设置后，通过 9 名受试者来验证本章方法的有效性。对于下肢康复训练的动作模式，采用最常用的动作[6]，即背屈（dorsiflexion）、跖屈（plantarflexion）、内翻（inversion）、外翻（eversion）、内收（adduction）、外展（abduction）等动作。选择与此 6 组动作最相关的下肢肌肉以采集其信号，分别为腓肠肌（gastrocnemius medialis，GM）、胫骨前肌（tibialis anterior，TA）、趾长屈肌（flexor digitorum longus，FDL）和比目鱼肌（soleus，SL）。通过 sEMG 信号采集设备获取此 4 块肌肉的 sEMG 信号，电极片采用的是 Ag/AgCl 双极电极，传导半径为 16 mm，双电极间的距离是 20 mm，sEMG 电极的贴片位置如图 7-4(b)所示。通过矫形器套将受试者下肢固定于机器人上平台，如图 7-4(c)所示。

首先验证 sEMG 动作识别方法的准确性。受试者按照背屈至外展的顺序完成一组完整动作。图 7-5 所示分别是受试者 S2（蓝线）、受试者 S5（红线）和受试者 S8（黑线）的下肢动作识别结果。

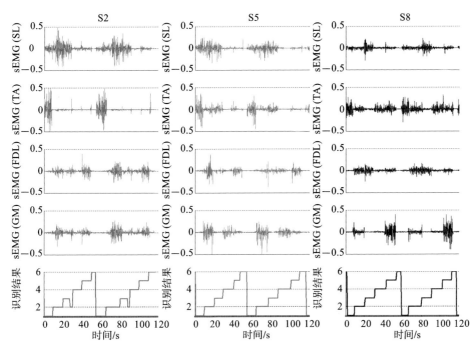

图 7-5　基于 sEMG 信号的下肢动作识别结果

图 7-5 中自上而下分别是比目鱼肌、胫骨前肌、趾长屈肌和腓肠肌的 sEMG 信号,以及最终的下肢动作识别结果,数字 1～6 分别代表背屈、跖屈、内翻、外翻、内收、外展这 6 个动作模式。在全部 9 个受试者身上进行了实验,每位受试者执行 50 次连续动作模式,识别结果如表 7-1 所示。不同受试者的动作识别统计结果由平均识别率和标准差表示,可以看出,S1 和 S6 的平均识别率高于其他受试者的(这两位实验对象已多次参与动作识别实验),S3、S4、S5 和 S8 的动作识别结果也较为理想。统计 9 位不同对象的实验结果,最终平均识别率可达到 $(94.71\pm2.83)\%$,对于背屈、跖屈等动作的识别率更是达到 95% 以上,表明所提的 sEMG 动作识别方法是有效的。

表 7-1　不同受试者的下肢动作识别结果统计

实验对象	性别	年龄	动作识别结果(正确次数/总次数)						平均识别率
			背屈	跖屈	内翻	外翻	内收	外展	
S1	男	20	48/50	48/50	49/50	47/50	49/50	49/50	$(96.67\pm1.63)\%$
S2	男	22	47/50	46/50	44/50	47/50	48/50	49/50	$(93.67\pm3.44)\%$
S3	女	25	49/50	47/50	48/50	48/50	47/50	48/50	$(95.67\pm1.51)\%$

续表

实验对象	性别	年龄	动作识别结果（正确次数/总次数）						平均识别率
			背屈	跖屈	内翻	外翻	内收	外展	
S4	女	27	47/50	48/50	49/50	49/50	46/50	47/50	(95.33±2.42)%
S5	男	30	47/50	49/50	46/50	48/50	45/50	48/50	(94.33±2.94)%
S6	男	33	50/50	50/50	50/50	46/50	48/50	49/50	(97.00±3.03)%
S7	男	37	48/50	47/50	44/50	45/50	46/50	44/50	(91.33±3.27)%
S8	女	39	46/50	48/50	48/50	46/50	49/50	47/50	(95.00±2.10)%
S9	男	42	47/50	45/50	46/50	49/50	44/50	49/50	(93.33±4.13)%
平均识别率			95.33%	95.11%	93.78%	94.67%	93.78%	95.56%	(94.71±2.83)%

　　然后比较 sEMG 激发控制实验和本章提出的主动交互控制实验。在第一组实验中,通过受试者 sEMG 信号识别其运动意图,然后激发机器人主动辅助,受试者在激发机器人运动之后不再有人机交互作用。在第二组实验中,同样首先通过 sEMG 识别方法激发机器人的主动辅助,然后在机器人运动过程中利用阻抗控制方法实现人机交互控制,并利用肌肉活动状态自适应调节阻抗模型。在此实验中,受试者按照背屈—跖屈—内翻—外翻—内收—外展的顺序执行一次完整动作,每位受试者共执行 6 组完整动作,在每组动作之间有 3 min 的休息时间。

　　具体到第二组实验,图 7-6 中蓝线、红线和黑线分别是受试者 S2、S5 和 S8 的实验结果。自上而下分别是基于 sEMG 评估的肌肉活动度、基于肌肉活动状态调节的机器人阻尼参数、机器人运动过程中的人机交互作用力以及自适应阻抗控制下的机器人速度。分析实验结果可知,当受试者肌肉活动度较低时,机器人可呈现较好的柔顺性,即具有较小的阻尼参数。反之,当肌肉活动度较高时,机器人的阻尼水平会相应提高。机器人的运动速度由人机交互力和阻尼水平决定,同一阻尼水平下机器人速度随作用力的增大而增大,体现了患者对机器人的主动控制作用。

　　为分析提出的主动交互控制方法对患者肌肉活动的促进作用,令受试者先后执行 sEMG 激发控制方法[7,8]和本章方法。图 7-7 所示为受试者 S1 在两种方法下的实验结果,自上而下分别为 sEMG 激发控制方法下及本章方法下的机器人运动速度和肌肉活动情况(用 sEMG 信号的 RMS 表示)。可以看出,在 sEMG 激发控制方法下,受试者仅在意图激发机器人运动时产生肌肉活动,而在机器人运动过程中始终处于被动状态,不存在任何交互作用。本章方法除了

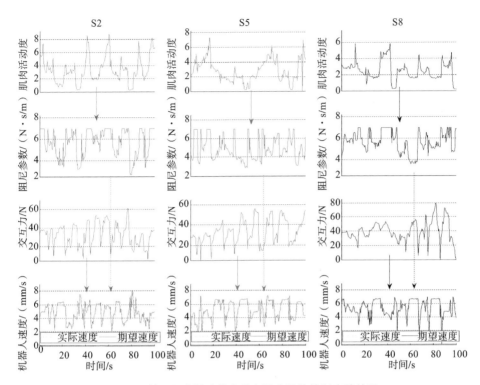

图 7-6 基于肌肉活动状态的自适应阻抗控制实验结果

在激发机器人运动时产生明显的肌肉活动外,在机器人运动过程中始终保持人机交互作用,机器人的速度可根据受试者施力和肌肉活动度实时调节。通过这种主动交互控制方法,患者持续感受自身主动努力对机器人运动的影响,能够充分激发患者主动参与训练的积极性。

为验证所提方法针对不同受试者的有效性,对 9 位受试者进行了实验。图7-8 所示为受试者在不同方法下的肌肉活动特征比较,每位受试者的实验结果中红线为本章方法下的肌肉活动特征,蓝线为 sEMG 激发控制方法下的肌肉活动特征,其中肌肉活动特征又包括肌肉活动水平估计值(图中记为 A)和 sEMG信号的 RMS 特征(图中记为 B)。每位受试者先后进行 6 个周期的实验,每个周期进行下肢的 6 个连续动作,结果中每个周期显示的值包括受试者执行 6 个连续动作所激发的肌肉活动度平均值和标准差。可看出,本章方法对患者在训练中肌肉的激活程度明显高于 sEMG 激发控制方法的。

表 7-2 给出了每位受试者在全部 6 个训练周期内的肌肉活动特征平均值和方差,可以看出,本章方法下的肌肉活动特征(包括肌肉活动度和 RMS)与传统方法相比有了显著提高。表 7-2 中也给出了本章方法相比于主流的 sEMG 激发控制方法在提高肌肉活动水平方面的增长率,以受试者 S1 为例,sEMG 激发

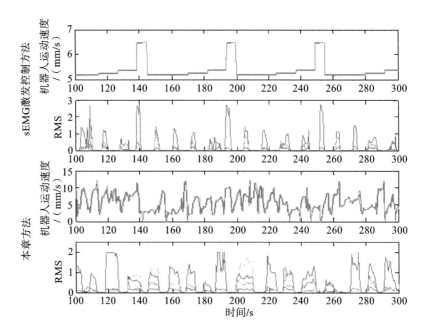

图 7-7　本章方法和 sEMG 激发控制方法的控制结果比较

控制方法下的总体肌肉活动度和 RMS 分别为 3.982 和 1.445,本章方法下的肌肉活动度和 RMS 分别达到 5.857 和 3.076,分别增长了 47.08% 和 112.8%。其他受试者实验也具有类似结果,显示了本章方法对提高患者主动参与度的有效性。在 sEMG 激发控制方法中,在机器人被患者 sEMG 识别结果激发之后,人机之间不存在交互作用,因此肌肉活动一直处于较低水平,直到本次激发运动完成之后才进行下一次动作识别。在本章所提出的主动交互控制方法中,首先通过患者下肢 sEMG 信号识别其运动意图,激发机器人的主动辅助运动,在机器人运动过程中通过阻抗控制调节机器人的运动速度,以体现患者对机器人的主动控制作用。这里的阻抗模型可根据患者的肌肉活动度调节,使机器人的柔顺性适于不同康复阶段的患者使用。

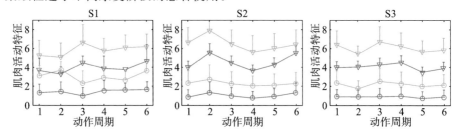

图 7-8　本章方法和 sEMG 激发控制方法的肌肉活动特征比较

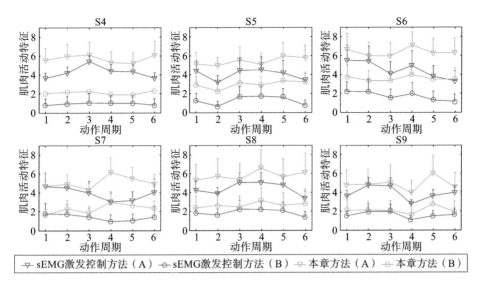

续图 7-8

表 7-2   全训练周期内不同方法下的肌肉活动特征统计比较

受试者	sEMG 激发控制方法				本章主动交互控制方法						
	肌肉活动度		RMS		肌肉活动度			RMS			
	均值	方差	均值	方差	均值	方差	增长率	均值	方差	增长率
S1	3.982	0.509	1.445	0.245	5.857	0.594	47.08%	3.076	0.549	112.8%
S2	4.593	0.799	1.041	0.246	6.528	0.768	42.12%	2.314	0.236	122.3%
S3	4.041	0.348	0.896	0.087	6.057	0.512	49.88%	2.205	0.281	146.1%
S4	4.284	0.644	1.124	0.100	5.724	0.408	33.61%	2.088	0.185	85.76%
S5	4.054	0.571	1.266	0.272	5.452	0.413	34.48%	2.578	0.386	103.6%
S6	4.551	0.894	1.726	0.347	6.397	0.447	40.56%	3.587	0.255	107.8%
S7	3.907	0.674	1.396	0.335	5.089	0.665	30.25%	2.298	0.366	64.61%
S8	4.417	0.658	1.887	0.329	5.802	0.500	31.35%	2.684	0.286	42.24%
S9	3.913	0.751	1.635	0.346	4.874	0.470	24.56%	2.129	0.356	30.21%

　　基于 sEMG 分析的机器人阻抗控制已得到一些研究,如本章参考文献[2, 9]的工作,本章提出的方法与之相比有如下特点:首先,本章方法是一种无缝的主动交互控制方法,通过 sEMG 激发机器人运动后持续保持人机交互作用,不仅考虑了患者的主动运动意图,而且考虑了患者在运动过程中的主动努力,具有促进患者肌肉持续训练的作用,相比而言,当前的 sEMG 激发控制方法多在

机器人触发后保持被动;其次,本章的阻抗控制方法是对机器人速度控制的响应而不是位置控制,因此能保证机器人的辅助轨迹在合理的生理意义范围内,并且能根据 sEMG 评估的肌肉活动能力自适应调节机器人阻抗模型,使其针对不同康复患者具有变化的柔顺性。另外,由于在不同的动作模式下各肌肉的贡献比重不同,本章方法在评估整体肌肉活动水平时考虑每块肌肉的权重系数,使得评估结果更合理,更适用于不同患者。不同于传统的利用 sEMG 信号计算关节力矩的方法,本章的肌肉评估方法可在线计算评估患者每块肌肉的肌肉活动状态和收缩力,为分析患者肢体运动能力和康复水平,以及实现匹配患者能力的康复手段,提供了直接、科学的依据。不同于传统的阻抗控制方法,本章方法根据患者肌肉活动能力自适应调节机器人的阻抗模型参数,驱动康复机器人以不同的阻尼水平来完成训练,可在保证机器人运动安全性的同时最大程度促进患者在训练中保持与机器人的交互作用,在控制过程中实现机器人触发辅助与患者交互训练的无缝对接。

7.2　动作意图主导的下肢康复机器人协作控制

人体 sEMG 信号是肌肉收缩时产生的动作电位在皮肤表面叠加而成的,能够在肢体运动前 30～100 ms 检测到,包含丰富的运动信息,因此能够预测人体的主动运动意图[10],实现患者主导的康复机器人协作控制,在康复机器人的人机协作控制中得到了广泛的应用。康复机器人常用的协作控制主要采用动作模式识别的方法[11],即通过对运动过程中采集的 sEMG 信号进行特征提取,使用分类器进行动作模式分类,获取肢体的主动运动意图,然后根据分类结果来控制康复机器人带动患者按照患者主动运动意图进行康复训练。传统基于意图识别的康复控制在分析出动作模式之后仅由康复机器人带动患者进行运动,患者在此过程中完全处于被动运动的状态,不能达到较为理想的康复效果。为了获得更好的康复效果并让患者在运动过程中对机器人进行主动的控制,需提取运动过程中的人机交互信息和疲劳状态,实现人-肌-机协作控制。

7.2.1　患者肌体疲劳状态评估

在使用康复机器人对患者进行康复训练时,患者的肢体运动功能可以得到一定程度的恢复,但在此过程中随着运动的进行,患者容易出现肌肉疲劳现象。运动性肌肉疲劳是指运动引起的骨骼肌产生最大随意收缩力量或输出功率暂时性下降的生理现象[12]。肌肉疲劳的主要影响通常被描述为控制运动肌肉的神经驱动指令的减少,从而导致输出力下降,表明在疲劳收缩期间,运动单元的募集速率降低以适应肌肉机械状态的变化[13]。sEMG 信号的变化能够在某种程度上反映出肌肉的活动程度和功能状况,本节通过对基于 sEMG 信号的疲劳相关特征的分析,选取合适的分类器建立肌肉评估模型,实现对肌肉疲劳程度的评估。

基于 sEMG 信号的肌肉疲劳评估中,时域和频域特征的提取较为简单,时频域及非线性特征在动态肌肉疲劳评估中也有着越来越多的研究。时域特征主要从 sEMG 信号的幅值进行考虑。将计算的一个动作段的相关数值作为疲劳特征,如均方根值和肌电积分值,分别如式(7-11)式(7-12)所示。

$$\mathrm{RMS} = \sqrt{\frac{1}{N} \sum_n x_n^2} \tag{7-11}$$

$$\mathrm{IEMG} = \frac{1}{N} \sum_n |x_n| \tag{7-12}$$

其中:N 表示所选样本中的采样点数;x_n 为 sEMG 信号在第 n 个时刻的数值。

频域特征的提取主要是使用傅里叶变换,sEMG 信号频域参数的平均功率频率和中值频率的计算公式分别如式(7-13)和式(7-14)所示。

$$\mathrm{MPF} = \frac{\int_{f_1}^{f_2} \cdot \mathrm{PS}(f) \cdot \mathrm{d}f}{\int_{f_1}^{f_2} \mathrm{PS}(f) \cdot \mathrm{d}f} \tag{7-13}$$

$$\int_{f_1}^{\mathrm{MF}} \mathrm{PS}(f) \cdot \mathrm{d}f = \int_{\mathrm{MF}}^{f_2} \mathrm{PS}(f) \cdot \mathrm{d}f = \frac{1}{2} \int_{f_1}^{f_2} \mathrm{PS}(f) \cdot \mathrm{d}f \tag{7-14}$$

其中:$\mathrm{PS}(f)$ 表示 sEMG 信号的功率谱密度,可利用信号的自相关函数的傅里叶变换求得;f_1 和 f_2 分别表示信号带宽的最低频率和最高频率。

时频域分析方法可以解决单纯傅里叶变换不能表示频率分量的时间局域化的问题,它在时域和频域都能显示出信号的局部特性,为疲劳分析提供更多的依据。短时傅里叶变换的实质就是用一个可以移动的窗口函数对信号进行截取并分析,通过时间窗内的一段信号来表示某一时刻的信号特征。短时傅里叶变换的公式如式(7-15)所示,其中 $x(\cdot)$ 是原始 sEMG 信号,$g(\cdot)$ 为待选的窗函数。通过短时傅里叶变换计算得到的瞬时平均频率如式(7-16)所示。

$$\mathrm{STFT}(t, f) = \int_{-\infty}^{+\infty} [x(u)g(u-t)] \cdot \mathrm{e}^{-\mathrm{j}2\pi f u} \mathrm{d}u \tag{7-15}$$

$$\mathrm{IMNF}(t) = \frac{\int_{f_1}^{f_2} f \cdot \mathrm{STFT}(t, f) \cdot \mathrm{d}f}{\int_{f_1}^{f_2} \mathrm{STFT}(t, f) \cdot \mathrm{d}f} \tag{7-16}$$

离散小波变换也是一种常用的分析处理方法,该方法也是通过可变的时频窗满足不同的频率分辨率要求。通过分解 sEMG 信号得到其中的细节系数来计算小波能量,提取 sEMG 信号的疲劳特征。小波分解是通过一系列低通滤波器和高通滤波器来分出信号的低频和高频部分,分别对应于细节系数(CD)和近似系数(CA)。小波能量就是通过细节系数的平方计算得出的,如式(7-17)所示。

$$E_i = |\, CD_i\,|^2 \qquad (7\text{-}17)$$

其中 CD_i 为小波变换得到的第 i 层的细节系数。

非平稳的 sEMG 信号可以通过非线性动态系统分析。利用 sEMG 信号包含的非线性动力学信息,可以更加可靠和有效地提取其疲劳特征。复杂度和熵理论被越来越多地用于提取肌肉疲劳信号特征。Lempel-Ziv 复杂度(LZ 复杂度)是 sEMG 信号的一种非线性指标,其分析不需要很多的数据,且具有较好的抗干扰能力。在计算 sEMG 信号的 LZ 复杂度之前,需要先将其数字序列转换成符号序列。先将 sEMG 信号 $x(n)$ 与预设阈值 σ 相比较,得到对应的二进制序列 $s(n)$。信号大于阈值时序列值取 1,否则序列值取 0,数学表达如式(7-18)所示。

$$s(n) = \begin{cases} 1, x(n) > \sigma \\ 0, 其他 \end{cases} \qquad (7\text{-}18)$$

预设阈值的选取对于复杂度的计算至关重要,可选取信号中值作为比较阈值,将最终二进制序列之和作为 LZ 复杂度,确定 sEMG 信号的复杂性。实验研究发现,当肌肉疲劳收缩时,LZ 复杂度有减小趋势,说明肌肉疲劳后 sEMG 信号的复杂性变小。

边际谱熵不需要大量样本数据,只用较少的数据便能区分出信号的复杂性,可用于检测运动过程中 sEMG 信号的复杂性信息,从而评估运动肌肉的疲劳程度。边际谱熵的计算是基于希尔伯特-黄变换的,其时频谱计算如式(7-19)所示。

$$H(f,t) = \operatorname{Re} \sum_{i=1}^{n} a_i(t) \cdot e^{j2\pi \int f_i(t)\mathrm{d}t} \qquad (7\text{-}19)$$

对式(7-19)从时间上积分可得到信号的希尔伯特边际谱:

$$h(f) = \int_{-\infty}^{+\infty} H(f,t)\mathrm{d}t \qquad (7\text{-}20)$$

边际谱熵是将整个时间段中每个频率对应的熵值求和得到的,计算公式如式(7-21)所示。

$$HHE = -\sum_{i=1}^{n} P_i(\ln P_i) \qquad (7\text{-}21)$$

其中:$P_i = h(i)/\sum h(i)$,表示第 i 个频率对应幅值的概率。为了让熵值的表达更具标准性,需对其进行归一化。归一化的边际谱熵计算如式(7-22)所示。

$$\mathrm{GHHE} = \frac{\mathrm{HHE}}{\ln N} \tag{7-22}$$

其中：N 为信号的长度。边际谱熵可用来表示信号的平均不确定性，也即信号的复杂度，边际谱熵值越大表示信号越复杂。研究表明随着肌肉疲劳的加深，sEMG 信号的复杂度会降低，因此边际谱熵值也会随之呈现下降趋势。

运动疲劳评估一般分为疲劳和非疲劳两种状态，在提取合适的疲劳特征后要建立适用的运动疲劳估计模型以区分其状态。支持向量机是一种二分类模型，其中最简单就是用于线性分类的最大间隔分类器，适用于基于 sEMG 信号的肌肉疲劳评估。

支持向量机的学习策略便是使类与类之间的间隔最大。设存在一堆正负样本 $\{(x_1, y_1), (x_2, y_2), \cdots, (x_n, y_n)\}$，其中 x_n 为输入参数，y_n 代表分类标记 1 和 -1，它们之间的分类超平面为 $f(\boldsymbol{x}) = \boldsymbol{w}^{\mathrm{T}} \boldsymbol{x} + b = 0$，将样本正确分隔开使其分别存在于超平面 $H_1 : \boldsymbol{w} \cdot \boldsymbol{x} + b = 1$ 和 $H_2 : \boldsymbol{w} \cdot \boldsymbol{x} + b = -1$ 两边。离分界面最近的正负样本点分别落在 H_1 和 H_2 上，H_1 和 H_2 之间没有任何样本点，如图 7-9 所示。

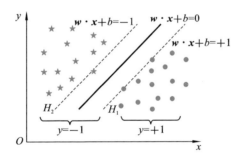

图 7-9　线性可分下的最优分类面

定义超平面上的间隔为 $\delta = y_1(\boldsymbol{w} \cdot \boldsymbol{x} + b) - 1$，可以看出该间隔函数的值不小于 0，对于其他不在分类超平面上的点，其到 $f(\boldsymbol{x})$ 的几何间隔为

$$M = \frac{y_i \mid \boldsymbol{w} \cdot \boldsymbol{x}_i + b \mid -1}{\parallel \boldsymbol{w} \parallel} = \frac{\delta}{\parallel \boldsymbol{w} \parallel} \tag{7-23}$$

H_1 和 H_2 之间的几何间隔为 $2/\parallel \boldsymbol{w} \parallel$。此时求最大间隔的目标转换为最小化 $\parallel \boldsymbol{w} \parallel$，即

$$\begin{cases} \min \parallel \boldsymbol{w} \parallel^2 / 2 \\ \mathrm{s.\,t.\,} y_i(\boldsymbol{w} \cdot \boldsymbol{x}_i + b) \geqslant 1 \end{cases} \tag{7-24}$$

此时的极值问题变成了一定存在最优解的凸规划问题。根据最优解得到分类超平面后，也就得到了最优超平面 H_1 和 H_2。

很多时候所提供的 sEMG 实验样本不具有线性可分的特点,采用核函数将低维空间的向量通过某种变换映射到高维空间。实际 sEMG 数据可能会受到噪声干扰等因素的影响,这里引入松弛变量 ξ_i,将原来的约束方程变为

$$y_i(\boldsymbol{w} \cdot \boldsymbol{x}_i + b) \geqslant 1 - \xi_i \tag{7-25}$$

其中:$\xi_i \geqslant 0$。式(7-25)所示的约束条件使分类间隔更大。考虑将每一个离群点带来的损失当作惩罚因子 C 引入目标函数,则式(7-24)就变成:

$$\begin{cases} \min \| \boldsymbol{w} \|^2/2 + \sum_{i}^{n} \xi_i \\ \text{s. t. } y_i(\boldsymbol{w} \cdot \boldsymbol{x}_i + b) \geqslant 1 - \xi_i \end{cases} \tag{7-26}$$

惩罚因子的大小对分类结果的影响主要是它决定了离群点带来的损失大小。支持向量机适用于小样本问题,它有很好的求解全局最优问题的能力,因此在 sEMG 疲劳特征分类这种非线性数据的模式识别中具有较大优势。

实验过程中使用 Delsys 肌电采集仪对 5 名受试者(S1~S5)进行 sEMG 信号采集。受试者坐在高度合适的椅子上,要求每次进行背屈、跖屈、内翻、外翻中的一个动作,直到感到疲劳后再重复 5 次该动作。每位受试者各种动作均进行 20 组实验,每组实验间隔 10 min 以便受试者的肌肉从疲劳中恢复正常。

疲劳特征应具备足够的灵敏度,即随着运动疲劳的产生,疲劳特征在某种趋势上有较大变化。针对每个动作段提取时域、频域、时频域和非线性的归一化疲劳特征,如式(7-27)所示;再对每个疲劳特征进行一阶线性拟合,得到拟合直线的相对斜率并将其作为疲劳特征敏感度的指标,以便选择合适的疲劳特征,如式(7-28)所示。

$$\alpha_i = \frac{\rho_i}{\rho_0} \tag{7-27}$$

$$nk = \frac{|k|}{er} \tag{7-28}$$

其中:i 表示第 i 个动作段,α_i 为第 i 个动作段的归一化疲劳特征;ρ_i 为第 i 个动作段的疲劳特征;nk 为拟合直线的相对斜率,k 为拟合直线的斜率,er 为拟合的残差平方和。

受试者 S4 的一组拟合结果如图 7-10 所示。可以看出,部分特征有明显的变化趋势,分布比较有规律,如均方根值、肌电积分值、瞬时平均功率、LZ 复杂度,其他特征则没有明显的变化趋势,因此需对运动疲劳选择合适的特征进行分析。对 5 个受试者的实验数据进行动作段检测后提取各个动作段的疲劳特征,再进行线性拟合,最后得到其相对斜率并求均值,结果如表 7-3 所示。可以看出不同特征的敏感度有较大区别。

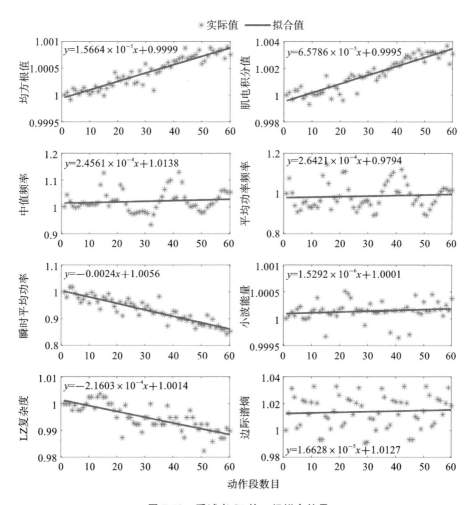

图 7-10 受试者 S4 的一组拟合结果

表 7-3 疲劳特征的相对斜率均值（$\times 10^{-4}$）

特征	参数	S1	S2	S3	S4	S5
RMS	*er*	7.875	8.995	7.164	7.624	7.992
	nk	198.9	184.8	208.9	207.6	182.6
ISEMG	*er*	36	42	31	39	28
	nk	182.7	157.9	201.2	177.6	215.6
MF	*er*	3039	3586	2715	3233	2498
	nk	8.082	8.135	8.207	8.527	8.145

续表

特征	参数	S1	S2	S3	S4	S5
MPF	*er*	4882	5179	4632	4908	4744
	nk	5.412	6.131	5.211	5.908	5.159
IMNF	*er*	1777	1934	1687	1702	1612
	nk	135.1	134.4	136.3	146.9	130.1
E	*er*	13	17	12	14	9.2
	nk	11.76	10.16	12.53	11.62	16.04
LZC	*er*	242	293	211	253	198
	nk	89.27	77.99	95.47	86.85	99.73
GHHE	*er*	929	1132	879	1017	824
	nk	4.935	4.223	5.146	4.552	5.958

其中时域特征均具有较为明显的变化,有较大的平均相对斜率,因此可考虑作为运动疲劳的特征;频域特征的拟合误差很大,说明数据分布不集中,且敏感度都比较低,这可能是因为运动过程的 sEMG 信号为非平稳信号,频域分析使用的傅里叶变换已不再适用,不适宜作为动态疲劳特征;时频域特征和非线性特征的计算更复杂,其中拟合误差和平均相对斜率较好的是瞬时平均功率。因此,综合考虑实验结果和数据处理的复杂性,可选择均方根值和瞬时平均功率作为运动疲劳的特征,组成特征向量以减少单一评判结果的误差,提高分析结果的可靠性。

为分析运动疲劳评估模型的有效性,选择每位受试者的采集数据的前 5 个动作段的 sEMG 信号作为非疲劳阶段的 sEMG 信号,选择最后 5 个动作段的 sEMG 信号作为疲劳阶段的 sEMG 信号。每个受试者共 20 组数据,每组数据选择开始 5 个非疲劳状态的动作段和最后 5 个疲劳状态的动作段,提取其中的均方根值和瞬时平均功率构成联合特征,共 50 个非疲劳状态样本和 50 个疲劳状态样本。受试者 S4 的样本数据分布如图 7-11 所示。

可以看出非疲劳状态和疲劳状态有着较为明显的区别,可在一定误差内对两种状态进行区分。采用支持向量机构建运动疲劳估计模型,对每位受试者随机选取一半样本数据进行模型训练,另一半样本数据用作模型测试,测试结果如表 7-4 所示。

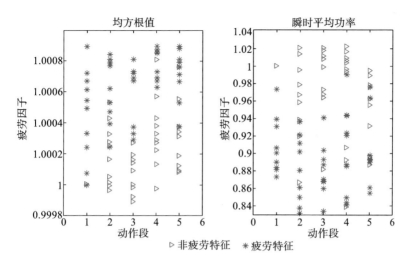

图 7-11 受试者 S4 的疲劳特征和非疲劳特征

表 7-4 疲劳状态分类结果

运动疲劳估计模型	S1	S2	S3	S4	S5
支持向量机	84%	88%	86%	84%	82%

从表 7-4 可以看出受试者 S2 的分类效果在 5 个受试者中最好,这可能是因为 S2 曾多次参与实验,所采集的数据能够更好地区分非疲劳状态和疲劳状态,并检测出运动疲劳的产生;其他受试者没有类似的实验经历,对疲劳的产生不能很好地判断,导致疲劳数据和非疲劳数据区分度不够。从实验结果可看出支持向量机的疲劳估计效果较好,最高可达 88%。

7.2.2 疲劳避免自适应阻抗控制

为实现人机交互过程中的主动柔顺可采用阻抗控制模型[14]。康复训练中为了保证患者肢体的安全往往会设置合适匀缓的运动速度,此时末端加速度可以忽略不计,可采用式(7-6)所示的阻抗控制公式。当人机系统的目标阻尼和目标刚度确定后,便可通过患者与机器人之间的人机交互力调节康复机器人的运行位置和运行速度,为患者的康复提供柔顺性控制[15]。考虑到频繁变更运动速度会对患者造成不适,可采用人机交互力调节康复机器人预设运动轨迹,以体现患者对机器人的主动参与作用。

在运动过程中引入疲劳信息,让康复机器人随着患者的康复状态进行调整,根据运动疲劳估计模型切换机器人的工作状态,实现疲劳避免自适应阻抗控制。该控制方法根据采集的人机交互力和疲劳信息控制机器人的柔顺性,使得患者能更加自如地控制机器人,激励其参与主动康复的兴趣,提高康复效果。

在阻抗模型的基础上,根据患者的运动疲劳信息调节阻抗模型中的刚度参数,疲劳程度加深时减小刚度参数,为患者提供更多的柔顺性,如式(7-29)所示。

$$K_d = K_0 + \gamma \cdot K_a \tag{7-29}$$

其中:K_0 表示初始设置的刚度参数;K_a 为踝关节总的运动疲劳因子;γ 是疲劳程度对康复机器人刚度参数的影响权重。结合前面对 sEMG 信号的分析,踝关节归一化运动疲劳特征 ρ_a 可表示为

$$\rho_a = \frac{\rho}{\rho_0} \tag{7-30}$$

其中:ρ_0 为特定动作中所选肌肉的初始肌肉疲劳特征;ρ 是对应肌肉在运动过程中的肌肉疲劳特征。由此可得出总的运动疲劳因子,其计算如式(7-31)所示。

$$K_a = \sum_i c_i \cdot |\rho_{ai} - 1| \tag{7-31}$$

其中:c_i 是第 i 个疲劳特征对总的运动疲劳因子的影响权重;ρ_{ai} 是第 i 个归一化运动疲劳特征。因此,康复机器人的运行轨迹可根据人机交互力和运动疲劳信息进行自适应调节,使得机器人为患者提供更大的柔顺性,计算如式(7-32)所示。

$$q = q_d + K_d^{-1}[F_e + B_d(\dot{q}_d - \dot{q})] \tag{7-32}$$

由上述分析可构建自适应阻抗控制的结构框图,如图 7-12 所示,其中外环为自适应阻抗控制环,内环为位置/速度控制环。

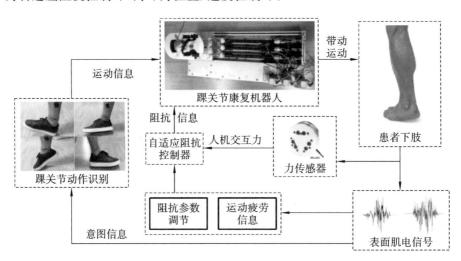

图 7-12　基于疲劳评估的人-肌-机协作控制框图

通过疲劳避免自适应阻抗控制方法,不仅可实现患者对机器人的柔顺控制,激励患者更为主动地参与康复训练,还能够用运动疲劳因子调节控制参数,

让机器人根据患者的疲劳信息自动调整康复训练轨迹,以延缓患者的肌肉疲劳。同时,可根据评估的疲劳状态切换康复机器人的运行状态,一旦检测到患者由非疲劳状态进入疲劳状态,便让康复机器人停止运行,以免过度的康复训练造成患者肌肉的二次损伤。

在现实的环境中搭建踝关节康复机器人实验平台,实现疲劳避免自适应阻抗控制方法,通过实际的 5 个受试者验证该方法的有效性。配置的实际康复机器人实验平台如图 7-13 所示。

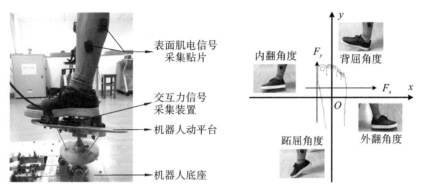

图 7-13　配置的康复机器人实验平台　　图 7-14　角度和交互力示意图

实验中给受试者的小腿对应肌肉贴上 sEMG 信号采集贴片,受试者的脚放在康复机器人动平台上以带动踝关节运动,脚和动平台之间的人机交互力采用 Mini 85 力传感器采集。sEMG 信号的采集过程和整个踝关节康复机器人平台的详细介绍已在前面说明。在运动过程中同时采集 sEMG 信号,分析受试者的疲劳信息和疲劳状态,结合交互力信号和阻抗模型计算康复机器人的运动轨迹。为方便后续分析,规定运动角度和交互力的正负及方向如图 7-14 所示,其中背屈和外翻角度分别在 y 方向和 x 方向,且取值为正;跖屈和内翻角度分别在 y 方向和 x 方向,且取值为负;背屈/跖屈方向的交互力在 y 方向,而内翻/外翻的交互力在 x 方向。

为分析疲劳避免自适应阻抗控制方法的有效性,进行相应的实验设置。在运动过程中提取 sEMG 信号的运动疲劳信息,用来自适应调节阻抗模型中的刚度参数;同时监控运动过程中的疲劳状态,当受试者从非疲劳状态进入疲劳状态时,机器人停止运行,防止患者肌肉疲劳损伤。以受试者 S3 和 S4 的一次实验为例,结果如图 7-15 和图 7-16 所示。

可以看出使用式(7-32)所示的控制模型,通过受试者的 sEMG 信号提取出每个动作段的疲劳因子,疲劳因子随着动作次数的增加而呈现变大的趋势。用其对刚度参数进行调节,刚度参数的变化趋势与疲劳因子的变化趋势相反,即

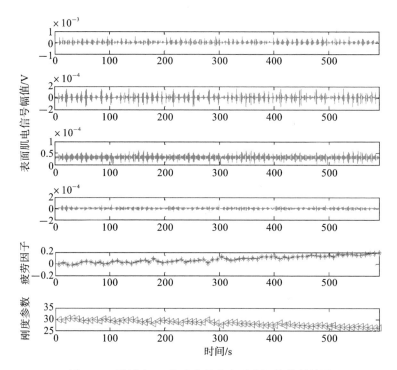

图 7-15   受试者 S3 的疲劳避免自适应阻抗控制结果

随着运动疲劳的加深,刚度参数呈现变小的趋势,此时机器人的刚度变小,为受试者的康复运动提供更大的柔顺性。以受试者 S3 的数据为例进行分析,在经历 72 次运动后运动疲劳估计模型检测出其进入疲劳状态,机器人停止运行,受试者休息。由此可以看出疲劳信息对阻抗参数调整的有效性。

下面比较固定阻抗模型和自适应阻抗模型对运动疲劳的影响。对每位受试者设置相同的实验条件,即根据对应的指令控制机器人进行相应的动作,分别使用前文所提的固定阻抗方法和自适应阻抗方法对康复机器人进行控制。每种控制方法各进行 10 组实验,同时记录每位受试者进入疲劳状态之前的运动次数,实验结果如表 7-5 所示。

从表 7-5 可以看出,不同的受试者进入疲劳状态时踝关节的运动次数不同。由于运动疲劳模型判断进入疲劳状态的准确度有一定误差,表 7-5 中带下划线的数据为错误判断疲劳状态产生的数据,可视为异常数据,其他的数据可用来判断疲劳状态前的运动次数,视为正常数据。计算每位受试者正常数据的均值,可看出使用固定阻抗模型的运动次数,较自适应阻抗模型的运动次数要少。这主要是由于固定阻抗模型的参数为固定值,而自适应阻抗模型的参数会根据疲劳信息进行调整。随着疲劳程度的加深,自适应阻抗模型的刚度参数变小,

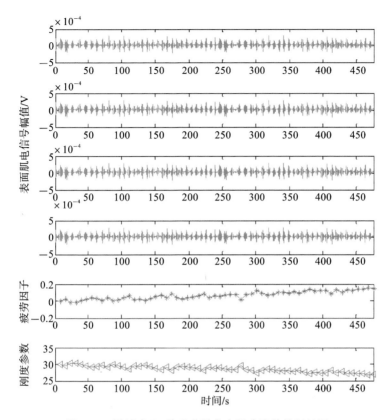

图 7-16 受试者 S4 的疲劳避免自适应阻抗控制结果

康复机器人的柔顺性增加,受试者通过阻抗控制对机器人进行控制的难度更小,从而肌肉疲劳的产生更为缓慢,因此在进入疲劳状态之前能够做更多次数的运动。

表 7-5 运动次数比较结果

受试者	模型	实验组数										均值
		1	2	3	4	5	6	7	8	9	10	
S1	固定	73	65	71	<u>22</u>	59	71	66	57	<u>34</u>	72	66.7
	自适应	69	77	81	76	69	58	79	<u>15</u>	78	82	74.3
S2	固定	73	72	73	55	<u>9</u>	69	82	77	61	64	69.6
	自适应	<u>31</u>	66	76	82	71	75	59	62	74	64	69.9
S3	固定	61	66	69	71	63	66	66	68	59	74	66.3
	自适应	72	80	58	61	67	76	72	<u>4</u>	67	82	70.6

续表

受试者	模型	实验组数										均值
		1	2	3	4	5	6	7	8	9	10	
S4	固定	67	59	60	77	72	59	54	53	67	70	63.8
	自适应	76	79	83	80	59	60	51	53	66	69	67.6
S5	固定	62	64	62	59	71	3	23	72	24	69	65.6
	自适应	66	59	73	68	80	71	52	67	77	58	67.1

7.2.3 患者主导的人-肌-机协作控制

患者主导的康复控制训练以患者为主导,机器人与患者协同合作,鼓励患者主动参与康复训练,根据患者运动意图完成康复训练。实现患者主导的康复训练可以为 sEMG 信号与大脑活动的再生通信创造条件,为患者康复后的协调活动打下基础。传统的基于 sEMG 信号的患者主导康复控制多采用触发控制的方式,即先通过 sEMG 信号识别患者的运动意图,再根据运动意图触发机器人带动患者进行预设好的运动。此种方式将患者主导康复控制分为意图识别和被动运动两个步骤,被动运动中患者没有主动参与,康复效果显然不够理想。

运动意图识别后的康复运动也需要患者的主动参与,用患者的运动信息和康复状态实时调整康复机器人的运行状态,可实现康复过程中的人-肌-机协作控制,获得更好的康复效果。基于 sEMG 信号的意图识别和自适应阻抗调节可实现患者主导的人-肌-机协作控制。首先利用识别的运动意图主动触发踝关节康复机器人进行相应的背屈、跖屈、内翻和外翻四种动作;在运动过程中提取患者的运动疲劳信息以调整控制器的阻抗参数,实现康复运动轨迹随着疲劳信息自动调整,同时用运动疲劳估计模型评估患者的疲劳状态,在非疲劳状态进行康复训练,一旦检测到患者进入疲劳状态就立即停止康复训练,使患者进入休息状态,以免患者出现二次损伤。

传统的运动意图识别方法是通过对 sEMG 信号进行时域、频域或者时频域的特征提取,再结合神经网络、支持向量机等分类器对多种动作模式进行分类。这种方法虽然能够获取较理想的分类效果,但是对分类模型的学习样本的依赖性较高,而且当运动的自由度增多时,模型的复杂度也会增大[16]。近年来,为了解决多自由度运动问题,研究人员提出了肌肉协同收缩模型。肌肉协同理论认为:在运动过程中,人的中枢神经系统将多个肌肉骨骼的自由度组合起来形成一个具有耦合、低维度特征的控制单元,减少了人体冗余自由度。这些控制单元被称为协同元[17]。可摒弃传统的运动意图识别方法,在 sEMG 信号采集与处理的基础上,采用肌肉协同分析进行踝关节多自由度的动作模式识别。

采用肌肉协同分析进行动作模式识别与分类,常用的方法是非负矩阵分解(non-negative matrix factorization,NMF)算法。该算法对待分解矩阵的唯一限制就是非负性,即必须保证待分解的数据集是非负的,因此在进行分解之前,需要对采集到的 sEMG 信号进行非负处理。结合实际生理意义本章采用常用的平均绝对值(mean absolute value,MAV)方法对 sEMG 信号进行非负处理,如式(7-33)所示。

$$\text{MAV} = \frac{1}{N} \sum_{t=1}^{N} | x(t) | \tag{7-33}$$

式中:$x(t)$ 代表 sEMG 信号序列;N 表示计算 MAV 值的 sEMG 信号序列长度。在计算 sEMG 信号的 MAV 值的时候,首先要对原始 sEMG 信号样本做分割处理。

在完成某个动作的时候,中央神经系统并不直接控制每块肌肉的收缩,而是控制一个更小维数的参数集合。肌肉的协同收缩是指为了执行某个动作,某一组肌肉群同时收缩。这样就可以使得神经系统只控制一个更小的肌肉协同数量而不是控制每一块肌肉,即神经系统通过向肌肉下发激活信号使肌肉发生收缩。研究表明肌肉的活动状态是肌肉协同元和激活系数的线性组合[18]:

$$\begin{aligned}
\boldsymbol{V}_{N \times T} &= \boldsymbol{W}_{N \times K} \times \boldsymbol{H}_{K \times T} \\
&= \begin{bmatrix} \boldsymbol{W}_1 & \boldsymbol{W}_2 & \cdots & \boldsymbol{W}_K \end{bmatrix} \times \begin{bmatrix} H_1 \\ H_2 \\ \vdots \\ H_K \end{bmatrix} \\
&= \sum_{i=1}^{K} \boldsymbol{W}_i H_i
\end{aligned} \tag{7-34}$$

给定的肌肉活动水平矩阵 $\boldsymbol{V}_{N \times T}$ 可分解为肌肉协同矩阵 $\boldsymbol{W}_{N \times K}$ 和激活系数矩阵 $\boldsymbol{H}_{K \times T}$。其中 N 为肌肉通道数,T 为信号样本时间长度,K 为肌肉协同元个数,$\boldsymbol{W}_i = [w_{1i}, w_{2i}, \cdots, w_{Ni}]^{\text{T}}$ 表示一个协同元,H_i 表示第 i 个协同元的激活系数。

肌肉协同分析,即根据肌肉活动水平分解获取肌肉协同元及其激活系数序列,然而肌肉的活动水平并不能直接获取,而是需要采集 sEMG 信号并通过进一步处理得到。这里采用 NMF 算法进行肌肉协同分析,选取 sEMG 信号的 MAV 值 $f(E)$ 作为肌肉活动水平,则式(7-34)可以表示为

$$f(E) \approx \boldsymbol{W} \times \boldsymbol{H} \tag{7-35}$$

NMF 算法的基本思想是将非负矩阵 $f(E)$ 分解成一个非负的矩阵 $\boldsymbol{W}_{N \times K}$ 和一个非负的矩阵 $\boldsymbol{H}_{K \times T}$。NMF 算法的求解可以写成标准形式的优化问题:

$$\min \frac{1}{2} \parallel f(E) - \boldsymbol{WH} \parallel_{\mathrm{F}}^{2} \quad \text{s. t.} \quad f(E) \geqslant 0, \boldsymbol{W} \geqslant 0, \boldsymbol{H} \geqslant 0 \qquad (7\text{-}36)$$

式中：$\parallel \cdot \parallel_{\mathrm{F}}^{2}$ 表示 Frobenius 范数，目标函数对于矩阵 $\boldsymbol{W}$ 和 $\boldsymbol{H}$ 都是非凸的。Lee 等[19]从理论上证明了 NMF 算法的收敛性，并且得到如下乘法迭代规则：

$$W_{ik} \leftarrow W_{ik} \cdot \frac{(f(E) \times \boldsymbol{H}^{\mathrm{T}})_{ik}}{(\boldsymbol{W} \times \boldsymbol{H} \times \boldsymbol{H}^{\mathrm{T}})_{ik}} \qquad (7\text{-}37)$$

$$H_{kj} \leftarrow H_{kj} \cdot \frac{(\boldsymbol{W}^{\mathrm{T}} \times f(E))_{kj}}{(\boldsymbol{W}^{\mathrm{T}} \times \boldsymbol{W} \times \boldsymbol{H})_{kj}} \qquad (7\text{-}38)$$

按照式(7-37)和式(7-38)进行交替优化可保证算法的非负性，求得一个最优解。

患者主导人-肌-机协作控制具有直观灵活、高效安全的特点，但其实现较难，需要解决准确提取运动意图和恰当使用运动意图这两个问题，也即康复机器人的辅助控制策略。运动意图的提取主要是基于 sEMG 信号的分析处理，通过采集运动过程中的 sEMG 信号得到动作识别的结果。踝关节的识别动作主要有 4 种：背屈、跖屈、内翻和外翻。在获取运动意图之后需要对其进行应用，设计合理的运动轨迹，让患者得到足够有效的训练。本章参考文献[20]通过生物力学软件 AnyBody 分析了不同运动角度时相关肌肉的活动度，最终选择 4 种动作的运动范围均为 0°～15°，既能让患者得到充分的康复训练，又能保证在康复过程中的安全性。基于此文献启发并结合实际的康复机器人实验环境，本章设计在识别运动意图以后患者各个方向的运动极限均为 10°。

结合基于 sEMG 信号的运动意图识别和阻抗控制方法得到的人-肌-机协作控制原理如图 7-17 所示，主要包括以下 4 个部分：

(1) 意图识别部分：采集踝关节运动的相关 sEMG 信号，通过肌肉协同理论提取各个通道的特征向量并使用相关性分析识别对应的动作模式，以激发踝关节康复机器人运动。

(2) 疲劳评估部分：分析运动过程中 sEMG 信号包含的疲劳信息，利用疲劳信息更新阻抗控制的参数，同时根据运动疲劳估计模型的疲劳状态输出控制机器人的运行状态，一旦出现疲劳状态即停止康复训练。

(3) 人机交互部分：采集患者运动过程中踝关节的主动力，提取运动过程的肌肉疲劳信息，使用简化的阻抗控制方法对康复机器人进行控制，修正其运动轨迹，实现患者的主动参与。

(4) 机器人控制部分：依据人机交互部分得到的轨迹和速度带动患者的踝关节进行相关运动。

同一个动作的肌肉协同元是一致的，基于这样的推测，对踝关节的 4 个动作所采集的 sEMG 信号分别进行预处理和 NMF 分解，可以分别得到对应动作

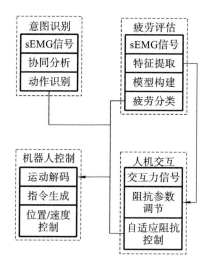

图 7-17　人-肌-机协作控制原理

的协同矩阵。对于新的采集样本,经过预处理和 NMF 分解,得到 W 矩阵和 H 矩阵,W 是肌肉协同矩阵,H 是系数矩阵。分别计算该肌肉协同矩阵与此前 4 个动作的协同矩阵的相关系数,若满足给定的条件,则判别为相应的动作;若与此前 4 个动作的肌肉协同矩阵的相关系数均未达到要求,则认为动作无效。本章在大量实验的基础上发现,当把判定阈值设置为 0.9 时,判别准确率最高,降低判定阈值,判别准确率并没有大幅度提升,因此将相关系数判定阈值设置为 0.9。即若与某个动作的肌肉协同矩阵之间的相关系数大于 0.9,则判定为该动作。随机选取受试者 S1 的 5 组 sEMG 信号样本,并采用相关性分析进行动作判别,结果如表 7-6 所示。

表 7-6　动作识别结果(受试者 S1)

样本	相关性	动作判别结果
样本 1(背屈)	$[0.9936, -0.7021, 0.4588, -0.1256]$	背屈
样本 2(跖屈)	$[-0.6542, 0.9887, -0.3864, 0.3125]$	跖屈
样本 3(内翻)	$[0.4255, -0.4956, 0.9890, -0.2109]$	内翻
样本 4(外翻)	$[-0.1756, 0.3361, -0.1932, 0.9902]$	外翻
样本 5(跖屈)	$[-0.4985, 0.9797, -0.2978, 0.3527]$	跖屈

对 5 个受试者进行多次重复实验,计算平均识别准确率,统计结果如表 7-7 所示。从识别结果可以看出,采用肌肉协同分析进行动作识别能取得较好的识别结果,各受试者的识别准确率均能达到 95% 以上。当采用肌肉协同相关性进行动作判别时,是通过计算当前动作与不同动作协同间的相关系数进行识别

的,准确率较高,且省去了传统基于分类器进行动作判别所需要的样本训练等步骤,很大程度上简化了动作判别的过程,在实时人-肌-机协作控制中具有较好的实用性。

表 7-7　动作识别准确率

受试者	性别	年龄	准确率/(%)
S1	男	23	98.32
S2	男	28	96.15
S3	女	27	95.89
S4	男	30	96.96
S5	女	23	97.09
均值±标准差	—	—	96.88±0.95

为分析患者意图驱动的人-肌-机协作控制方法的有效性,以 7.2.2 节中搭建的实验平台为参考设计相应的实验,以背屈(TA)—跖屈(LG)—内翻(MG)—外翻(SO)为一组完整动作。当踝关节康复机器人的动平台运动到原点时,分析采集的 sEMG 信号以获取受试者的运动意图,将对应的控制指令传送给康复机器人带动患者运动;运动过程中使用人机交互力实现阻抗模型以体现人机交互的柔顺性,为防止造成二次伤害,设定轨迹偏差不超过 1°,其中受试者 S4 运动过程中两组完整动作的意图识别结果和自适应阻抗控制结果分别如图 7-18 和图 7-19 所示。

图中意图标志 1~4 分别代表背屈、跖屈、内翻、外翻四个动作。从图 7-18可以看出利用肌肉协同分析方法可以通过 sEMG 信号识别出受试者的四种动作,在意图识别之后康复机器人可以带动受试者做相应的动作。角度结果中蓝线表示预定轨迹,红线表示实际的轨迹,从图 7-19 可以看出采集的交互力信号可以调节康复机器人的预定轨迹,实际轨迹和交互力信号具有类似的变化过程。图中的红箭头表示当交互力信号过大时,受试者仍然只能在安全范围内运动,这样既能保证运动过程中的柔顺性,又可避免超过设定的安全范围而造成二次伤害。由此可看出患者意图驱动的人-肌-机协作控制方法的有效性。

特别地,受试者 S3 和受试者 S4 对应实验的康复机器人运行轨迹如图 7-20所示,其中各个动作的期望轨迹均沿着坐标轴的方向。

由实验结果可以看出机器人的实际轨迹较期望轨迹有适当偏差,说明基于人机交互力和疲劳信息的人-肌-机协作控制能够根据受试者的运动意图,定性地为受试者提供按需辅助。在参考轨迹附近机器人根据实际需要改变运动轨迹,使得受试者的康复运动具有一定的柔顺性,表现出更好的人机交互效果,可

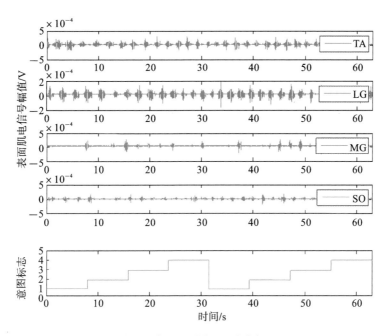

图 7-18　意图识别结果(受试者 S4)

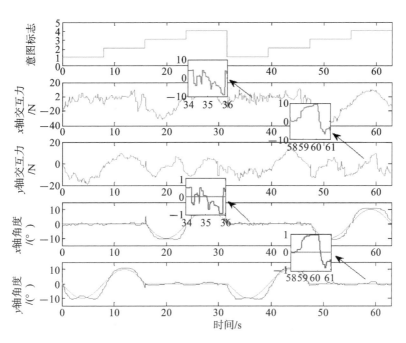

图 7-19　自适应阻抗控制结果(受试者 S4)

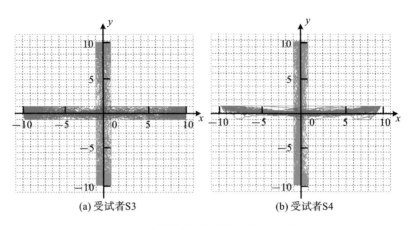

(a) 受试者S3   (b) 受试者S4

图 7-20　机器人协作任务的实际运行轨迹

激励受试者更加积极主动地参与康复训练,获得更好的康复效果。

7.3　本章小结

　　本章研究了基于 sEMG 识别及阻抗调节的变阻抗控制方法及患者主导的踝关节康复机器人的人-肌-机协作控制方法。在基于患者状态的变阻抗控制方法中,为了进一步提高康复机器人的智能水平,提出了一种基于 sEMG 动作识别和肌肉活动度评估的机器人自适应阻抗交互控制方法,在全周期控制过程中引入 sEMG 信号,通过肌体活动状态自动调节机器人辅助模式。不仅克服了现有方法在实时检测患肢康复状态、适应不同患者能力方面的不足,而且提高了康复方法的智能化水平,使其可适应患者的整个康复周期。最后通过 9 位受试者的实验验证了本方法在促进患者肌肉活动方面的有效性。

　　在患者意图主导的机器人协作控制中首先对踝关节肌肉疲劳状态进行评估,提取了敏感有效的疲劳特征并建立了运动疲劳评估模型,区分患者非疲劳状态和疲劳状态的准确率达 82%。在阻抗控制中引入运动疲劳信息,设计了疲劳避免自适应阻抗控制器,通过对比实验验证了本方法可有效减缓患者的疲劳加深。最后结合基于肌肉协同的运动意图识别方法和疲劳评估方法设计了患者主导的人-肌-机协作控制方法,其中意图识别的准确率可达 95% 以上,且在意图识别之后的人-肌-机协作控制过程中能实时检测患者的疲劳状态,并通过疲劳因子调节机器人阻抗控制系数,根据人机交互力柔顺调节康复训练轨迹,帮助患者在康复训练过程中取得更加舒适、高效的康复训练效果。

本章参考文献

［1］ SONG R，TOMG K Y，HU X，et al. Myoelectrically controlled wrist robot for stroke rehabilitation［J］. Journal of NeuroEngineering and Rehabilitation，2013，10(1).

［2］ XU G，SONG A，LI H. Control system design for an upper-limb rehabilitation robot［J］. Advanced Robotics，2011，25(1-2)：229-251.

［3］ NAGATA F，HASE T，HAGA Z，et al. A desktop NC machine tool with a position/force controller using a fine-velocity pulse converter［J］. Mechatronics，2009，19(5)：671-679.

［4］ SAGLLA J A，TSAGARAKIS N G，DAI J S，et al. Control strategies for patient-assisted training using the ankle rehabilitation robot (ARBOT)［J］. IEEE/ASME Transactions on Mechatronics，2013，18(6)：1799-1808.

［5］ HU J，HOU Z，ZHANG F，et al. Training strategies for a lower limb rehabilitation robot based on impedance control［C］//International Conference of the IEEE Engineering in Medicine and Biology Society. IEEE，2012.

［6］ JAMWAL P K，XIE S Q，HUSSAIN S，et al. An adaptive wearable parallel robot for the treatment of ankle injuries［J］. IEEE/ASME Transactions on Mechatronics，2014，19(1)：64-75.

［7］ LENZI T，DE ROSSI S M，VTTIELLO N，et al. Intention-based sEMG control for powered exoskeletons［J］. IEEE Transactions on Biomedical Engineering，2012，59(8)：2180-2190.

［8］ KIGUCHI K，HAYASHI Y. An EMG-based control for an upper-limb power-assist exoskeleton robot［J］. IEEE Transactions on Systems，Man，and Cybernetics-Systems Part B：A Publication of the IEEE Systems，Man，and Cybernetics Society，2012，42(4).

［9］ EMKEN J L，HARKEMA S J，BERESJONES J A，et al. Feasibility of manual teach-and-replay and continuous impedance shaping for robotic locomotor training following spinal cord injury［J］. IEEE Transactions on Biomedical Engineering，2008，55(1)：322-334.

［10］ FAN Y，YIN Y. Active and progressive exoskeleton rehabilitation using multisource information fusion from sEMG and force-position EPP[J]. IEEE Transactions on Biomedical Engineering，2013，60(12)：3314-3321.

[11] AI Q，ZHANG Y，QI W，et al. Research on lower limb motion recognition based on fusion of sEMG and accelerometer signals[J]. Symmetry，2017，9(8).

[12] SPRING J N，PLACE N，BORRANI F，et al. Movement-related cortical potential amplitude reduction after cycling exercise relates to the extent of neuromuscular fatigue［J］. Frontiers in Human Neuroscience，2016，10.

[13] MIRIAM GONZÁLEZ-IZAL，MALANDA A，GOROSTIAGA E，et al. Electromyographic models to assess muscle fatigue[J]. Journal of Electromyography and Kinesiology，2012，22(4)：501-512.

[14] 胡进，侯增广，陈翼雄，等.下肢康复机器人及其交互控制方法[J].自动化学报，2014，40(11)：2375-2390.

[15] ALMEIDA F. A force-impedance controlled industrial robot using an active robotic auxiliary device[M]. Oxford：Pergamon Press，2008.

[16] FARINA D，JIANG N，REHBAUM H，et al. The extraction of neural information from the surface EMG for the control of upper-limb prostheses：emerging avenues and challenges[J]. IEEE Transactions on Neural Systems and Rehabilitation Engineering，2014，22（4）：795-809.

[17] LEE W A. Neuromotor synergies as a basis for coordinated intentional action[J].Journal of Motor Behavior，1984，16(2)：134-170.

[18] 桂奇政，孟明，马玉良，等. 基于肌肉协同激活模型的上肢关节运动连续估计[J].仪器仪表学报，2016，37(6)：1404-1412.

[19] LEE D. Learning the parts of objects with nonnegative matrix factorization[J]. Nature，1999，401(6755).

[20] 姚立纲，廖志炜，卢宗兴，等. 踝关节章动式康复运动轨迹规划[J].机械工程学报，2018，54(21)：33-40.

第8章
脚踝康复机器人的脑机协作控制

8.1 基于运动想象脑电信号的意图识别

踝关节康复机器人在被动康复训练模式下,可以帮助患者沿着期望轨迹运动。在康复训练早期,这样可以在一定程度上提高患者的运动能力,达到一定的康复效果。在康复训练的中后期,患者的运动状况有所改善之后,结合机器人力触觉反馈和患者主动意图的智能协作控制,根据患者运动能力和任务执行情况实时在线调节机器人辅助输出,更能激发患者的主动运动能力,有效促进患者主动参与康复训练。由脑可塑性理论可知,在对患者进行脑功能康复训练的过程中应强调患者的主观意愿,结合专业的治疗方法对患者进行训练,恢复其肢体运动功能。传统方式大都是由治疗师来进行康复训练,现在国内外很多机构都在研究使用脑神经康复机器人来进行康复治疗,但其中大多数的康复训练方式,对患者来说都是被动接受运动治疗,而不是主动参与其中。临床实验证明,患者积极参与到运动康复训练中能够实现更好的康复效果。本章充分考虑患者脑神经系统在机器人辅助训练中的作用,研究基于患者脑意图识别的机器人同步/异步控制方法,形成患者主导的人-脑-机协作控制机制。

8.1.1 运动想象脑电信号预处理

人体脑电信号(EEG)是通过电极记录下来的,反映了脑细胞群的带有自发性和节律性的电活动[1]。目前,大多数脑机接口系统采用便于解释和分析的脑电信号,通过处理和分类,将其转化为对外的控制指令。常用的脑电信号有以下几种:

(1) 视觉诱发电位(visual evoked potential,VEP)[2]:在不同的视觉刺激模式和频率下,会分别产生瞬态视觉诱发电位(transient VEP,TVEP)[3]与稳态视觉诱发电位(steady state VEP,SSVEP)[4]两种不同的视觉诱发电位。

(2) 皮层慢电位(slow cortical potential,SCP)[5]:不需要外界刺激,用户可

以灵活控制皮层慢电位的变化情况,缺点是信息传输率低,速度慢,训练时间长。

(3) P300 电位[6]:属于事件相关电位(event related potential,ERP)的一种[7],不需要训练就能产生稳定的脑电信号,且信号处理简单,分类正确率比较高。

(4) 眼动 alpha 波[8]:在一定程度上反映了受试者放松的视觉状态。

(5) 基于运动想象的脑电信号:当用户进行运动想象时,mu 节律(8~13 Hz)和 beta 节律(14~30 Hz)的强度将适当减弱或增强,mu 节律的减弱/增强现象称为事件相关去同步(event- related desynchronization,ERD)[9],beta 节律的减弱/增强现象称为事件相关同步(event-related synchronization,ERS)[10]。ERD / ERS 现象可作为区分不同运动想象任务的重要特征。

运动想象脑电信号是通过主观意识诱发的脑电信号,属于内源性诱发响应,它反映了主观思维意识从形成到执行的动态过程[11]。运动康复领域的相关研究表明,运动想象训练可以促进受损神经的康复以及运动神经通路的重建。因此,运动想象脑电信号的处理与应用研究具有重大意义。基于运动想象脑电信号的技术可通过康复机器人辅助训练提高患者训练的积极性,诱导受损运动传导通路的修复或重建,促进患者肢体功能的恢复,提升康复治疗的效果。

本章将受试者运动想象时产生的自发性 EEG 信号作为 BCI 系统的输入,即通过完成不同运动想象任务产生不同模式的 EEG 信号,然后将其转化为外部动作。BCI 系统的最终目的是实现对外部设备的控制,而实现控制的核心部分就是 EEG 信号处理算法。其信号处理过程主要分为四个部分,即预处理、通道选择、特征提取和分类。BCI 系统的 EEG 信号处理流程如图 8-1 所示。实验中采用 22 个 Ag/AgCl 电极来记录头皮上的脑电信号,所有通道分布如图 8-2 所示。数据集包括左手、右手、双足和舌头 4 种运动想象数据。每个数据集由 6 个分开的数据串组成,每一个数据串包括 48 个实验,其中每一种运动想象有 12 次实验,因此一个数据集包含 288 次实验。

实验时,受试者坐在电脑前,根据电脑屏幕提示进行实验。一次实验持续 8 s,实验时序如图 8-3 所示。在 $t=0$ 时,黑屏上显示一个十字架,同时一个短时声音提醒受试者实验开始。在 $t=2$ s 时,会有一个箭头向上、向下、向左或向右(分别对应舌头、双足、左手和右手)来提示受试者想象任务。在 $t=3.25$ s 时,箭头消失。在该过程中没有任何反馈,受试者要进行运动想象,直到 $t=6$ s 时十字架消失为止。实验过程中,电极采样频率为 250 Hz,并采用 0.5~100 Hz 的带通滤波器和 50 Hz 的陷波滤波器对信号进行处理。每个受试者的数据集可分为训练数据 Train 和测试数据 Evaluation 两部分,各包括 288 次实验。

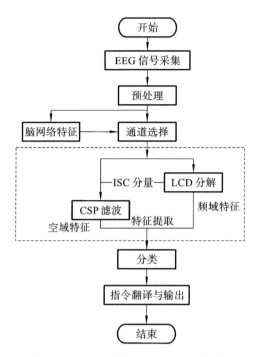

图 8-1 BCI 系统的 EEG 信号处理流程

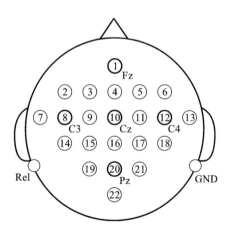

图 8-2 根据国际 10-20 系统标准排列的电极位置示意图[12]

　　EEG 是一种非植入式信号,记录 EEG 信号的过程会伴随大量的干扰噪声信号,如大脑皮层肌电伪迹、眼动和眨眼伪迹、工频干扰信号等[13],其中大脑皮层肌电伪迹由于频率较低,可以在采集过程中直接滤除,眼电伪迹和工频干扰是 EEG 信号的主要干扰源。为了便于后续的信号处理,对采集到的原始 EEG信号进行预处理是十分必要的。 为了去除伪迹干扰,提高信号的信噪比,在提

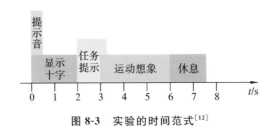

图 8-3　实验的时间范式[12]

取特征之前应对脑电信号进行滤波。根据 ERD 和 ERS 的特点,对数据集中的数据进行 8~30 Hz 的滤波,去除干扰,选取 2.5~3.5 s 的数据进行分类处理。受试者想象左、右手运动的 EEG 信号滤波前后的波形如图 8-4 所示。从滤波前后的波形对比可以看出,滤波后 EEG 信号波动更加规律且幅值降低,信号的无规则突变减少,可见 EEG 信号的高频部分被滤掉且噪声减少。

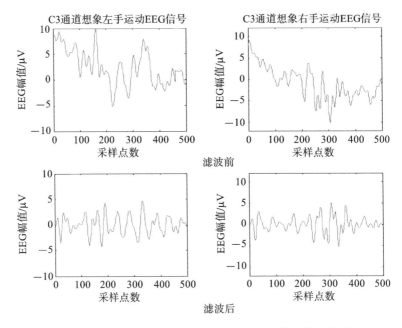

图 8-4　C3 通道想象左、右手运动的 EEG 信号滤波前后的波形

8.1.2　基于脑网络的通道选择

EEG 特征空间维数很高而观测样本数量非常有限,因此对 EEG 通道选择进行研究十分必要,它可以提高 EEG 信号识别的正确率[14]。Arvaneh 等提出结合鲁棒稀疏共空间模式和稀疏共空间模式的通道选择方法,比传统模式的通道选择效果更好[15];He 等则提出了一种基于最大瑞利系数的遗传算法,用于

对特定对象进行通道选择[16]；Yang 等提出了基于 Fisher 判别分析的得分准则，用于特定对象的通道选择[17]，该方法能够大幅减少通道数量，并且在分类准确率没有明显降低的情况下缩短训练时间。Stephan 等根据兴奋剂士的宁在猴子脑区间的传播，构建出其功能性脑网络[18]。目前人类脑网络的构建主要在宏观尺度上，一般采用图论研究大脑的结构和功能网络。在脑网络中，节点就是脑区，边就是脑区间的物理连接或功能相关性。构建大脑的功能性脑网络主要有四个步骤[19]：

（1）定义网络节点。划分合理的大脑区域作为节点，通常把每个 EEG 通道对应的脑区定义为一个节点，本章则是将每个 EEG 导联定义为一个节点。

（2）定义边。在构建脑网络过程中，选择一种合适的指标来度量两个节点之间的关联强度，如偏相关、独立成分分析、典型相关分析等。本章采用典型相关分析来计算各节点之间的关系，以此建立功能性脑网络。

（3）确定阈值。两个节点之间是否存在边，是由其连接强度决定的，即若强度大于所设定的阈值，则认为两节点之间建立了连接，并将邻接矩阵中的对应元素设置为 1，反之则认为没有连接，并将邻接矩阵中的对应元素设置为 0。在这种情况下，可将关联矩阵转化为 0-1 二值矩阵。另外，选取的阈值不同会使脑网络具有不同的统计特性和拓扑结构。

（4）利用现有的复杂网络测度对所建立的功能脑网络进行分析。利用图论的知识对脑网络的拓扑属性进行分析，计算这些特征参量可能反映的生理意义。

本章计算脑网络 G 的度 k_i 和聚类系数 c_i 等节点指标，节点的度为

$$k_i^{\mathrm{B}} = \sum_{j \in G} a_{ij} \text{ 或 } k_i^{\mathrm{W}} = \sum_{j \in G} w_{ij} \tag{8-1}$$

其中：a_{ij} 和 w_{ij} 表示建立的二值网络的对应元素。度是对节点之间相互连接的统计特性的重要描述，其被定义为通过该节点的边数，通常被看作获取网络上流动内容的直接程度。节点的聚类系数定义如下[20]：

$$c_i^{\mathrm{B}} = \frac{2E}{k_i^{\mathrm{B}}(k_i^{\mathrm{B}}-1)} \text{ 或 } c_i^{\mathrm{W}} = \frac{2}{k_i^{\mathrm{B}}(k_i^{\mathrm{B}}-1)} \sum_{j,k} (w_{ij} w_{jk} w_{ki})^{1/3} \tag{8-2}$$

其中：E 表示节点 i 的直接邻居间的连接数量。脑网络中节点的聚类系数定义为该节点的邻居节点之间存在的实际边数与其最大可能的连接边数之间的比值。聚类系数衡量了功能性脑网络内部的紧密程度和集群特性。

除此之外，还有两个重要的全局指标，即最短路径长度和局部效率。其中最短路径长度 L 是描述网络全局连接特征的一个重要参数，它是网络中任意两个节点间最短路径的平均值，可表示为

$$L = \frac{1}{N(N-1)} \sum_{i,j \in G, i \neq j} d_{ij} \tag{8-3}$$

其中:N 表示网络的规模,即网络节点总数;从节点 i 到 j 时,所有需经过的边的个数为这条路径的长度,这种路径有很多选择,但存在一条长度最短的路径,d_{ij} 表示最短路径上的边数。平均路径的大小体现了网络结构的连通性和弥散性,即平均路径越短,表示网络的结构越紧凑且连通性也越好,反之则表示网络结构越松散,节点之间的通信越困难,网络的连通性越差。

若网络 G 包含 N 个节点、K 个连接,则其全局效率为

$$E_{\text{glob}}(G) = \frac{1}{N(N-1)} \sum_{i \neq j \in G} \frac{1}{d_{ij}}$$ (8-4)

其局部效率为

$$E_{\text{loc}}(G) = \frac{1}{N} \sum_{i \in G} E_{\text{glob}}(G_i)$$ (8-5)

其中:G_i 代表由节点 i 的邻近节点组成的子图;$E_{\text{glob}}(G_i)$ 表示子图 G_i 的全局效率。网络在全局和局部的信息传输能力分别由全局和局部效率来度量。

采用格拉茨大学提供的 BCI 竞赛数据 data sets 2a 测试算法的性能,将数据中的 22 个电极定义为 22 个节点;采用典型相关分析建立各节点之间的连接矩阵,根据网络中的边数要求设定一个阈值,设立其对应的 0-1 二值网络,并将原始的连接矩阵当作权值网络。脑网络的统计特性以及其拓扑结构与阈值的选取关联紧密,若网络中边数量规模过小,则可能导致网络连通不完全,会有一些孤立的点或孤立的部分存在。除此之外,还要确保网络具有较大的聚类系数以及较小的平均路径长度,以保证网络具有较低的整体效率和较高的局部效率[21],通过实验法把脑网络的阈值设定为 0.35。

在建立了脑网络的基础上,根据二值网络计算每个通道的度,然后对权值网络计算每个通道的聚类系数、局部效率及最短路径长度三个测度指标,再进行敏感性分析,即计算这四个指标在每两个类别下差值的平方和并对其进行排序,以此衡量类间的显著差异性并作为通道选择的参考指标。

8.1.3 基于多域特征融合的运动想象分类

实现基于脑网络的脑电信号通道选择之后,就要对选择出的通道信号进行特征提取。目前来说,共空间模式(common spatial pattern,CSP)是最常用的运动想象信号特征提取方法之一,用它来提取脑电信号中的空域信息,效果十分突出,尤其是在二分类的脑电信号中取得了很好的效果。但 CSP 也存在不足,首先,它需要多通道的信息来提高分类效果;其次,它忽略了脑电信号频域的特征信息,而频域的信息对于运动想象任务分类尤为重要。由于运动想象脑电信号是非线性、非平稳信号,因此经典的时域或频域分析方法很难对其进行有效分析,只能借助于时频域的分析方法。目前时频域的分析方法包括小波分解、

经验模态分解、局域均值分解、本征时间尺度分解等方法。

将 CSP 方法与时频域的局部特征尺度分解方法结合,以充分提取频域和空域信息,提高分类正确率。在基于脑网络的通道选择后,将选出的运动想象信号进行局部特征尺度分解(local characteristic-scale decomposition,LCD),得到一系列内禀尺度分量(intrinsic scale components,ISC),从 ISC 分量的 Hilbert 频谱的瞬时频率中提取频率特征。然后融合该 ISC 分量和脑电信号,用 CSP 对其进行处理,提取空域特征。最后融合特征并对其进行分类,对四类运动想象脑电信号进行实验。通过实验验证算法的有效性,流程框图如图 8-5 所示。特征融合策略主要有并行特征融合策略和串行特征融合策略。并行特征融合的计算过程比较复杂,其原理是把样本空间的特征组合构成复特征向量;串行特征融合较简单,只需将多种特征归一化串接处理,就能有效保留各种特征的分类信息。为了简化计算过程,接下来采用串行特征融合策略融合空域和频域的特征。

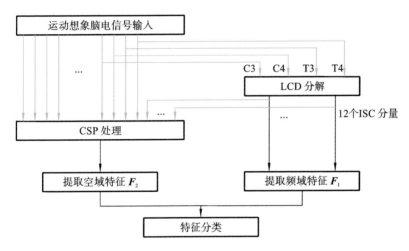

图 8-5　运动想象脑电信号特征提取算法的流程框图

融合以上空域和频域特征而获得的脑电信号特征向量为 $F \in R^{1 \times (KP+4N)}$:

$$\begin{cases} F = \begin{bmatrix} F_1, F_2 \end{bmatrix} \\ F_1 = \begin{bmatrix} \dfrac{f_{11}}{\| f_{11} \|}, \dfrac{f_{12}}{\| f_{12} \|}, \cdots, \dfrac{f_{1K}}{\| f_{1K} \|} \end{bmatrix} \in R^{1 \times KP} \\ F_2 = \begin{bmatrix} \dfrac{f_{21}}{\| f_{21} \|}, \dfrac{f_{22}}{\| f_{22} \|}, \cdots, \dfrac{f_{24}}{\| f_{24} \|} \end{bmatrix} \in R^{1 \times 4N} \end{cases} \quad (8\text{-}6)$$

式中:特征向量 F_1 是 LCD 分解后从 ISC 分量中提取的频域特征;f_{1i}是第 i 个分量的频域特征;P 代表每个 ISC 分量中选中频率的点数,这里设置为20;特征向量 F_2 是 CSP 提取的脑电信号的空域特征,其中 $\| \cdot \|$ 表示 2-范式;K 是对

任务贡献度最大的通道数量;N是所有的通道数量。本章采用谱回归判别分析(sparse representation discrimination analysis,SRDA)分类器[22],只需解决一系列正则化的最小二乘问题,就能对特征数据进行分类。

选取受试者的测试数据来构建脑网络,每类运动想象任务有72次实验。首先分别构建每一个实验的脑网络,接着计算其四个测度指标(度、特征路径长度、局部效率、聚类系数),取其均值;然后统计每个指标在不同类别之间的方差变化;最后将这四个指标的类间显著差异性作为通道选择的参考指标。原数据有22个通道,分别从中选择出10、12、14、16个通道进行特征提取和分类,然后与公认的与运动想象最相关的3个通道C3、C4、Cz以及全部22个通道进行对比。保持运行参数不变,使用同样的SRDA分类器,比较四个测度指标的分类性能,如表8-1至表8-4所示。表中每一个数据表示受试者对四类运动想象任务的分类正确率,这四类运动想象任务分别为左手、右手、双足和舌头的运动。上述四个统计表中的每一行为使用相应指标选择不同通道数后,得到的9个受试者的处理结果。表中每一列的数据差值较大,这是主体适应性问题引起的。通过比较表中每一行的数值大小,可以比较四种测度指标的通道选择性能的优劣。由四个统计表可知,在相同条件下,使用C3、C4、Cz 3个通道得到的9个受试者的平均正确率只有46.8%,不进行通道选择而直接使用全部22个通道得到的平均正确率为70.2%。通过脑网络测度指标来进行特征选择,在减少通道数目的同时,进行分类的特征数也随之减少,但最后的平均分类正确率却不一定会降低。如利用不同脑网络测度指标选择16个通道时,得到的平均分类正确率可以达到72.2%,与只使用3个通道相比大幅提高了约25个百分点,而相比于使用全部通道也提高了2个百分点。

表8-1 受试者在基于度选择的不同通道下的分类正确率

通道选择	受试者及分类正确率/(%)									
	S1	S2	S3	S4	S5	S6	S7	S8	S9	均值
10 个通道	70.7	51.7	81.2	49.8	55.7	57.4	76.5	79.6	81.2	67.1
12 个通道	72.4	55.2	82.8	55.2	58.9	60.7	78.9	82.8	82.8	70.0
14 个通道	70.7	55.2	86.2	63.8	51.7	58.6	79.1	84.5	84.5	70.5
16 个通道	79.3	58.6	87.9	43.1	56.9	58.6	84.5	86.2	87.9	71.4
C3,C4,Cz	51.7	32.8	60.3	32.8	32.8	34.5	50	62.1	63.8	46.8
全部通道	72.2	38.9	88.9	45.8	70.8	68.1	80.6	86.1	80.6	70.2

表 8-2 受试者在基于聚类系数选择的不同通道下的分类正确率

通道选择	受试者及分类正确率/(%)									
	S1	S2	S3	S4	S5	S6	S7	S8	S9	均值
10 个通道	65.5	53.4	84.5	50	53.4	51.6	75.6	77.6	85.4	66.3
12 个通道	67.2	56.9	86.2	53.4	55.2	53.5	75.9	79.3	86.2	68.2
14 个通道	74.1	55.2	87.9	63.8	50	58.6	77.6	84.5	84.5	70.7
16 个通道	81	53.4	84.5	44.8	60.3	56.9	82.8	86.2	89.7	71.1
C3,C4,Cz	51.7	32.8	60.3	32.8	32.8	34.5	50	62.1	63.8	46.8
全部通道	72.2	38.9	88.9	45.8	70.8	68.1	80.6	86.1	80.6	70.2

表 8-3 受试者在基于局部效率选择的不同通道下的分类正确率

通道选择	受试者及分类正确率/(%)									
	S1	S2	S3	S4	S5	S6	S7	S8	S9	均值
10 个通道	68.7	51.7	87.9	50	55.2	51.7	77.6	81	84.5	67.6
12 个通道	69	56.9	84.5	55.2	56.9	53.4	75.9	84.6	86.3	69.2
14 个通道	70.7	55.2	86.2	50	60.3	60.3	79.3	86.2	87.9	70.7
16 个通道	79.3	56.9	89.7	44.8	58.6	60.3	84.5	86.2	87.9	72.0
C3,C4,Cz	51.7	32.8	60.3	32.8	32.8	34.5	50	62.1	63.8	46.8
全部通道	72.2	38.9	88.9	45.8	70.8	68.1	80.6	86.1	80.6	70.2

表 8-4 受试者在基于特征路径长度选择的不同通道下的分类正确率

通道选择	受试者及分类正确率/(%)									
	S1	S2	S3	S4	S5	S6	S7	S8	S9	均值
10 个通道	69	55.2	85.6	52.1	53.4	51.7	77.6	75.9	82.8	67.0
12 个通道	70.7	54.9	84.5	55.2	56.9	53.4	75.9	77.6	84.5	68.2
14 个通道	65.5	53.4	84.5	55.2	63.8	56.9	79.3	84.5	84.5	69.7
16 个通道	79.3	60.3	87.9	46.6	56.9	62.1	82.8	86.2	87.9	72.2
C3,C4,Cz	51.7	32.8	60.3	32.8	32.8	34.5	50	62.1	63.8	46.8
全部通道	72.2	38.9	88.9	45.8	70.8	68.1	80.6	86.1	80.6	70.2

选择 14 个通道时,除了使用特征路径长度进行通道选择时得到的结果略低外,使用其他三个指标得到的平均分类正确率都要高于不进行通道选择时的。在选择通道数为 12 和 10 时,使用四个指标得到的分类正确率都有一定程度的降低,但与使用全部通道的结果相差不大,且其特征数量大幅减少,提高了计算效率。可见,通过脑网络的不同测度指标进行通道选择后,减少了无关的通道数量,平均分类正确率也有所提高。将四个指标在不同通道数下取得的平均分类正确率进行比较,如图 8-6 所示。从图中可知,其结果均相差不大,通道数为 10 时,使用局部效率得到的分类正确率最高,通道数为 12 时,使用度得到的结果最好,而通道数为 14 和 16 时,分别使用聚类系数和特征路径长度得到的分类正确率最高。由此看出,这四种测度指标在脑机接口通道选择上都有较好的性能。

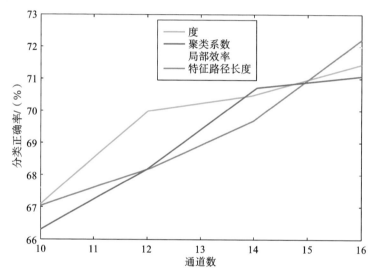

图 8-6 基于四种指标的通道选择的分类正确率

图 8-7 所示为通道数为 10 时,使用四种指标进行通道选择的结果。可以看出,有 7 个通道是四种指标共同选择的通道,有 10 个通道是三种及以上指标选择的通道(通道编号分别为 1、4、7、8、12、13、14、17、18、21,其中 C3、C4、T3、T4 的通道编号分别为 7、8、12、13,均被选中),且在通道数为 16 时,这 10 个通道均被选择了。在 9 个受试者的通道选择统计结果中,这 10 个通道所占比例为 83.33%,可见这些通道对于数据集的分类十分重要,而基于脑网络的四种测度指标可以很好地去除冗余通道,选择出与脑电信号分类更相关的通道。

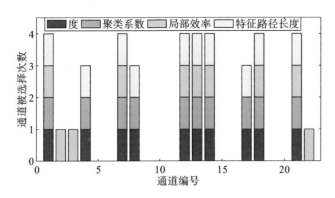

图 8-7 基于四种指标的通道选择结果

8.2 基于运动想象的脚踝康复机器人协作控制

8.2.1 基于运动想象的脑控机器人系统

受试对象为 1 名女性和 3 名男性,均为右利手,年龄均在 23～27 岁之间,没有神经系统病史。受试者与脑电采集系统以及踝关节康复机器人都在灯光较暗的安静环境中,以减少环境因素及肌肉紧张对实验结果的干扰。

在受试者用脑电信号控制脚踝机器人之前,首先进行运动想象任务训练,熟悉实验流程并完成训练数据的采集,为在线控制机器人提供分类模型。采用左手、右手、双足和舌头的运动想象作为训练任务,要求受试者根据屏幕提示进行相应的动作想象。前 2 s,屏幕上为灰色准备图片,此时受试者不需要进行任何想象任务,处于自然放松状态;第 2～6 s,屏幕上会显示相应的运动指引范式图片,受试者需要根据提示想象自己的左右手、双足及舌头运动;然后受试者休息 2 s,准备下一次实验,如图 8-8 所示。

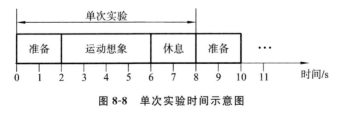

图 8-8 单次实验时间示意图

在实验前,受试者首先进行实际动作的练习,然后根据完成动作时的感觉进行运动想象任务,并完成训练数据的采集。实验过程中受试者坐在软椅上,将一只脚放在踝关节康复机器人的动平台上,根据不同的控制决策进行相应的运动想象任务,踝关节康复机器人根据接收到的控制指令产生相应的角度变化,最终完成实验。所设计的基于运动想象的脑控脚踝康复机器人系统主要由信号采集模块、信号处理模块、康复训练软件模块、脚踝康复机器人控制模块四个部分组成,其系统结构框图如图 8-9 所示。

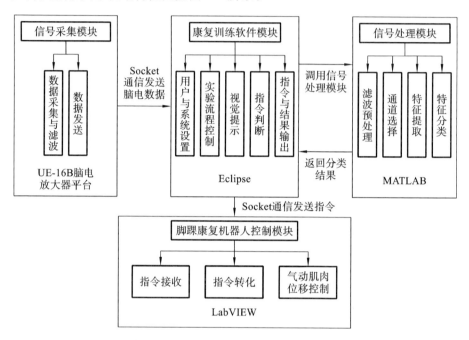

图 8-9　基于运动想象的脑控脚踝康复机器人系统结构框图

系统工作原理如下:信号采集模块负责对受试者的脑电信号进行采集、滤波以及放大处理,并且将采集到的数据通过 Socket 通信实时发送给康复训练软件模块,康复训练软件模块中的训练数据采集功能会按照运动想象脑电信号采集的时间范式对其进行相应形式的保存,并将保存的数据作为脑控脚踝康复机器人实验的训练样本。在脑控脚踝康复机器人的实验中,康复训练软件模块会调用信号处理模块来分析实时采集到的运动想象脑电信号并返回处理结果,且康复训练软件模块会根据该结果通过 Socket 通信给脚踝康复机器人控制模块发送对应的指令。脚踝康复机器人首先将收到的指令解析为控制脚踝康复机器人转动的角度信息,完成受试者的运动想象任务与脚踝机器人运动的一一对应,从而达到整个机器人根据患者脑意图实现自主康复的目的。

信号采集模块基于 UE-16B 脑电放大器平台完成。UE-16B 脑电放大器包含 16 导通道(分别为 Fp1、Fp2、F3、F4、C3、C4、P3、P4、O1、O2、F7、F8、T3、T4、T5、T6),低通滤波截止频率为 15～120 Hz,采样频率为 1000 Hz。本系统中运动想象脑电信号的频率集中在 8～30 Hz,因此将高频截止频率设置为 100 Hz;实验中选取这 16 导通道作为数据来源,其中左右侧耳突电极 A1、A2 作为参考电极,前额电极作为接地电极。实验者佩戴脑电帽的示意图如图 8-10 所示。

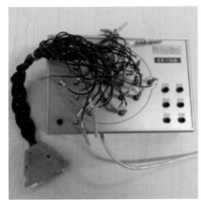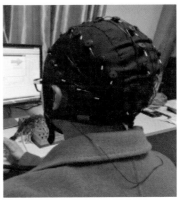

图 8-10　UE-16B 脑电放大器与实验者佩戴脑电帽示意图

　　信号处理模块主要分为滤波预处理、通道选择、特征提取和特征分类四个部分。运动康复训练系统在接收数据后,首先对脑电数据进行格式转换,将其整合为统一的 16 导脑电信号,接着进行以下处理:

　　(1) 滤波预处理。进行 8～30 Hz 滤波处理,提取 ERD/ERS 比较活跃的频段,消除其他频段的杂波和干扰,提高信噪比。

　　(2) 通道选择。在建立脑网络的基础上利用测度指标衡量各通道的重要性,删减冗余特征并充分提取出脑电信号中有用的通道。

　　(3) 特征提取。应用本章中提出的特征提取算法,充分提取脑电信号的频域和空域特征,即在收集训练数据后利用 CSP 算法获取空域信息,然后利用 LCD 算法提取脑电信号中的频域信息,再将两者融合起来作为下一步的输入。

　　(4) 特征分类。本章采用 SRDA 分类器对采集的特征进行分类,存储分类结果,并输出至运动康复训练系统中显示。

　　康复训练软件模块调用信号处理模块对脑电数据进行特征提取、通道选择与特征分类等处理后,将结果发送给脚踝康复机器人控制模块。同时,系统根据分类结果来控制输出的提示信息和用户反馈信息。康复训练软件主界面包括训练数据收集和机器人控制两部分,其中训练数据收集界面如图 8-11 所示,受试者根据图片提示完成运动想象任务,分别是左手运动想象、右手运动想象、双足运动想象、舌头运动想象。脚踝康复机器人控制模块主要采用 LabVIEW 编程,根据解码的指令控制机器人运动。

　　结合上述信号采集模块、信号处理模块、康复训练软件模块以及脚踝康复

图 8-11　训练数据收集界面

机器人控制模块,构建基于脑意图感知的踝关节机器人康复训练系统,实验环境如图 8-12 所示。运动康复训练系统对采集到的运动想象脑电信号进行处理,并将结果转换为指令从而控制踝关节康复机器人进行相应的动作。

图 8-12　系统硬件组成

8.2.2　脚踝康复机器人的脑机协作控制

研究实现气动肌肉驱动多自由度脚踝康复机器人的人-脑-机协作控制,完成康复训练任务。人-脑-机协作控制主要分为两个部分来实现,即患者通过运动想象实现脑意图驱动控制,以及气动肌肉驱动的脚踝康复机器人运动控制。

1. 受试者脑意图驱动控制

脑意图驱动控制需要受试者进行运动想象任务,并结合脑机接口技术共同完成。受试者若进行右手的运动想象任务,且信号处理模块的分类结果正确,则康复训练软件向脚踝康复机器人控制模块发送一个指令"2",而脚踝康复机器人控制模块每收到一个指令"2",X 方向上的角度就以 $2°$ 为单位累加一次,直至累加到上限 $18°$ 则不再累加,Y 方向上的角度则保持不变;若进行左手运动想象且分类结果正确,则康复训练软件模块向脚踝康复机器人控制模块发送一个指令"1",而脚踝康复机器人控制模块每收到一个指令"1",X 方向上的角度就以 $2°$ 为单位累减一次,直至累减到 $-18°$ 则不再累减,Y 方向上的角度同样保持不变。受试者在进行双足以及舌头的运动想象任务时,脚踝康复机器人控制模块的工作原理类似,其对应的控制策略如表 8-5 所示。

表 8-5 人脑意图驱动对应控制策略

角度	双足运动想象 (0)	左手运动想象 (1)	右手运动想象 (2)	舌头运动想象 (3)
X 方向	不变	$-2°$	$+2°$	不变
Y 方向	$+2°$	不变	不变	$-2°$

2. 脚踝康复机器人运动控制

对脚踝康复机器人的控制采用同步控制和异步控制两种控制策略。

1) 运动想象同步控制机器人

根据康复训练任务的要求来设计康复机器人的运动路径,并根据所设计的运动路径设计所需要发送的控制指令。受试者根据所需发送的指令进行相应的运动想象任务。在实验过程中,对受试者的运动想象信号进行处理后,只有得到与预设指令一致的结果时,康复训练软件才会发送相应的指令。在接收到康复训练软件发送的控制指令后,气动肌肉首先对应预先设置好的脚踝机器人需要转动的角度,然后驱动机器人带动脚踝进行相应的康复训练。实现流程如图 8-13 所示,受试者根据康复训练任务预设的一串指令序列执行相应的运动想象任务,然后将信号处理的分类结果与对应的指令进行对比,若一致则将该指令发送给机器人控制模块,若不一致,则受试者需要重新执行运动想象任务。

2) 运动想象异步控制机器人

设定好脚踝康复机器人最终需要到达的指定位置,而机器人的实际运动轨迹则由受试者主导。受试者按照对应的脚踝康复机器人控制策略自由地运动想象,只要控制脚踝康复机器人到达预定的位置即可。由于实验过程中脚踝康

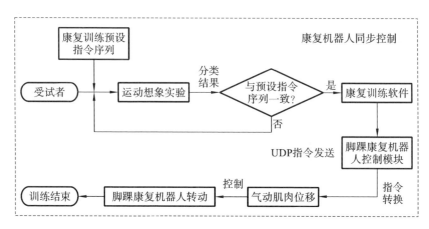

图 8-13 运动想象同步控制机器人实现流程

复机器人的运动路径是由受试者自行决定的,而实验过程中脚踝康复机器人实际得到的控制指令可能与受试者预期发送的指令不一致,这会造成脚踝康复机器人发生错误的运动。为了尽量避免这种错误,在脑意图驱动脚踝康复机器人的控制中设计了一种错误控制机制,即康复训练软件在得到受试者的运动想象信号分类结果后并不会立即将指令发送给脚踝康复机器人,而是将这次的分类结果与上一次的信号分类结果进行对比,如果两次的结果一致则认定该动作是受试者所要求的,并将对应的控制指令发送给脚踝康复机器人控制模块;若两次的结果不一致则认为该指令无效,康复训练软件不发送指令。因此受试者实际进行的运动想象次数会比脚踝康复机器人的实际运动次数要多,但是这样可大幅减少运动错误的发生。实现流程如图 8-14 所示,受试者根据康复训练任务设定的预定位置自行决定脚踝康复机器人的运动轨迹。加入容错机制,对比当前实验与上一次实验的分类结果,若两者一致则将对应的指令发送给机器人控制模块,从而控制脚踝康复机器人转动;若不一致,则受试者需要重新进行运动想象,直到脚踝康复机器人达到预定位置。

8.2.3 实验结果及分析

4 位受试者通过所搭建的系统进行了 100 次实验,用本章提出的通道选择与特征提取算法对数据进行处理。从实验数据中选取 75% 作为训练数据,剩余的 25% 作为测试数据。每组数据进行 10 次交叉验证,得到的结果如表 8-6 所示。由于实际脑电采集装置共有 16 个通道,于是利用基于脑网络的通道选择算法分别选择了 8 个通道和 10 个通道,并与只选择 C3、C4、Cz 3 个通道以及使用全部 16 个通道的实验结果进行对比。从表 8-6 所示的实验结果可以看出,在使用全部通道时 4 个受试者的平均正确率可以达到约 70%,而只使用 C3、C4、

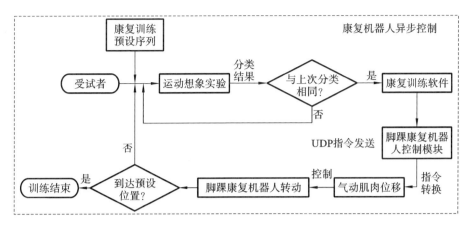

图 8-14　运动想象异步控制机器人实现流程

Cz 3 个通道时,只有约 47%。当选择通道数为 10 时,对于受试者 S2、S4,其结果比选择全部通道时要好,而选择通道数为 8 时,4 位受试者的分类正确率都有一定程度的降低,但是相比 3 个通道的而言,其结果还是有大幅提高,最高提高了 18.1 个百分点,而且总的通道数减少了一半,特征数也随之减少了 50%。这表明该通道选择算法在提高分类正确率以及提高计算效率上有明显的效果。

表 8-6　4 位受试者在不同通道选择下的分类正确率

受试者	8 个通道	10 个通道	C3、C4、Cz	全部通道
S1	66.2%	68.5%	49.6%	71.4%
S2	56.4%	64.6%	41.7%	63.8%
S3	69.2%	73.8%	51.5%	75.2%
S4	64.5%	67.4%	46.4%	67.1%

为了验证本章提出的通道选择与特征提取算法的实时性,让受试者通过运动想象实时控制踝关节康复机器人运动,统计机器人完成指令的时间以此验证本章算法的在线效果。根据上述实验结果与分析,将选择的通道数目设为 10,并且根据康复训练任务的要求设计好训练轨迹,该轨迹对应的脚踝康复机器人的控制指令为"22002200100113331",受试者需要根据相应的运动指引范式进行运动想象任务,当分类结果正确时,脚踝康复机器人会根据指令完成对应的动作。

1. 同步控制实验

实验过程中采集了一位受试者通过运动想象信号同步控制脚踝康复机器人运动的两段位移数据,分别如图 8-15(a)和(b)所示。每段数据中包含了 3 根气动肌肉的位移数据,每段位移中同时显示了气动肌肉的实际轨迹与理想轨迹,图中还标出了该时刻脚踝康复机器人收到的对应的运动想象控制指令。

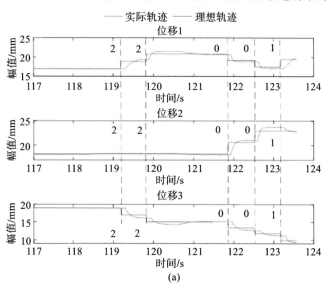

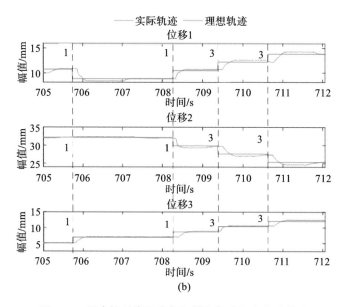

图 8-15　同步控制脚踝康复机器人气动肌肉位移轨迹

从图 8-15(a)中可以看出,脚踝康复机器人在收到指令之前是保持静止的,在收到第一个指令"2"时,脚踝康复机器人在 X 方向上的角度理论值增大 2°,与之对应的是三根气动肌肉的位移变化,位移 1 和位移 3 对应的气动肌肉有相应的幅值变化,而位移 2 对应的气动肌肉保持原状态不变。最后受试者可以感受到脚踝康复机器人带动其脚踝进行相应的运动。4 种指令对应的 3 根气动肌肉的理论位移值都有相应的变化,且脚踝康复机器人收到的完整指令与实验前预先设置的指令一致。脚踝康复机器人每收到一个指令后,3 根气动肌肉的理论位移值都会进行相应的更新,同时脚踝康复机器人产生对应的角度变化。脚踝康复机器人接收完全部指令并且运动到实验前设定的指定位置后则康复训练任务结束。综上所述,同步控制脚踝康复机器人的策略是正确的。实验过程中还统计了 4 位受试者分别进行 4 次实验的执行时间,如表 8-7 所示。

表 8-7　4 位受试者完成实验的执行时间　　　　　　　　　　（单位:s）

受试者	实验 1	实验 2	实验 3	实验 4	均值
S1	43	47	39	42	42.75
S2	44	48	41	41	43.5
S3	43	36	38	34	37.75
S4	46	41	36	39	40.5

单次运动想象任务的时间为 1.1 s,在此期间完成对 EEG 信号的采集、处理,得到分类结果后转换为相应指令发送给机器人。脚踝康复机器人从接收指令到完成相应动作需要一定时间,但是从机器人的运动轨迹中可以实时地看到其执行情况。受试者完成一次实验,总共需要机器人正确执行 17 个指令,从表 8-7 统计的执行时间可以看出,每位受试者完成一次实验的时间大约为 40 s,完成一次指令平均需要 2.35 s。由于个体差异,在训练数据的采集部分,每位受试者的分析结果不一样,因此得到的分类模型各不相同。

整个实验持续时间较长,其中每一步的反馈结果都可能会影响受试者的情绪,也会影响后续的实验效果。在实验过程中,只有当受试者运动想象 EEG 信号的分类结果与预期指令一致时,脚踝康复机器人才会进行相应运动,而两者不一致时,脚踝康复机器人是静止不动的。该结果也会实时反馈给受试者,提示受试者要继续进行想象任务直至得到正确结果为止。而导致发送的指令不正确的原因可能是分类器本身分类错误,也有可能是受试者进行了错误的运动想象任务。

2. 异步控制实验

实验过程中同样采集了一位受试者通过运动想象信号异步控制脚踝康复机器人运动的两段位移数据,分别如图 8-16(a)和(b)所示。图中同时标出了受试者的运动想象信号分类结果以及脚踝康复机器人实际接收到的控制指令。异步控制实验中,受试者需要按照脚踝康复训练的要求通过运动想象使脚踝康

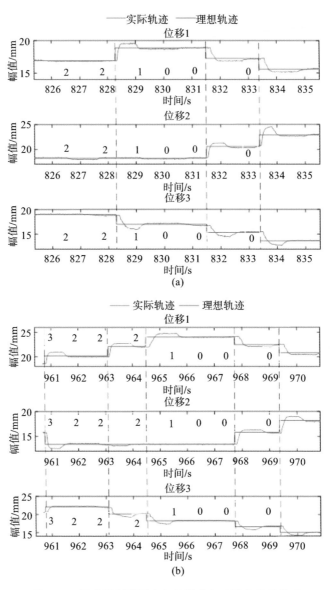

图 8-16　异步控制脚踝康复机器人气动肌肉位移轨迹

复机器人在 X 方向转动至 $-4°$、在 Y 方向转动至 $-6°$ 来完成脚踝康复训练,而脚踝康复机器人的具体运动路径由受试者自行决定,只需到达最后的指定位置。图 8-16(a)和(b)为受试者异步控制脚踝康复机器人的 3 根气动肌肉的轨迹图,实验开始时,受试者连续进行了两次右手运动想象任务,且康复训练软件得到正确分类结果后才向脚踝康复机器人发送一个指令“2”,而脚踝康复机器人控制模块收到指令后将其转化为 3 根气动肌肉的位移。接下来受试者想要发送一个指令"0",即要进行双足的运动想象任务,而系统将受试者的第一次运动想象信号错误分类为指令"1",于是受试者再次进行双足运动想象,系统成功分类为"0"。由于控制决策中的错误控制机制,受试者需要再次想象,同时系统分类结果正确,即康复训练软件连续接收到两个指令"0"后再向脚踝康复机器人控制模块发送一个指令"0",此时脚踝康复机器人才进行对应的角度转动。这样可以有效避免在实验过程中因受试者的错误想象或康复训练软件的分类结果错误导致脚踝康复机器人的角度转动错乱的情况。

从图 8-16(b)中也可以看出,受试者在发送指令"3"和"0"时发生了错误,由于错误控制机制的存在,受试者虽然需要进行多次运动想象任务,但是确保了脚踝康复机器人的正确运动,最后使其到达了预先设置的指定位置。综合而言,本研究设计的运动想象信号异步控制脚踝康复机器人既满足了受试者的自由意愿,又保证了脚踝康复机器人的正常运动,实验结果显示该康复训练实验是可行的。

8.3 本章小结

本章研究了基于脑意图感知的人-脑-机协作控制,识别患者运动想象意图,将其映射到踝关节的多自由度运动中,驱动机器人执行康复训练任务。提出并优化了通道选择和特征提取算法,在提高运动想象分类正确率与系统运算效率的同时减少了通道数目,并在实际康复机器人系统中验证了算法的有效性和实时性。基于运动想象实现了脑控康复机器人的同步控制和异步协作控制,引入容错机制避免机器人的错误行为。实验结果表明,机器人可在受试者运动意图指引下提供适应性的康复策略与辅助输出,通过提出的人-脑-机协作控制进一步提高了人机交互作用与受试者脑神经系统在训练中的参与度。

本章参考文献

[1] LIN B S, PAN J S, CHU T Y, et al. Development of a wearable motor-imagery-based brain-computer interface[J]. Journal of Medical Systems,2016,40(3):1-8.

[2] PARK C H, CHANG W H, LEE M, et al. Which motor cortical region best predicts imagined movement? [J]. Neuroimage, 2015, 113:101-110.

[3] OGAWA K,HARA N. Visual evoked potential related to visual imagery [J]. International Journal of Psychophysiology, 2014, 94(2): 198-199.

[4] NORCIA A M, GREGORY A L, ALES J M, et al. The steady-state visual evoked potential in vision research: a review [J]. Journal of Vision, 2015, 15(6).

[5] MAKARY M M, BU-OMER H M, KADAH Y M. Spectral subtraction denoising improves accuracy of slow cortical potential based brain-computer interfacing[J]. [s. n.],2014.

[6] TOMASEVICT-TODOROVIC S, BOSKOVIC K, FILIPOVIC D, et al. Auditory event-related P300 potentials in rheumatoid arthritis patients [J]. Neurophysiology, 2015, 47(2): 138-143.

[7] SLOBOUNOV S. Book review: an introduction to the event-related potential technique cognitive neuroscience[J]. Q Rev Biol,2006,81(2).

[8] KRAUS D, HOROWITZKRAUS T. The effect of learning on feedback-related potentials in adolescents with dyslexia: an EEG-ERP study[J]. [s. n.], 2014, 9(6).

[9] LIN C Y, CHIANG W F, YANG S C, et al. Combining event-related synchronization and event-related desynchronization with fuzzy C-means to classify motor imagery-induced EEG signals [M]. Berlin: Springer International Publishing, 2014.

[10] TER HORST A C, VAN LIER R, STEENBERGEN B. Mental rotation strategies reflected in event-related (de)synchronization of α and μ power[J]. Psychophysiology, 2013, 50(9): 858-863.

[11] YU T, XIAO J, WANG F, et al. Enhanced motor imagery training using a hybrid BCI with feedback[J]. IEEE Transactions on Biomedical Engineering, 2015, 62(7): 1706-1717.

[12] LEEB R,BRUNNER C,MULLER-PUTZ G R,et al. BCI Competition 2008—Graz data set A[DB]. 2008.

[13] KUSUMANDARI D E, FAKHRURROJA H, TURNIP A, et al. Removal of EOG artifacts: comparison of ICA algorithm from recording EEG[C]//International Conference on Technology. IEEE, 2015.

[14] BLANNKERTZ B. Introduction to single-trial EEG analysis & brain-computer interfacing[J]. Perception, 2013.

[15] ARVANEH M, GUAN C, ANG K K, et al. Optimizing the channel

selection and classification accuracy in EEG-based BCI [J]. IEEE Transactions on Biomedical Engineering，2011，58(6)：1868-1873.

[16] HE L，HU Y，LI Y，et al. Channel selection by Rayleigh coefficient maximization based genetic algorithm for classifying single-trial motor imagery EEG[J]. Neurocomputing，2013，121(18)：423-433.

[17] YANG Y，KYRGYZOV O，WIART J，et al. Subject-specific channel selection for classification of motor imagery electroencephalographic data[C]//IEEE International Conference on Acoustics，Speech and Signal Processing，2013.

[18] HILGETAG C C,KÖTTER R，STEPHAN K E，et al. Computational methods for the analysis of brain connectivity [J]. Computational Neuroanatomy，2002.

[19] 付灵弟，徐桂芝，郭苗苗，等. 基于脑电和磁刺激的脑功能网络研究[J].纳米技术与精密工程，2015(5)：359-365.

[20] 董泽芹，侯凤贞，戴加飞，等. 基于 Kendall 改进的同步算法癫痫脑网络分析[J].物理学报，2014，63(20)：392-397.

[21] GUO H，LIU L,CHEN J. Brain network analysis and classification for patients of Alzheimer's disease based on high-order minimum spanning tree[J]. Journal of Computer Applications，2017，37(11)：3339-3344.

[22] CAI D，HE X，HAN J. SRDA：an efficient algorithm for large-scale discriminant analysis[J]. IEEE Transactions on Knowledge and Data Engineering，2007，20(1)：1-12.

第 9 章
总结与展望

9.1　全书工作总结

随着社会老龄化的加剧，由脑卒中、脊髓损伤、脑外伤等原因造成的残障人口迅速增长。《中国脑卒中防治报告》显示，我国脑卒中患病率呈逐年上升的趋势，每年脑卒中新增病例达到 200 万左右[1]。我国各类残疾人总数超过 8500 万，其中肢体残疾人口逾 2400 万[2]。另外，我国失能和部分失能老人人口数量呈逐年上升趋势，医疗健康服务需求已成为"十四五"期间迫切需要解决的重要问题。然而，人工康复资源紧缺、成本上升，使得医疗康复成为一个急需解决的社会问题。将机器人技术应用于康复医疗领域，对于提高康复效率、保证康复质量、降低人工劳动强度具有重要意义。

本书面向多自由度并联康复机器人，通过下肢康复机器人和脚踝康复机器人两个实例，对多自由度并联机器人的机构模型、位置控制、人机交互和协作控制等内容进行了理论分析和大量的模型与实验验证，证明了多自由度并联机器人在辅助下肢及脚踝关节的康复训练中的可行性和有效性。在实际康复环境中设计实现了面向下肢及脚踝康复的机器人机构及其控制系统，针对机器人的驱动和结构特点提出了先进的轨迹跟踪位置控制方法，针对患者的不同康复阶段和努力意愿提出协作式的人机交互控制策略，并在实际受试者和运动障碍患者身上进行了临床康复实验。本书的主要工作体现在以下方面：

研究了面向下肢康复的六自由度并联机器人模型和控制系统，建立了六自由度并联机器人的运动学和动力学模型，为下肢康复机器人的运动控制奠定了基础。同时根据脚踝康复需求并结合气动肌肉的仿生柔性驱动特性设计了一种 2-DOF 气动肌肉驱动的并联脚踝康复机器人。针对所设计的多自由度并联机构柔性驱动的机器人，建立了运动学和动力学模型。介绍了康复机器人依据驱动结构的分类：刚性驱动器（伺服电机）驱动的刚体机器人、柔性驱动器（气动肌肉）驱动的柔性机器人以及新型柔性驱动器（可弯曲气动驱动器）驱动的软体机器人。还介绍了康复机器人相关的物理传感器、生物信息传感器以及光纤传感器。

肌电信号能够反映肢体运动状态和肌肉活动情况,传统的 EMG 主动控制多将机器人辅助分割为主动激发和被动运动两个独立过程,本书提出一种基于动作识别和肌肉活动度评估的自适应阻抗控制方法,可实现患者主动控制与机器人交互辅助的无缝对接。通过 EMG 信号结合 AR 模型特征和 SVM 分类器识别患者的运动意图,在激发机器人运动后实时获取患者与机器人间的交互作用力,并估计下肢肌肉活动水平和肌肉收缩力状态,依此自适应调节机器人的阻抗模型参数,可根据患者个体差异实施定制化的辅助训练。

针对六自由度并联下肢康复机器人的主动训练和交互控制,建立了基于动力学和位置修正的阻抗控制模型,在此基础上提出了两种新型虚拟管道控制方法。其一通过患者主动作用力调节机器人末端的运动轨迹参数,实现了机器人辅助患者下肢在圆周虚拟管道内的运动。其二通过比较人机交互力与预定参考轨迹的方向和偏移距离调节机器人阻抗参数,促进患者主动控制机器人在虚拟管道内沿着接近预定参考轨迹的方向运动,实验验证了该方法可在保证机器人在虚拟管道内训练安全的同时提高患者主动参与训练的积极性。

刚性驱动的康复机器人的优点在于控制精度高、承载能力强,但也存在一些不足,如对于早期患者柔顺性和安全性较差,因此又设计了一种由柔性气动肌肉驱动的多自由度并联脚踝康复机器人。提出了一种面向气动肌肉驱动的柔性脚踝康复机器人的新型层级柔顺自适应控制方法,通过对患者脚踝主动力矩和运动性能的在线估计,调节机器人关节空间的标称气压和任务空间的阻抗参数,实现了柔性康复机器人的层级柔顺控制。这为柔性康复机器人的新型协作控制提供了参考,为后续的生物主导协作控制研究奠定了基础。

通过在运动过程中提取运动疲劳信息以调节机器人的辅助输出,实现了一种以患者为中心的人-肌-机协作控制。提出了基于肌肉协同理论的特征提取和相关性分析的患者踝关节运动意图识别方法,解决了传统分类器方法中需要大量训练数据的问题。研究了基于脑意图感知的人-脑-机协作控制,识别患者运动想象意图,将其映射到踝关节的多自由度运动中,驱动机器人执行康复训练任务。提出并优化了通道选择和特征提取算法,在提高运动想象分类正确率与系统运算效率的同时减少了通道数目,并在实际康复机器人系统中验证了算法的有效性和实时性。基于运动想象实现了脑控康复机器人的同步控制和异步协作控制,引入容错机制避免机器人的错误行为。受试者参与的实验结果表明,机器人可在受试者运动意图指引下提供适应性的康复策略与辅助输出,通过提出的人-脑-机协作控制进一步提高了人机交互作用与受试者脑神经系统在训练中的参与度。

9.2　未来研究展望

多自由度并联机器人还可以进一步优化,例如利用特定关节支路参数下的可达范围,分析机器人的运动能力并对其参数进行优化,通过机器人动力学模型建立末端力矩与关节驱动力之间的关系可优化机器人的力输出能力。为了使机器人获得最优的机构配置,可分析其工作空间和力矩产生能力,与此同时还需考虑机器人的刚度调节、灵活性、关节施力大小等因素,因此可将其视为一个多目标优化问题[3]。另外,外骨骼作为一种重要类型的康复机器人也需要进一步研究。结合新型软体材料制造的柔性可穿戴康复机器人是未来研究的重点。图 9-1 所示的是哈佛大学的 Awad 等研制的 Exosuit 软体外骨骼机器人[4],该机器人采用柔性材料结合柔索提供助力。当前的外骨骼机器人多为标准机械部件组合结构,曲面设计复杂、零件众多、庞大笨重。一个重要的研究方向是结合三维打印技术制造机器人曲面部件(既可与肌体几何曲面相契合,又可满足强度好、质量轻、穿戴舒适等康复应用需求)。清华大学的 Guo 等研究了一种用于实时测量肢体关节运动、说话、深呼吸等的光纤传感器[5],其光纤形变测量分辨率小于 1%,如图 9-2 所示。当前已有将其应用于外骨骼机器人的例子[6,7],如何在特定部位采用可调结构以适应不同患者,并针对性地采用气动肌肉或其他驱动源保证在辅助患者过程中提供足够的动力,是一个研究重点。

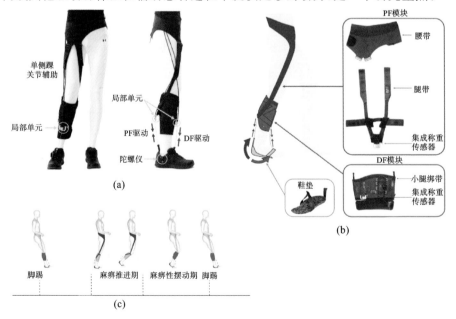

图 9-1　哈佛大学研制的 Exosuit 软体外骨骼机器人

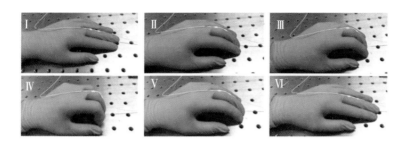

图 9-2　一种测量手指弯曲的光纤传感器

对气动肌肉驱动的柔性康复机器人而言,气动肌肉在康复应用中的一个突出特点是其刚度低且可调节,气动肌肉的刚度是其有效收缩长度和输入压力的函数,改变其内部气压可改变关节刚度[8]。气动肌肉的位置控制和刚度控制是相互独立的,其柔顺特性由标称气压主导,因此可以通过控制标称气压来调节气动肌肉的刚度和柔顺性[9]。这里的机器人顺应控制是通过任务空间的阻抗控制实现的,由于气动肌肉本身具有内在柔顺性,其驱动机器人的顺应控制需提出新理论和新方法。因此,下一步的研究工作将分析气动肌肉内部标称气压与其驱动刚度之间的动态关系,研究气动肌肉驱动的并联机器人在辅助患者运动时的刚度特性,分析气动肌肉标称气压和气压变化率对关节刚度的调节机理,在控制机器人完成训练任务的同时实现其变刚度控制。

以患者为中心,考虑患者状态(运动能力、肌肉活动状态、运动精度、恢复水平等)的适应性训练方法是医师手工康复的优势所在,因此为了更好地实现机器人辅助训练,需要最大限度地模拟这种方法[10]。首先感知人机之间直接交互的信息,当前传感器多布置在机器人末端或驱动器处,在患者与机器人直接接触的曲面位置没有传感器,而这些部位的力是人机直接交互的反映,非常重要。然后对患者肌体活动及康复状态进行建模,引入肌电信号作为机器人连续控制信号源或人体肌肉活动状态的评估指标,分析膝关节、踝关节的力矩和肌电信号的关系,建立相应关节运动的神经骨骼肌肉模型,创建人机接口[11]。最后结合患者状态及机器人传感反馈提出以患者为中心的自适应控制方法,根据患者能力调节训练任务(如机器人辅助力、预定轨迹等),促进患者在训练过程中的主动参与,实现按需辅助等最接近医师训练的控制策略[12]。Soekadar 等提出了结合脑电信号和眼电信号的脑机神经接口,用于控制患者手部外骨骼的开合动作,能够帮助患者更好地独立生活[13]。

康复机器人的患者临床康复试验及其效果评估研究。在研究康复机器人及其控制方法的训练效果和对患者的恢复作用时,长期的临床试验是最具说服力的[14],既是对康复机器人及其控制有效性的验证,也是对机器人策略进一步优化的基础。为验证机器人的性能和效果,在试验前期,可通过健康人试验来验证机器人系统的功能性(如其运动范围、跟踪精度、调节能力、安全性等)和控制方法的可行性(如主动控制、自适应能力、参数变化、控制效果)。在试验后期将与相关医疗康复机构合作,通过运动障碍患者试验来验证机器人系统的康复有效性[15]。本章参考文献[16]强调了扩大机器人在实际患者人群中验证的必要性,通过对神经损伤患者上肢进行机器人辅助的康复训练试验(见图 9-3),验证了康复训练的效果。未来的研究将利用所设计的机器人及方法在若干名患者身上进行临床试验,分析康复前后的患者运动表现和训练过程中的机器人反馈,利用统计学分析方法对其康复输出进行评估和分析,提供客观、准确的治疗和评价指标。在临床试验的基础上,进一步对康复评估、以患者为中心的控制策略等做出更深入的研究,改善康复机器人的适应能力,提高机器人训练的临床有效性。

图 9-3　基于 Hapic Master 的患者上肢康复试验

本章参考文献

[1]　王陇德,王金环,彭斌,等.《中国脑卒中防治报告 2016》概要[J].中国脑血管病杂志,2017,14(4):215-224.

[2]　中国残疾人联合会.中国残疾人事业统计年鉴(2014)[M].北京:中国统计出版社,2014.

[3]　JAMWAL P K,HUSSAIN S,XIE S Q. Three-stage design analysis and multicriteria optimization of a parallel ankle rehabilitation robot using genetic algorithm[J]. IEEE Transactions on Automation Science and Engineering,2015,12(4):1433-1446.

[4]　AWAD L N, BAE J, O'DONNELL K, et al. A soft robotic exosuit improves walking in patients after stroke[J]. Science Translational Medicine, 2017, 9(400).

[5]　GUO J, NIU M, YANG C. Highly flexible and stretchable optical strain sensing for human motion detection[J]. Optica, 2017, 4(10): 1284-1288.

[6]　MCDAID A, KORA K, XIE S, et al. Human-inspired robotic exoskeleton (HuREx) for lower limb rehabilitation [C]//IEEE International Conference on Mechatronics and Automation. IEEE, 2013.

[7]　CUI L, PHAN A, ALLISON G. Design and fabrication of a three dimensional printable non-assembly articulated hand exoskeleton for rehabilitation[C]//2015 37th Annual International Conference of the IEEE Engineering in Medicine and Biology Society (EMBC). IEEE, 2015.

[8]　TONDU B. A seven-degrees-of-freedom robot-arm driven by pneumatic artificial muscles, for humanoid robots[J]. The International Journal of Robotics Research, 2005, 24(4): 255-274.

[9]　HUSSAIN S, XIE S Q, JAMWAL P K. Robust nonlinear control of an intrinsically compliant robotic gait training orthosis [J]. IEEE Transactions on Systems, Man, and Cybernetics-Systems, 2013, 43(3): 654-665.

[10]　CAI L L, FONG A J, OTOSHI C K, et al. Implications of assist-as-needed robotic step training after a complete spinal cord injury on intrinsic strategies of motor learning[J]. J Neurosci, 2006, 26(41): 10564-10568.

[11]　WINBY C R, GERUS P, KIRK T B, et al. Correlation between EMG-based co-activation measures and medial and lateral compartment loads of the knee during gait[J]. Clincal Biomechanics, 2013, 28(9): 1014-1019.

[12]　BLANK A A, FRENCH J A, PEHLIVAN A U, et al. Current trends in robot-assisted upper-limb stroke rehabilitation: promoting patient engagement in therapy [J]. Current Physical Medicine and Rehabilitation Reports, 2014, 2(3): 184-195.

[13]　SOEKADAR S, WITKOWSKI M, GÓMEZ C, et al. Hybrid EEG/EOG-

based brain/neural hand exoskeleton restores fully independent daily living activities after quadriplegia[J]. Science Robotics，2016,1(1).

[14] SWINNEN E，BECKWEE D，MEEUSEN R，et al. Does robot-assisted gait rehabilitation improve balance in stroke patients? A systematic review[J]. Topics in Stroke Rehabilitation，2014,21(2)：85-100.

[15] ZARIFFA J，KAAPADIA N，KRAMER J L，et al. Relationship between clinical assessments of function and measurements from an upper-limb robotic rehabilitation device in cervical spinal cord injury [J]. IEEE Transactions on Neural Systems and Rehabilitation Engineering，2012,20(3)：341-350.

[16] VANMULKEN D，SPOOREN A，BONGERS H，et al. Robot-assisted task-oriented upper extremity skill training in cervical spinal cord injury：a feasibility study[J]. Spinal Cord，2015，53(7)：545-551.